"十三五"普通高等教育本科规划教材

高等院校电气信息类专业"互联网＋"创新规划教材

自动控制原理

（第 2 版）

主　编　丁　红

参　编　刘慧霞　李学军

　　　　王　昕　赵玲玲

　　　　李　晔　顾九春

北京大学出版社

PEKING UNIVERSITY PRESS

内 容 简 介

本书第 2 版是在原有第 1 版的基础上修订完成的，其中最大的特点是将视频微课、书中习题解答、扩展典型习题详细解答、课件等以二维码的形式嵌入书中，通过扫描书中的二维码就可以随时学习。

本书系统阐述了自动控制理论的基本分析和研究方法，包括自动控制系统数学模型的建立，控制系统的时域分析、根轨迹分析和频域分析，控制系统的频域设计方法，离散控制系统理论与分析，非线性系统分析中包括相平面法和描述函数法，附录中包括拉普拉斯变换和 Z 变换表。

本书可作为普通高等院校自动化、电气工程及其自动化、通信工程、电子信息工程、电子信息科学与技术、机械设计制造及其自动化等专业自动控制原理课程的教材，也可供从事自动控制类的各专业工程技术人员自学参考。

图书在版编目(CIP)数据

自动控制原理/丁红主编. —2 版. —北京：北京大学出版社，2017.10

(高等院校电气信息类专业"互联网+" 创新规划教材)

ISBN 978 - 7 - 301 - 28728 - 6

Ⅰ．①自…　Ⅱ．①丁…　Ⅲ．①自动控制理论—高等学校—教材　Ⅳ．①TP13

中国版本图书馆 CIP 数据核字(2017)第 216366 号

书　　　　名	自动控制原理（第 2 版）
	ZIDONG KONGZHI YUANLI
著作责任者	丁　红　主编
策 划 编 辑	程志强
责 任 编 辑	程志强
数 字 编 辑	刘　蓉
标 准 书 号	ISBN 978 - 7 - 301 - 28728 - 6
出 版 发 行	北京大学出版社
地　　　　址	北京市海淀区成府路 205 号　100871
网　　　　址	http://www.pup.cn　新浪微博：@北京大学出版社
电 子 信 箱	pup_6@163.com
电　　　　话	邮购部 62752015　发行部 62750672　编辑部 62750667
印 刷 者	北京富生印刷厂
经 销 者	新华书店
	787 毫米×1092 毫米　16 开本　21 印张　489 千字
	2010 年 2 月第 1 版
	2017 年 10 月第 2 版　2020 年 8 月第 2 次印刷
定　　　　价	48.00 元

第 2 版前言

自动控制技术已大量应用于空间科技、冶金、轻工、机电工程以及交通管理、环境保护等众多领域，其研究对象是实际自动控制系统，而分析和设计自动控制系统的理论基础就是自动控制原理。一般将自动控制原理分为经典控制理论和现代控制理论，考虑到实际工程的需要以及相当一部分院校分别开设这两门课程，本书以经典控制理论及其应用为主要内容，安排了 9 章内容。包括自动控制系统数学模型的建立，控制系统的时域分析、根轨迹分析和频域分析，控制系统的频域设计方法，离散控制系统理论与分析，非线性系统分析中包括描述函数法和相平面法，MATLAB/Simulink 简介及其仿真实验指导书。

本书第 2 版主要增加了大量的二维码素材，有针对各章知识点的 5 分钟左右的视频微课，简明扼要，还有书中习题解答或参考答案，学生做习题可以参考对照；扩展典型习题详细解答给出针对知识点的各类例题，对学生学习是很有帮助的，另外还有课件、名校考研究生试题解答、期末考试模拟题解答等，这些内容是以二维码的形式嵌入书中的，学生可以通过扫描书中的二维码随时学习相应内容，教师也可以利用书中的这些二维码素材进行翻转课堂教学。

本书第 2 版保留了第 1 版的大部分内容，对"第 8 章 非线性控制系统"中相平面法进行了较大修改，按内容调整了课后习题的顺序。力求从理论和工程应用的角度，比较全面和系统地阐述经典控制理论的基本内容，侧重基本概念、基本理论和基本方法的介绍。为了适应控制技术和控制理论发展形势的需要，引入了 MATLAB/Simulink 软件包应用技术，分别在各章的例题、习题中用 MATLAB 编程或在 Simulink 环境仿真，将手工运算与计算机仿真结合使问题更易理解，结果用图形表示也很直观。

本书主要具有以下几个特点。

(1) 大量的二维码更方便学生全方位的随时学习。

(2) 本着"易读，好教"的教材写作目的，内容简明扼要，简化数学推导，增加实例说明。

(3) 每章由"本章教学目标与要求"开始，结束有习题精解，学习指导及小结、本章知识架构；每章都有阅读材料涉及本章内容的相关知识或控制理论的历史、发展、现状、未来等，增强理工科教材的可读性。

(4) 每章都有案例分析和仿真，其中有一个实例（磁盘自动控制系统）始终贯穿全书，并用 MATLAB/Sinulink 编程，得到仿真结果。

(5) 各章的例题、习题精解大多数运用 MATLAB 语言编程，给出简单的程序，或在 Simulink 仿真环境中，构建仿真模型进行仿真。

(6) 书中对一些需要特别注意的地方添加一些特别提示或评注，以引起学生重视。每章的习题除了常规的计算题之外，还设计了一定数量的思考题、选择题、判断题，另外还配有几个全国高校研究生入学考试题，以满足不同需要的学生使用。

本书第 2 版增加的二维码素材中，第 4 章的微课由刘慧霞讲授，第 1～6 章的课件在第 1 版的基础上由刘慧霞进行了修改，全书其他的微课由丁红讲授，全书的其他二维码素材除了各章习题解答外由丁红提供。保留的第 1 版的内容中，第 7 章、第 8 章及其习题解答由李学军编写，第 1 章、第 2 章及其习题解答由王昕编写，第 5 章、第 9 章的 9.3 和附录由赵玲玲编写，第 5 章习题答案由赵玲玲提供，第 4 章及其习题解答由李晔编写，第 9 章的 9.1 和 9.2 由顾九春编写，第 3 章、第 6 章和第 2 版中对第 8 章的修改由丁红编写，全书由丁红统稿。

限于编者水平有限，书中所出现的缺点、错误，恳请广大读者批评指正。

编 者

2017 年 8 月

目　　录

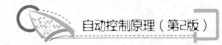

第**1**章

绪 论

本章教学目标与要求

- 掌握自动控制系统的基本概念，熟悉自动控制系统的基本组成。
- 熟悉自动控制系统的分类方法。
- 了解自动控制理论的发展概况。
- 正确理解自动控制的概念。
- 正确理解三种基本控制方式及其特点。熟悉常见控制系统的工作原理，能绘制常见自动控制系统的原理方框图。
- 正确理解对控制系统的性能要求。

自动控制理论
发展变迁

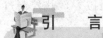

引 言

    当今社会计算机成了人们必不可缺的一种工具，我们可以通过它完成娱乐、购物、工作等，而磁盘驱动器则是各类计算机中广泛应用的装置之一。那么磁盘驱动器是依照什么原理来精确读取高速旋转的磁盘上的信息呢？图 1.1 所示为磁盘驱动器的结

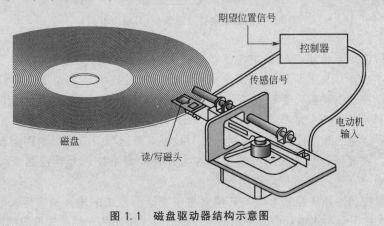

图 1.1　磁盘驱动器结构示意图

构示意图，它是自动控制系统的一个重要的应用实例，什么是自动控制系统？它依据什么原理来工作？它的工作方式又是怎样的呢？这些就是本章要研究的问题。

　　本章首先介绍自动控制系统的基本概念和控制方式，其次还介绍了自动控制系统的组成、基本原理、分类和对自动控制系统的基本要求，最后介绍常见自动控制系统的实例。

1.1　自动控制系统简介

　　所谓"自动控制"是指在没有人的直接干预下，利用物理装置对生产设备或工艺过程进行合理的控制，使被控制的物理量保持恒定，或者按照一定的规律变化。例如，数控车床按照预定程序自动地切削工件，化学反应炉的温度或压力自动地维持恒定，雷达和计算机组成的导弹发射和制导系统自动地将导弹引导到敌方目标，无人驾驶飞机按照预定航线自动升降和飞行，人造卫星准确地进入预定轨道运行并回收等。研究自动控制过程共同规律的技术学科就称为自动控制学科，它由自动控制技术和自动控制理论两部分组成。

　　自动控制技术的应用实际上是设计大大小小的控制系统完成对某个对象的控制作用，达到人们希望的预期目标。自动控制系统就是为实现某一控制目标所需要的所有物理部件的有机组合体。在自动控制系统中，被控制的设备或过程就称为被控对象，如图 1.1 所示的磁盘驱动器的执行电动机和支持臂（磁头安装在支持臂上）。而实施控制作用的部件就称为控制装置，如图 1.1 所示的磁盘驱动器的控制装置由磁头、放大器、直流电动机、支持臂和索引磁道等组成，磁盘驱动器必须保证磁头正确读取磁道的信息。磁盘旋转速度达到 1800～7200r/min，磁头的位置精度要求为 $1\mu m$，且磁头在两个磁道间的移动时间小于 50ms，还存在物理振动、磁盘转轴轴承磨损、器件老化所引起的参数变化等干扰因素。可以利用自动控制系统使磁头达到预期的位置，其控制过程如图 1.2 所示。

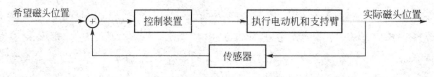

图 1.2　磁盘驱动器控制系统（原理方框图）

　　磁盘上磁道记录信息已经确定，也就是磁头的要求位置已经确定，而磁头的实际位置由传感器测出，并与磁头的要求位置进行对比，通过控制装置调节两个位置之间的误差，最后驱动执行电动机，带动支持臂使磁头到达预定位置，完成自动控制的要求。

　　自动控制系统有两种最基本的控制形式：开环控制和闭环控制。

　　（1）开环控制：开环控制是指控制装置与被控对象之间只有顺向作用而没有反向联系的控制过程。按开环控制方式组成的系统称为开环控制系统。开环控制系统可以按给定量控制方式组成，也可以按扰动控制方式组成。

　　按给定量控制的开环控制系统，其控制作用直接由系统的输入量产生，给定一个输入量，就有一个输出量与之相对应，控制精度完全取决于所用的元件及校准的精度。因此，这种开环控制方式没有自动修正偏差的能力，抗扰动性较差，但由于其结构简单、调整方便、成本低，在精度要求不高或扰动影响较小的情况下，这种控制方式还有一定的实用价值。目前，用于人们生活中的一些自动化装置，如自动售货机、自动洗衣机、产品生产自动线、数控车床以及指挥交通的红绿灯的转换等，一般都是开环控制系统。图 1.3 所示为自动洗衣机的控制过程框图，其工作过程一般为浸湿、洗涤和漂清，在洗衣机中是按照设定程序依次进行的，在洗涤过程中，无须对其输出信号即衣服的清洁程度进行测量。

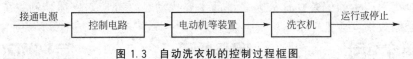

图 1.3　自动洗衣机的控制过程框图

　　按扰动控制的开环控制系统是利用可测量的扰动量，产生一种补偿作用，以减小或抵消扰动对输出量的影响，这种控制方式也称顺馈控制或前馈控制。在图 1.4 所示的直流调速控制系统中，转速常常随负载的增加而下降，且其转速的下降与电枢电流的变化有一定的关系。如果设法将负载引起的电流变化测量出来，并按其大小产生一个附加的控制作用，用以补偿由它引起的转速下降，就可以构成按扰动控制的开环控制系统。这种按扰动控制的开环控制方式是直接从扰动取得信息，并以此来改变被控量，其抗扰动性好，控制精度也较高，但它只适用于扰动是可测量的场合。

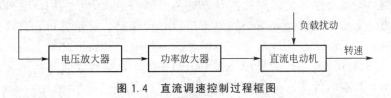

图 1.4　直流调速控制过程框图

　　综上所述，可以看出开环控制的特点是输出量不影响输入量，即输出量不会对系统的控制发生影响。

　　(2) 闭环控制：需要控制的是输出量，测量的也是输出量，比较给出的是输出量对输入量的偏差，系统根据该偏差进行控制，只要输出量偏离输入量，系统就自动纠偏。由于闭环系统是根据负反馈原理按偏差进行控制的，因此又称反馈控制或偏差控制。按闭环控制方式组成的系统称为闭环控制系统。闭环控制系统广泛地应用于各工业部门，例如加热炉的温度控制、轧钢厂的传动速度控制等。图 1.1 所示的磁盘驱动系统也属于闭环控制系统。

　　所谓反馈是指把系统的输出量送回输入端，并与输入量相比较产生偏差信号的过程。若反馈的输出量与输入量相减，使产生的偏差越来越小，就称为负反馈；反之，则称为正反馈。图 1.1 所示的磁盘驱动系统将输出量(磁头的实际位置)经传感器测量送回系统的输入端，与预期磁头位置(即磁道中信息位置)相比较，若不相符，经比较后控制装置会产生偏差，这就是反馈。控制装置会根据反馈的结果产生相应的控制作用，带动相应的装置减小这种偏差的影响，从而达到控制的目的。

　　闭环控制的特点是不论什么原因使被控量偏离期望值而出现偏差时，都必定会产生一个相应的控制作用去减小或消除这个偏差，使被控量与期望值趋于一致。可以说，按负反馈原理组成的闭环控制系统，具有抑制任何内、外扰动对被控量产生影响的能力，有较高的控制精度。但这种系统使用的元件多，线路复杂，特别是系统的性能分析和设计也较麻烦，而且存在稳定性的问题，如果闭环控制系统的参数匹配得不好，会造成被控量的较大摆动，甚至使系统无法正常工作。尽管如此，它仍是一种重要的并被广泛应用的控制系统，自动控制理论主要的研究对象就是用这种闭环控制方式组成的系统。

在有些系统中，将开环控制和闭环控制结合在一起，构成复合控制系统，对于主要扰动采用适当的补偿装置实现按扰动控制，同时，再组成反馈控制系统实现按偏差控制，以消除其余扰动产生的偏差。这样，系统的主要扰动已被补偿，反馈控制系统就比较容易设计，控制效果也会更好。

动画【水位人工控制】

动画【水位自动控制】

动画【自动控制加热炉】

1.2 自动控制系统的组成及术语

自动控制系统是由控制装置和被控对象这两大部分组成的，它们以某种相互依赖的方式组合成为一个有机整体，并对被控对象进行自动控制。简单地讲，自动控制系统就是能对被控对象的工作状态进行自动控制的系统。其中控制装置又是由各种基本元部件构成的，每个元部件发挥一定的效用。在不同的系统中，结构完全不同的元部件可以具有相同的效用，典型的自动控制系统的基本组成示意图如图1.5所示。

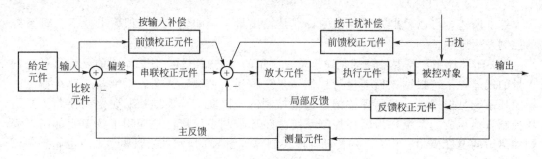

图1.5 自动控制系统基本组成示意图

常见的自动控制系统的基本组成包括以下几部分。

（1）测量元件：用于测量被控对象的需要控制的物理量，如果这个物理量是非电量，一般需要转化为电量。

（2）给定元件：给出与期望的被控量相对应的系统输入量。

（3）比较元件：把测量元件检测的被控量实际值与给定元件给出的输入量进行比较，求出它们之间的偏差。

（4）放大元件：将比较元件给出的偏差进行放大，用来推动执行元件去控制被控对象。

（5）执行元件：直接作用于被控对象，使其被控量发生变化，达到预期的控制目的。

（6）校正元件：也称补偿元件，它是结构或参数便于调整的元件，用串联或反馈的方式连接在系统中，用于改善系统性能。

在图 1.5 中，用圆圈表示比较元件，"+"（可省略）和"—"表示参与比较的信号的极性。信号从输入端沿箭头方向到达输出端的传输通路称为前向通路；输出量经测量元件反馈到输入端的通路称为主反馈回路；前向通路和主反馈回路共同构成主回路。此外，还有经过反馈校正元件的局部反馈回路及由它构成的内回路。只包含主反馈回路的系统称为单回路系统或单环系统；包含两个或两个以上反馈回路的系统称作多回路系统或多环系统。

在整个系统中传递的信号也分为多种，包括：

（1）输入信号：作用于控制对象或系统输入端，并可使系统具有预定功能或预定输出的物理量，又称给定量、输入量或参据量。

（2）输出信号：指被控对象中按一定规律变化的物理量，即控制系统中被控制的物理量，又称被控量或输出量，它与输入信号之间保持一定的函数关系。

（3）偏差信号：为控制输入信号与主反馈信号之差，简称偏差。

（4）反馈信号：由系统（或元件）输出端取出经变换处理并反向送回系统（或元件）输入端的信号称为反馈信号。分为主反馈信号和局部反馈信号。

（5）误差信号：指系统输出量的实际值与期望值之差，简称误差。系统的期望值是理想系统的输出，实际并不存在，只能用与输入信号具有一定比例关系的信号来表示。在单位反馈的情况下，误差信号等于偏差信号。

（6）干扰信号：指所有妨碍控制量对被控量按要求进行正常控制的信号，又称为扰动、干扰量、扰动量。

（7）控制信号（控制量）：也称操纵量，是一种由控制器改变的量值或状态，一般指控制器的输出。

1.3　自动控制系统的类型

自动控制系统的种类很多，其结构性能和完成的控制目的也各不相同，因此有多种分类方法，下面介绍几种常见的分类。

1.3.1　按系统输入信号划分

1. 恒值控制系统（自动调节系统）

该系统的输入信号是一个常量，故称恒值控制系统。系统的任务是保持被控对象的被控量维持在期望值上。如果由于扰动的作用使被控量偏离了期望值而出现偏差，恒值控制系统会根据偏差产生控制作用，使被控量按一定精度恢复到期望值附近，所以该系统又称为自动调节系统。例如工业生产过程中广泛应用的温度、压力、流量、速度等参数控制系统。

2. 程序控制系统

该系统的输入信号是事先确定的按某种运动规律随时间变化的程序信号。系统的任务是使被控对象的被控量按照设定的程序变化，例如机械加工中的数控机床就属此类系统。

3. 随动系统

随动系统又称伺服系统。该系统的输入信号是预先不知道的随时间任意变化的量值。随动系统的任务是使被控量以尽可能高的精度跟随给定值变化。例如炮瞄雷达的自动瞄准系统、导弹制导、船舶自动驾驶仪、函数记录仪等均是典型的随动系统。

1.3.2　按传送的信号性质划分

1. 连续系统

该系统各环节的输入信号和输出信号均是时间 t 的连续函数，信号均是可任意取值的模拟量。例如直流电动机速度控制系统、火炮跟踪系统都属于连续系统。

2. 离散系统

系统中传递的信号有一处或数处是脉冲序列或数字编码时，称为离散系统。连续信号经过采样开关的采样得到以脉冲形式传送的离散信号，这样的离散系统称为采样控制系统；而引入计算机或数字控制器，使离散信号以数码的形式传递的离散系统称为数字控制系统。例如炉温控制系统就是典型的离散系统，由于温度调节是一个大惯性过程，若采用连续控制，则无法解决控制精度和动态性能之间的矛盾。

1.3.3　按描述元件的动态方程划分

1. 线性系统

组成该系统的全部元件都是线性元件，其输入/输出静态特性均为线性特性，可用一个或一组线性微分方程描述该系统的输入和输出关系。线性系统的主要特征是具有齐次性和叠加性。

2. 非线性系统

该系统中含有一个或多个非线性元件，其输入/输出关系不能用线性微分方程来描述。非线性系统还没有一种统一完整的分析方法，对非线性程度不严重的系统进行分析时，常采用线性系统的理论和方法进行近似处理。

1.3.4　按系统参数是否随时间变化划分

1. 定常系统

描述该系统的微分方程的各项系数不随时间变化，是与时间无关的常数。实际应用中的系统多数属于此类系统，或近似于此类系统。

2. 时变系统

描述某系统的微分方程中只要有一项系数是时间的函数，该系统就称为时变系统。

自动控制系统还可以按照其他特征来分类，本书不再一一讨论，有兴趣的读者可自行参阅相关文献。本书讨论的系统一般指线性定常系统。

1.4 自动控制系统的性能指标

虽然我们希望控制系统的被控量时刻能与给定值保持一致，但因为实际系统往往包含惯性或储能元件，而且由于能源功率的限制，使控制系统受到外作用后，被控量并不能马上变化，有一个跟踪变化的过程。我们把系统受到外作用后，被控量随时间变化的全过程称为动态过程和稳态过程。

对控制系统的性能评价，多以动态过程的特性来衡量，工程上对自动控制系统性能的基本要求可以归结为稳（稳定性和平稳性）、快（快速性）和准（准确性）。

1. 稳定性

稳定性是保证控制系统正常工作的先决条件。一个稳定的控制系统，其被控量偏离期望值的初始偏差随时间的增长逐渐减小并趋于零。举例来说，对稳定的恒值控制系统，被控量因扰动而偏离期望值后，经过一定时间的调整能够回到原来的期望值；对稳定的随动系统，被控制量应能始终跟踪参变量的变化。反之，不稳定的系统，其被控量偏离期望值的初始偏差随时间的增长而发散，无法完成预定的控制任务。线性自动控制系统的稳定性通常由系统的结构决定，与外界因素无关。

平稳性指动态过程振荡的幅度与频率，对于稳定的控制系统，被控量围绕给定值振动的幅度越小、次数越少，则平稳性越好。

图 1.6 中所示曲线①对应的控制系统的输出响应呈现衰减振荡的形式，经过一个过渡时间，输出量趋于给定值，系统是稳定的，且平稳性较好；曲线②对应的控制系统的输出响应呈现发散振荡的形式，随时间的推移，输出量离给定值越来越远，系统是不稳定的。

2. 快速性

为了完成控制任务，仅满足稳定性的要求是不够的。例如稳定的高射炮射角随动系统，虽然炮身最终能跟踪目标，但如果目标变动迅速，而炮身行动迟缓，则仍然抓不住目标。说明系统响应迟钝，不能完成预期的任务，也就是对应的控制系统的过渡过程时间长，即系统的快速性不好。动态过程进行的时间长短表明了系统快速性的好坏。

图 1.7 中所示曲线①对应的控制系统的输出响应呈现单调递增的形式，输出量趋于给定值过程缓慢，系统的快速性不好；曲线②对应的控制系统的输出响应呈现衰减振荡的形式，且最大振荡幅度小，输出量趋于给定值过程迅速，系统的快速性好。

稳和快反映了系统动态过程性能的优劣。既快又稳，表明系统的动态精度高。

3. 准确性

理想状态下，当过渡过程结束、被控量达到稳态值时应与期望值一致。但实际上，由于系统结构、外界扰动等因素的影响，当过渡过程结束、系统达到稳态后，其稳态输出与参考输入所要求的期望输出之间仍会存在误差，称为稳态误差。显然，这种误差越小，表示系统的精度越高。稳态误差是衡量控制系统控制精度的重要标志。

由于被控对象具体情况的不同，各种系统对上述三方面性能要求的侧重点也有所不同。例如随动系统对快速性和稳态精度的要求较高，而恒值控制系统一般侧重于稳定性能和抗扰动的能力。在同一个系统中，上述三方面的性能要求通常是相互制约的。例如为了提高系统动态响应的快速性和稳态精度，就需要增大系统的放大能力，而放大能力的增强，必然促使系统动态性能变差，甚至会使系统变为不稳定。反之，若强调系统动态过程平稳性的要求，系统的放大倍数就应较小，从而导致系统稳态精度降低和动态过程变缓。由此可见，系统动态响应的快速性、准确性与动态稳定性之间是一组矛盾。

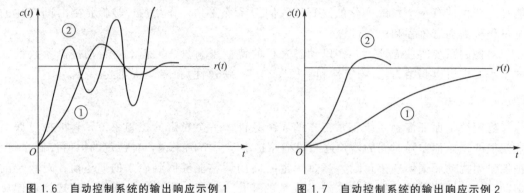

图 1.6　自动控制系统的输出响应示例 1　　　　图 1.7　自动控制系统的输出响应示例 2

1.5　自动控制系统实例

在工程实践中有各种不同类型的自动控制系统，下面介绍一些实际例子。

1.5.1　液位控制系统

图 1.8 所示的存储槽液面自动控制系统常用于化工和制药行业当中，控制的任务是保持槽内液位高度 H_0 处在某个期望高度上。

被控对象为存储槽，被控量是液位高度 H_0。当液面的实际高度恰好等于某一期望高度时，浮子(测量元件)的位置就是槽内液面的实际高度，它与电位器(比较元件)的滑动端相连，电位器的中点接地(零电位)，滑动端正处于中点位置，电位器没有输出电压，电动机(执行元件)不转动，经阀门 L_1(执行元件)流入的液量 Q_1 等于经阀门 L_2 流出的液量 Q_2，液面高度保持不变。当存储槽内的液面高度偏离期望高度时，浮子带动电位器的滑动端偏离中点，于是电位器就输出一个偏差电压 $\Delta u = u_r - u_c$，作用于电动机上，随着电动机的旋转，带动齿轮系(执行元件)调节阀门 L_1 的开度 θ_2，从而调节流入的液量 Q_1，最终使 $Q_1 = Q_2$，液面高度回到期望值。此时，浮子使电位器复原，偏差电压 $\Delta u = 0$，电动机即停止转动。

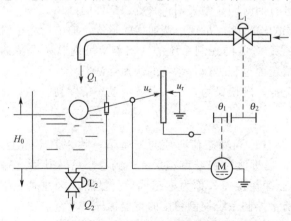

图 1.8　存储槽液面自动控制系统

其中阀门 L_2 的开度变化是导致槽内液面高度变化的扰动因素。

存储槽液面自动控制系统的原理结构图如图 1.9 所示。

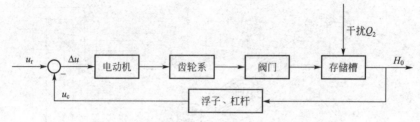

图 1.9　存储槽液面自动控制系统的原理结构图

1.5.2　炉温控制系统

图 1.10 所示的加热炉温度自动控制系统常用于工业生产当中，控制的任务是保持炉内温度 T 在某个期望温度上。

被控对象为加热炉，被控量是炉内温度 T。当实际炉温恰好等于给定炉温时，热电偶(测量元件)测量的实际炉温，经放大器(放大元件)转化为电压 u_T 等于给定电位器(给定元件)的输出电压 u_r(相当于期望炉温)，比较电路(比较元件)的输出电压 $\Delta u = u_r - u_T$，电动机连同调节阀门(执行元件)静止不动，煤气流量一定，实际炉温保持恒定。如果改变工件的数量，使加热炉的负荷改变，而煤气流量一时未改变，则实际炉温就要发生变化，于是 $\Delta u = u_r - u_T \neq 0$，经放

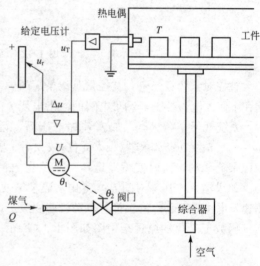

图 1.10　加热炉温度自动控制系统

大后的电压加在电动机两端，电动机旋转即带动调节阀门的开度 θ_2 变化，从而使煤气供给量发生变化，使实际炉温改变，最终回到期望温度。其中工件数量、环境温度及煤气压力的变化都是影响实际炉温的干扰因素。

炉温自动控制系统的原理结构图如图 1.11 所示。

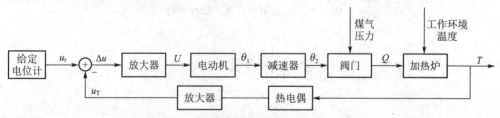

图 1.11　炉温自动控制系统的原理结构图

1.5.3　函数记录仪

图 1.12 所示的函数记录仪是一种通用的自动记录设备，它能带动走纸机构，自动地

描绘出电压随时间变化的曲线。

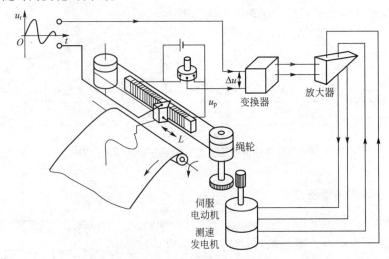

图 1.12 函数记录仪

被控对象为记录笔，被控量是记录笔的位移量 L。测量元件为桥式测量电路，记录笔固定在下侧的电位器上，测量电路的输出电压 u_p 与记录笔位移成正比。当系统未接入电压 u_r 时，系统处于平衡状态。加入外加电压后，记录笔应处于原来位置上，产生的偏差电压 $\Delta u = u_r - u_p \neq 0$ 经放大器（放大元件）放大后，驱动电动机，通过齿轮系和绳轮（执行元件）带动记录笔移动，同时使偏差电压减小。当 $\Delta u = 0$ 时，电动机停止转动，记录笔也停止不动。如果输入电压随时间连续变化，记录笔便描绘出随时间连续变化的相应曲线。图中的测速发电机（校正元件）反馈与电动机速度成正比的电压，用以增加阻尼，改善系统性能。

函数记录仪的原理结构图如图 1.13 所示。

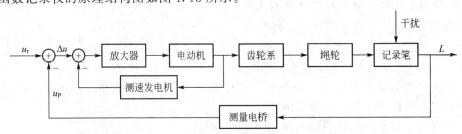

图 1.13 函数记录仪的原理结构图

学习指导及小结

1. 自动控制系统

（1）自动控制系统就是为了实现某一控制目标所需要的所有物理部件的有机组合体。

（2）开环控制系统结构简单、稳定性好，但不能自动补偿扰动对输出量的影响。当系统扰动量产生的偏差影响不大或可预先补偿时，采用开环控制是有利的。

（3）闭环控制系统具有反馈环节，能利用反馈进行自我调节，克服扰动对系统的影响。闭环控制极大地提高了系统的精度，但会使系统的稳定性变差，甚至无法完成预定的控制任务。

2. 自动控制系统的组成

自动控制系统通常由给定元件、测量元件、比较元件、放大元件、校正元件、执行元件和被控对象组成。系统中传递的信号包括输入信号、输出信号、偏差信号、反馈信号、扰动信号等。

3. 自动控制系统的分类

自动控制系统的种类很多，其结构性能和完成的控制目的各不相同，因此有多种分类方法。

4. 自动控制系统的性能要求

工程上对自动控制系统性能的基本要求可以归结为稳(系统工作的首要条件)、准(以稳态误差衡量)和快(响应速度)三个方面。由于被控对象具体情况的不同，各种系统对上述三个方面性能要求的侧重点也有所不同。

5. 自动控制系统的实例

应熟悉一些常见的自动控制系统，如液面、炉温的控制系统。

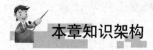

本章知识架构

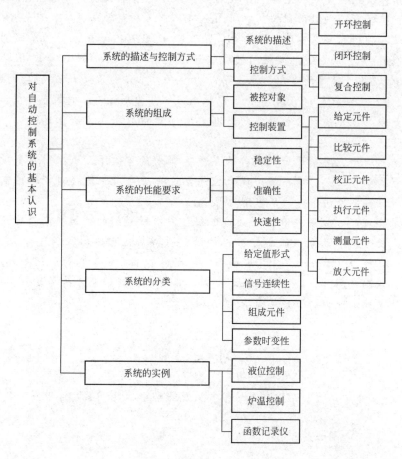

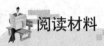

现代控制理论发展概述

自动控制理论是在人类征服自然的生产实践活动中孕育、产生并随着社会生产和科学技术的进步而不断发展、完善起来的。

第二次世界大战期间，反馈控制方法被广泛用于设计研制飞机自动驾驶仪、火炮定位系统、雷达天线控制系统以及其他军用系统。这些系统的复杂性和对快速跟踪及精确控制的高性能追求，迫切要求拓展已有的控制技术，促使许多新的见解和方法产生。同时，还促进了对非线性系统、采样系统以及随机控制系统的研究。以传递函数作为描述系统的数学模型，以时域分析法、根轨迹法和频域分析法为主要分析设计工具，构成了经典控制理论的基本框架。到20世纪50年代，经典控制理论发展到相当成熟的地步，形成了相对完整的理论体系，为指导当时的控制工程实践发挥了极大的作用。

20世纪50年代中期，空间技术的发展迫切要求解决更复杂的多变量系统、非线性系统的最优控制问题(例如火箭和宇航器的导航、跟踪和着陆过程中的高精度，低消耗控制)。实践的需求推动了控制理论的进步，同时，计算机技术的发展也从计算手段上为控制理论的发展提供了条件，适合于描述航天器的运动规律，又便于计算机求解的状态空间描述成为主要的模型形式。俄国数学家李雅普诺夫(A. M. Lyapunov)于1892年创立的稳定性理论被引用到控制中。1956年，前苏联科学家庞特里亚金(Pontryagin)提出极大值原理；同年，美国数学家R. 贝尔曼(R. Bellman)创立了动态规划。极大值原理和动态规划为解决最优控制问题提供了理论工具。1959年，美国数学家卡尔曼(R. Kalman)提出了著名的卡尔曼滤波器，1960年，卡尔曼又提出系统的可控性和可观测性问题。到20世纪60年代初，一套以状态方程作为描述系统的数学模型，以最优控制和卡尔曼滤波作为核心的控制系统分析、设计的新原理和方法基本确定，现代控制理论应运而生。

现代控制理论主要利用计算机作为系统建模分析、设计乃至控制的手段，适用于处理多变量、非线性、时变系统。现代控制理论在航空、航天的制导与控制中创造了辉煌的成就，人类迈向宇宙的梦想变为现实。

为了解决现代控制理论在工业生产过程应用中所遇到的被控对象精确状态空间模型不易建立、合适的最优性能指标难以构造、所得最优控制器往往过于复杂等问题，科学家们不懈努力，近几十年中不断提出一些新的控制方法和理论，例如自适应控制、模糊控制、预测控制、容错控制、鲁棒控制、非线性控制和大系统和复杂系统控制等，大大地扩展了控制理论的研究范围。

习 题

1-1 什么是自动控制系统？自动控制系统通常由哪些基本元件组成？各元件起什么作用？

习　题

1-2　开环控制系统和闭环控制系统的特点各是什么？

1-3　自动控制系统的性能要求是什么？

1-4　下列系统哪些属于开环控制？哪些属于闭环控制？

家用电冰箱、家用空调、抽水马桶、电饭煲、多速电风扇、调光台灯、自动报时电子钟。

1-5　图 1.14 所示为一种用电流控制的气动调节阀，用来控制液体的流量。图中，与杆固定连接的线圈内有一块永久磁铁，当电流通过线圈时，便产生使杆绕支点转动的力矩，从而带动挡板关闭或打开。关闭喷嘴时，进入膜片腔的空气压力将增大，从而将膜片下压，并带动弹簧、阀杆一起下移；反之，当喷嘴被打开时，由于空气从喷嘴中跑出，进入膜片上腔的空气压力将减小，膜片连同弹簧、阀杆便一起上升。此外，阀杆位移反馈回去，由与杆连接的弹簧产生一个平衡力矩。这样，通过电流控制阀杆位移，从而改变阀门开度，就可达到控制液体流量的目的。要求：

（1）确定该系统装置的输入量、输出量、被控对象。

（2）绘出其原理框图。

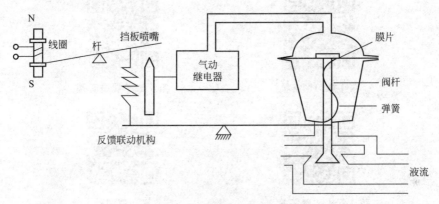

图 1.14　气动调节阀原理示意图

1-6　图 1.15 所示为水箱液面高度控制系统。L_1 为入水阀门，L_2 为出水阀门，L_1 及 L_2 可调节管道流量 Q_1 及 Q_2。在运行中，希望液面高度维持恒定。试说明该系统属于何种控制方式，被控对象及被控量是什么？

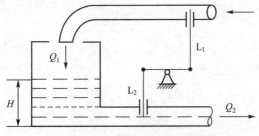

图 1.15　水箱液面高度控制系统

1-7　图 1.16 所示为热水电加热器原理示意图。为了保持所期望的温度，由温控开关轮流接通或断开电加热器的电源。在使用热水时，水槽流出热水并补充冷水。试画出

该闭环控制系统框图，并标出控制量、被控制量、反馈量、扰动量、测量元件、被控对象。

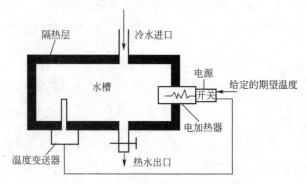

图 1.16　热水电加热器原理示意图

第 1 章习题答案

第 1 章扩展题解答

第 1 章扩展题解答 2

第 1 章课件

第2章
线性系统的数学模型

本章教学目标与要求

- 掌握系统结构图的建立方法，熟练掌握系统结构图的等效变换方法及利用等效变换求取系统闭环传递函数的方法。熟练掌握重要的传递函数，如控制输入下的闭环传递函数、扰动输入下的闭环传递函数、误差传递函数。
- 掌握信号流图的定义和组成方法，掌握其等效变换法则、简化图形结构，掌握从信号流图求取系统传递函数的方法。
- 理解数学模型的特点；掌握建立系统动态微分方程的一般方法。
- 熟练掌握运用梅森公式求闭环传递函数的方法。
- 牢固掌握传递函数的定义和性质，掌握典型环节的传递函数。

引　言

　　自动控制理论研究的两个主要问题是：控制系统的分析和设计。这两个问题都离不开对系统运动的研究。这里的运动指一切物理量随时间的变化，如温度的升降。自动控制系统的组成可以是电气的、机械的、液压的、气动的等，而描述这些系统的运动规律的模型却可以是相同的，就是把组成系统的各物理量的变化及相互的作用关系描述出来，以此作为研究的依据。图 2.1 所示的 RLC 电路是最基本的无源网络之一，可以把它看成是自动控制系统的一个重要的应用实例，如何建立它的模型呢？这就是本章要研究的问题。

　　本书第 1 章介绍了自动控制系统的基本组成、控制方式、常见控制系统的工作原理及框图的绘制，提出了对控制系统的性能要求。要分析和设计控制系统，首先要建立控制系统的模型，这里的模型一般指数学模型。本章主要讲述自动控制系统的微分方程、传递函数、结构图和信号流图等几种数学模型。

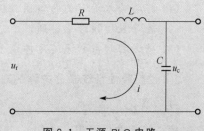

图 2.1　无源 RLC 电路

2.1 控制系统的数学模型

建立控制系统数学模型的方法有解析法和实验法两种。解析法是依据系统及元件各变量之间所遵循的物理、化学定律列写出变量间的数学表达式，并进行实验验证。实验法是对系统或元件输入一定形式的信号(阶跃信号、单位脉冲信号、正弦信号等)，根据系统或元件的输出响应，经过数据处理而辨识出系统的数学模型，这种方法也称为系统辨识。解析方法适用于简单、典型、常见的系统，而实验方法适用于复杂、非常见的系统。实践中常常把这两种方法结合起来建立数学模型更为有效。

2.1.1 线性系统微分方程的建立方法

建立系统的数学模型是一件非常复杂的工作，它涉及对系统中每个部件的深入了解和专门的知识，这些都不是本书可以解决的问题。它要靠专业课的学习和长期的工作实践的积累。这里只介绍建立数学模型的一种思路和原则步骤。实际系统往往很复杂，都有一定程度的非线性、时变或其他因素，很难用数学表达式描写各变量之间的关系，在工程应用上常常进行了简化，忽略了一些次要因素，避免数学处理的困难，又不影响系统分析的准确性。所以我们所分析的系统都认为其是线性、定常、集总参量的。

以下着重研究描述线性、定常、集总参量控制系统的微分方程的建立。微分方程是描述自动控制系统时域动态特性的最基本模型，微分方程又称为控制系统时域内的运动方程。

用解析法建立系统微分方程的一般步骤如下：

(1) 分析系统和各元件的工作原理，找出各物理量之间的关系，确定系统和各元件的输入、输出量。

(2) 从系统输入端开始，按信号传递顺序根据各变量遵循的物理或化学定律，列写各元件输入/输出量的动态关系式，一般是一个微分方程组；对建立的原始方程进行数学处理，忽略次要因素，简化原始方程(例如对非线性函数做线性化处理)。

(3) 消去中间变量，写出系统输入/输出量的微分方程。

(4) 标准化微分方程。

特别提示

系统微分方程的标准形式如下：

(1) 将与输入量有关的各项放在方程的右边，与输出量有关的各项放在方程的左边；

(2) 各导数项按降幂排列；

(3) 将方程的系数通过元件或系统的参数化成具有一定物理意义的系数。

2.1.2 线性系统微分方程的建立实例

【例 2.1】 试列写如图 2.1 所示的 RLC 无源网络的微分方程。输入为 $u_r(t)$，输出为 $u_c(t)$。

解： 根据题目要求，已知 $u_r(t)$ 为输入量，$u_c(t)$ 为输出量。如图 2.1 所示，根据基尔霍夫定律，可得

$$u_r(t) = Ri(t) + L\frac{di(t)}{dt} + \frac{1}{C}\int i(t)\,dt \tag{2-1}$$

$$u_c(t) = \frac{1}{C}\int i(t)\,dt \tag{2-2}$$

将式(2-2)变换得到中间变量 $i(t)$ 为

$$i(t) = C\frac{du_c(t)}{dt} \tag{2-3}$$

将式(2-3)代入式(2-1)中,消去中间变量,使方程只体现输入与输出之间的关系,可得 RLC 电路微分方程为

$$LC\frac{d^2u_c(t)}{dt^2} + RC\frac{du_c(t)}{dt} + u_c(t) = u_r(t) \tag{2-4}$$

显然,这是一个二阶线性微分方程,即为图 2.1 示无源网络的时域数学模型。

【例 2.2】 图 2.2 所示为弹簧阻尼系统。当外力 $F(t)$ 作用于系统时,系统将产生运动。试列写外力 $F(t)$ 与相对位移 $y(t)$ 之间的微分方程。

解:根据题目要求,确定输入输出量,$F(t)$ 为输入量,$y(t)$ 为输出量。如图 2.2 所示,这是一个力学系统,依据牛顿运动定律,可得

$$\sum F = ma \tag{2-5}$$

式中:$\sum F = F(t) - F_1(t) - F_2(t)$;$F_1(t)$ 为阻尼器的阻尼力,方向与运动方向相反,大小与运动速度成比例;f 为阻尼系数,$F_1(t) = f\frac{dy(t)}{dt}$;$F_2(t)$ 为弹簧的弹力,方向与运动方向相反,大小与位移成比例;k 为弹性系数,$F_2(t) = ky(t)$;a 为加速度,$a = \frac{dy^2(t)}{dt^2}$。

将 $F_1(t)$、$F_2(t)$ 和 a 代入式(2-5)中,可得

$$F(t) - f\frac{dy(t)}{dt} - ky(t) = m\frac{d^2y(t)}{dt^2} \tag{2-6}$$

整理成标准形式,可得

$$m\frac{d^2y(t)}{dt^2} + f\frac{dy(t)}{dt} + ky(t) = F(t) \tag{2-7}$$

例 2.1 和例 2.2 所示的两个系统虽然物理性质完全不同,但可以用同一种数学模型即二阶线性常微分方程来描述,这也体现了数学模型的特点。这两个系统称为相似系统,控制理论不研究具体的系统,而研究系统的共性,所以可以用相似系统代替实际难以实现的系统来分析其特性。例如电路系统易于实现,可以用它来代替其他系统进行分析。

【例 2.3】 图 2.3 所示为电枢控制的他励直流电动机,要求建立输入电压 $u_a(t)$ 和输出转角 $\theta_m(t)$ 之间的动态关系式。

解:根据题目要求,确定输入/输出量,电压 $u_a(t)$ 为输入量,转角 $\theta_m(t)$ 为输出量。

电枢控制直流电动机的工作实质是将输入的电能转换为机械能,也就是由输入的电枢电压 $u_a(t)$ 在电枢回路中产生电枢电流 $i_a(t)$,再由电流 $i_a(t)$ 与激磁磁通相互作用产生电磁转矩 $M_m(t)$,从而拖动负载运动。因此,直流电动机的运动方程可由以下三部分组成。

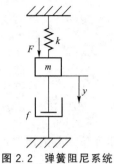

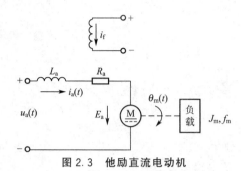

图 2.2 弹簧阻尼系统   图 2.3 他励直流电动机

（1）电枢回路电压平衡方程为

$$u_a(t) = L_a \frac{di_a(t)}{dt} + R_a i_a(t) + E_a \tag{2-8}$$

式中：R_a、L_a 分别为电枢电路的电阻和电感；E_a 为电枢反电势，它是当电枢旋转时产生的反电势，其大小与激磁磁通及转速成正比，方向与电枢电压 $u_a(t)$ 相反，即

$$E_a = K_b \frac{d\theta_m(t)}{dt} \tag{2-9}$$

式中：K_b 为反电势系数。

（2）电磁转矩方程为

$$M_m(t) = C_m i_a(t) \tag{2-10}$$

式中：C_m 为电动机转矩系数，又称力矩系数；$M_m(t)$ 为电枢电流与激磁磁通相互作用产生的电磁转矩。

（3）电动机轴上的转矩平衡方程为

$$M_m(t) = J_m \frac{d^2\theta_m(t)}{dt^2} + f_m \frac{d\theta_m(t)}{dt} + M_L \tag{2-11}$$

式中：M_L 为折合到电动机轴上的负载力矩；J_m 为电枢转动惯量；f_m 为电动机轴上的黏性摩擦因数。

由式（2-8）和式（2-9）可求出 $i_a(t)$，代入式（2-10），再将式（2-10）代入式（2-11）。在工程应用中，由于电枢电路电感 L_a 较小，通常忽略不计，并设负载转矩 $M_L = 0$，可得

$$T_m \frac{d^2\theta_m(t)}{dt^2} + \frac{d\theta_m(t)}{dt} = K_m u_a(t) \tag{2-12}$$

式中：$T_m = \dfrac{R_a J_m}{K_b C_m + R_a f_m}$ 为电动机时间常数；$K_m = \dfrac{C_m}{K_b C_m + R_a f_m}$ 为电动机传递系数。

如果以电动机的转速 ω 为输出，可以得到一个一阶线性常微分方程为

$$T_m \frac{d\omega(t)}{dt} + \omega = K_m u_a(t) \tag{2-13}$$

式中：$\omega = \dfrac{d\theta_m(t)}{dt}$。可见，对同一个系统而言，若从不同的角度研究问题，所得到的数学模型是不一样的。

【例 2.4】 试列写图 2.4 所示速度控制系统的微分方程。

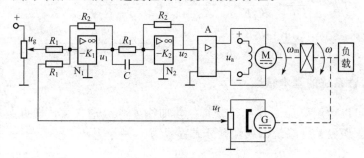

图 2.4 速度控制系统

解： 通过分析图 2.4 可知，控制系统的被控对象是电动机（带负载），系统的输出量 ω 是转速，输入量是 u_g，控制系统由给定电位器、运算放大器 N_1（含比较作用）、运算放大器 N_2（含 RC 校正网络）、功率放大器 A、测速发电机、减速器等部分组成。现分别列写各元部件的微分方程。

（1）运算放大器 N_1。输入量（即给定电压）u_g 与速度反馈电压 u_f 在此合成产生偏差电压并放大，即

$$u_1 = K_1(u_g - u_f) \qquad (2-14)$$

式中：$K_1 = R_2/R_1$，为运算放大器 N_1 的比例系数。

（2）运算放大器 N_2。考虑 RC 校正网络，u_2 与 u_1 之间的微分方程为

$$u_2 = K_2\left(\tau\frac{\mathrm{d}u_1}{\mathrm{d}t} + u_1\right) \qquad (2-15)$$

式中：$K_2 = R_2/R_1$，为运算放大器 N_2 的比例系数；$\tau = R_1C$，为微分时间常数。

（3）功率放大器 A。本系统采用晶闸管整流装置，它包括触发电路和晶闸管主回路。忽略晶闸管控制电路的时间滞后，其输入/输出方程为

$$u_a = K_3 u_2 \qquad (2-16)$$

式中：K_3 为比例系数。

（4）直流电动机。其关系方程为

$$T_m\frac{\mathrm{d}\omega_m(t)}{\mathrm{d}t} + \omega_m(t) = K_m u_a(t) - K_c M_c'(t) \qquad (2-17)$$

式中：T_m、K_m、K_c 及 M_c' 均是考虑齿轮系和负载后，折算到电动机轴上的等效值。

（5）齿轮系。设齿轮系的传动比为 i，则电动机转速 ω_m 经齿轮系减速后变为 ω，故有

$$\omega = \frac{1}{i}\omega_m \qquad (2-18)$$

（6）测速发电机。测速发电机的输出电压 u_f 与其转速 ω 成正比，即有

$$u_f = K_f\omega \qquad (2-19)$$

式中：K_f 是测速发电机比例系数，V/rad/s。

从上述各方程中消去中间变量，经整理后便得到控制系统的微分方程为

$$T_m'\frac{\mathrm{d}\omega}{\mathrm{d}t} + \omega = K_g'\frac{\mathrm{d}u_g}{\mathrm{d}t} + K_g u_g - K_c' M_c'(t) \qquad (2-20)$$

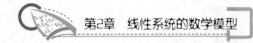

式中：
$$T'_m = \frac{iT_m + K_1 K_2 K_3 K_m K_f \tau}{i + K_1 K_2 K_3 K_m K_f}; \quad K'_g = \frac{K_1 K_2 K_3 K_m \tau}{i + K_1 K_2 K_3 K_m K_f};$$

$$K_g = \frac{K_1 K_2 K_3 K_m}{i + K_1 K_2 K_3 K_m K_f}; \quad K'_c = \frac{K_c}{i + K_1 K_2 K_3 K_m K_f}。$$

2.1.3 线性系统的基本特性

线性系统可以运用叠加原理进行分析。叠加原理有两重含义，即可叠加性和均匀性（或称齐次性）。假设某一系统的线性微分方程式为

$$\frac{d^2 c(t)}{dt^2} + \frac{dc(t)}{dt} + c(t) = r(t) \tag{2-21}$$

若 $r(t) = r_1(t)$ 时，方程有解 $c(t) = c_1(t)$，而 $r(t) = r_2(t)$ 时，方程有解 $c(t) = c_2(t)$，则当 $r(t) = r_1(t) + r_2(t)$ 时，必然存在方程的解为 $c(t) = c_1(t) + c_2(t)$，这就是叠加性；若 $r(t) = \alpha r_1(t)$ 时，α 为实数，则方程的解为 $c(t) = \alpha c_1(t)$，这就是均匀性。

上述结果表明，两个外作用同时施加于线性系统所产生的总输出，等于各个外作用单独作用于系统时分别产生的输出之和；若外作用的数值增大若干倍，其输出亦相应增大同样的倍数。基于此特性，可以将系统的外来信号分解为最简形式，从而简化对线性系统的分析和设计。

2.1.4 非线性系统微分方程的线性化

严格地讲，实际物理元件或系统都是非线性的，所以描述其运动的方程是复杂的非线性方程，非线性方程难于求解，给分析系统的工作带来麻烦，所以，在一定条件下可以忽略周围环境的影响，视这些元件或系统为线性的，这就是通常使用的一种线性化方法。

对非线性系统当非线性不严重或变量变化范围不大时，可利用小偏差线性化方法（或称切线法）使数学模型线性化，这种方法适合于连续变化的非线性函数。小偏差线性化的做法是在系统工作点附近，利用泰勒级数展开非线性函数，忽略高次项而得到线性函数。

对于一般的非线性系统，假设其输入量为 x，输出量为 $y = f(x)$，给定工作点为 $y_0 = f(x_0)$，当系统受到扰动后，偏离给定工作点，在附近作微小变动，函数 $y = f(x)$ 在 (x_0, y_0) 点连续可微分，可将函数在此点展开其泰勒级数，即

$$y = f(x) = f(x_0) + \frac{df(x)}{dx}\bigg|_{x=x_0} (x - x_0) + \frac{1}{2!} \cdot \frac{d^2 f(x)}{dx}\bigg|_{x=x_0} (x - x_0)^2 + \cdots \tag{2-22}$$

当变化量 $x - x_0$ 很小时，可以略去上式中的高次幂项，则有

$$y = f(x) = f(x_0) + \frac{df(x)}{dx}\bigg|_{x=x_0} (x - x_0) \tag{2-23}$$

用 Δy 表示 $y - y_0$，Δx 表示 $x - x_0$，则上式可以变为

$$\Delta y = k \Delta x \tag{2-24}$$

式中：$k = \dfrac{df(x)}{dx}\bigg|_{x=x_0}$，为比例系数。

以上线性化方法其几何意义为在平衡点（给定工作点）附近，用通过该点的切线近似代替原来的曲线。因此，在进行线性化时，首先应确定工作点，还要注意线性化的条件

是输入量必须在较小的范围内变化。若非线性特性是不连续的强非线性，不能得到收敛的泰勒级数，则不能采用这种方法。

2.2 传 递 函 数

微分方程是时间域内描述系统动态性能的数学模型，在给定输入量和初始条件时，就可以对微分方程求解，得到系统的输出响应，这种方法直观、准确，但是用来分析和设计高阶系统十分不方便，因为高阶微分方程求解烦琐，而且当系统结构、参数发生变化后，就要重新列写微分方程并求解。

传递函数是在复数域描述系统的数学模型，是以参数来表示系统结构的，因此又称为系统的参数模型。线性常微分方程经过拉普拉斯（简称拉氏）变换后，可以得到系统的传递函数。传递函数不仅可以表征系统的动态特性，而且能间接反映系统结构、参数变化时对系统性能的影响，简化了分析设计系统的工作。后面章节中介绍的频域法、根轨迹法，都是建立在传递函数的基础之上的，所以传递函数是一个非常重要的概念。

2.2.1 传递函数的概念

我们利用 RC 串联网络来介绍传递函数的概念。该网络的微分方程为

$$T \frac{\mathrm{d}u_c(t)}{\mathrm{d}t} + u_c(t) = u_r(t) \qquad (T = RC)$$

初始条件为 $u_c(0) = u_{c0}$，对上述方程的左右两端求拉普拉斯变换，可得

$$TsU_c(s) - TU_c(0) + U_c(s) = U_r(s)$$

$U_r(s)$ 是输入电压 $u_r(t)$ 的拉普拉斯变换，$U_c(s)$ 是输出电压 $u_c(t)$ 的拉普拉斯变换，整理可得

$$U_c(s) = \frac{1}{Ts+1} U_r(s) + \frac{T}{Ts+1} u_{c0}$$

当系统的输入信号为 $u_r(t) = u_{r0} \cdot 1(t)$（阶跃信号）时，利用拉普拉斯反变换可求系统的输出响应为

$$u_c(t) = u_{r0}(1 - \mathrm{e}^{-t/T}) + u_{c0} \mathrm{e}^{-t/T}$$

式中：$u_{r0}(1 - \mathrm{e}^{-t/T})$ 为零状态响应，是由系统的输入电压决定的；$u_{c0} \mathrm{e}^{-t/T}$ 为零输入响应，是由系统的初始条件决定的。

令初始条件为 0，即 $u_{c0} = 0$，则系统输出的拉普拉斯变换变为

$$U_c(s) = \frac{1}{Ts+1} U_r(s)$$

若输入电压确定，则它的拉普拉斯变换也确定，即输出电压的拉普拉斯变换完全由 $\frac{1}{Ts+1}$ 确定，是一个只与电路结构及参数有关的函数，把它称为 RC 无源网络的传递函数，用 $G(s)$ 表示为

$$G(s) = \frac{1}{Ts+1}$$

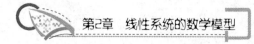

它确立了输出电压与输入电压之间的关系。

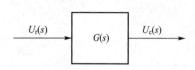

图 2.5　RC 无源网络方框图

用简单的框图来描述上述运算关系，方框代表 $G(s)$ 描述的 RC 网络，进入方框带箭头的直线为输入信号线，$U_r(s)$ 为输入信号，离开框带箭头的直线为输出信号线，$U_c(s)$ 为输出信号，可以记为 $U_c(s)=G(s)U_r(s)$，如图 2.5 所示。

2.2.2　传递函数的定义

1. 定义

线性系统，在零初始条件下，输出信号的拉普拉斯变换与输入信号的拉普拉斯变换之比，称为系统的传递函数。

2. 描述方法

线性定常系统由下述 n 阶线性常微分方程描述

$$a_0\frac{\mathrm{d}^n}{\mathrm{d}t^n}c(t)+a_1\frac{\mathrm{d}^{n-1}}{\mathrm{d}t^{n-1}}c(t)+\cdots+a_{n-1}\frac{\mathrm{d}}{\mathrm{d}t}c(t)+a_nc(t)$$

$$=b_0\frac{\mathrm{d}^m}{\mathrm{d}t^m}r(t)+b_1\frac{\mathrm{d}^{m-1}}{\mathrm{d}t^{m-1}}r(t)+\cdots+b_{m-1}\frac{\mathrm{d}}{\mathrm{d}t}r(t)+b_mr(t) \qquad (2-25)$$

式中：$c(t)$ 为系统的输出信号；$r(t)$ 为系统的输入信号，$a_i(i=0,1,2,3,\cdots)$ 和 $b_j(j=0,1,2,3,\cdots)$ 为与系统结构及参数有关的常系数。

特别提示

零初始条件指：输入信号 $r(t)$ 和输出信号 $c(t)$ 及其各阶导数在 $t=0$ 时的值均为零。对上式中各项分别求拉普拉斯变换，并令 $C(s)=L[c(t)]$，$R(s)=L[r(t)]$，可得

$$[a_0s^n+a_1s^{n-1}+\cdots+a_{n-1}s+a_n]C(s)=[b_0s^m+b_1s^{m-1}+\cdots+b_{m-1}s+b_m]R(s)$$

$$(2-26)$$

于是由定义可得系统的传递函数为

$$G(s)=\frac{C(s)}{R(s)}=\frac{b_0s^m+b_1s^{m-1}+\cdots+b_{m-1}s+b_m}{a_0s^n+a_1s^{n-1}+\cdots+a_{n-1}s+a_n}=\frac{M(s)}{N(s)} \qquad (2-27)$$

式中：$M(s)$ 为传递函数分子多项式；$N(s)$ 为传递函数的分母多项式。

3. 传递函数的说明

(1) 传递函数的概念只适用于线性定常系统或线性元件，用以描述它们的输入/输出关系，是线性定常系统的一种动态数学模型，与线性常系数微分方程一一对应。

(2) 传递函数虽然描述了线性系统或元件输出与输入之间的关系，但它是线性定常系统或元件自身的固有特性，完全取决于系统本身的结构与参数，与输入、输出量的大小和性质无关，也不提供有关系统物理结构的任何信息。许多物理上完全不同的系统，可以具有相同的传递函数。

（3）传递函数是复变量 s 的有理真分式函数，具有复变函数的所有性质，分子分母多项式的各项系数均为实数，且 $m \leqslant n$。

（4）传递函数可以描述成如下形式

$$G(s) = \frac{K(s-z_1)(s-z_2)\cdots(s-z_m)}{(s-p_1)(s-p_2)\cdots(s-p_n)} = K\frac{\displaystyle\prod_{j=1}^{m}(s-z_j)}{\displaystyle\prod_{i=1}^{n}(s-p_i)} \qquad (2-28)$$

式中：K 为常数；z_j 为传递函数的零点；p_i 为传递函数的极点。极点和零点为实数或共轭复数。

（5）传递函数的拉普拉斯反变换是系统的脉冲响应函数 $g(t)$。$g(t)$ 为系统在单位脉冲 $\delta(t)$ 输入时的输出响应，此时，$R(s)=1$。因为 $G(s)=\dfrac{C(s)}{R(s)}$，所以 $c(t)=L^{-1}[C(s)]=L^{-1}[G(s)R(s)]=L^{-1}[G(s)]=g(t)$。

（6）传递函数是在零初始条件下建立的，因此，它只是系统的零状态模型，不能反映系统非零初始条件下的运动规律，有一定的局限性。

2.2.3 典型环节的传递函数

控制系统从结构和组成上看，有各种各样的元部件，可以是机械的、电子的、液压的或其他类型的。但从动态模型上看，都可以划分为若干个基本环节，这些基本环节称为典型环节。不管是何种元部件，只要它们的数学模型一致，它们就是同一种环节。这样为分析和设计控制系统带来了很大的便利。如果知道了各基本环节的传递函数，在符合信号流通的约束关系下，将各基本环节的传递函数按照相应的关系进行组合，再消去中间变量，就可以得到控制系统的完整传递函数。

下面列举几种典型环节及其传递函数。

1. 比例环节

比例环节又称放大环节，其运算关系为

$$u_c(t) = Ku_i(t) \qquad (2-29)$$

传递函数为

$$G(s) = K \qquad (2-30)$$

式中：K 为常数，又称放大系数。

比例环节的输出信号和输入信号成正比，既无失真也没有时间延迟，又称无惯性环节。

几乎所有的控制系统中都有比例环节。图 2.6 所示的电位器、图 2.7 所示的运算放大器均属于比例环节。

2. 积分环节

输出信号正比于输入信号的积分的环节称为积分环节，其运算关系为

$$u_c(t) = \frac{1}{T}\int u_r(t)\mathrm{d}t \qquad (2-31)$$

式中：T 为积分时间常数，T 越大积分越慢。

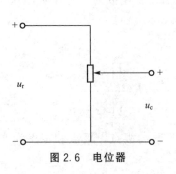

图 2.6 电位器

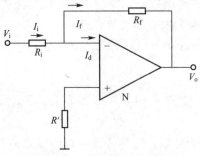

图 2.7 比例运算放大器

该环节传递函数为

$$G(s) = \frac{1}{Ts} \tag{2-32}$$

当 $T=1$ 时，$G(s)=1/s$ 是纯积分环节。如果输入是阶跃函数，则输出是类似的斜坡函数，如图 2.8(a)所示。当输入 u_r 消失，积分停止，输出 u_c 则维持不变，具有记忆功能。图 2.8(b)所示为用运算放大器构成的积分调节器，其传递函数为

$$G(s) = -\frac{1}{RCs} = -\frac{1}{Ts}$$

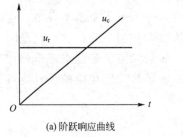

(a)阶跃响应曲线

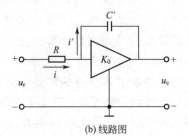

(b)线路图

图 2.8 积分调节器

3. 微分环节

理想的微分环节其输出信号与输入信号对时间的导数呈正比，其运算关系为

$$u_c(t) = T\frac{\mathrm{d}u_r(t)}{\mathrm{d}t} \tag{2-33}$$

传递函数为

$$G(s) = Ts \tag{2-34}$$

式中：T 为时间常数。

如果输入信号是单位阶跃函数，则理想微分环节的输出是脉冲函数 $u_c(t) = T\delta(t)$，输出量预示输入信号的变化趋势。

图 2.9(a)所示测速发电机的输出电压与输入角位移之间的传递函数为 $u(t) = K\frac{\mathrm{d}\theta(t)}{\mathrm{d}t}$，

属于微分环节；图 2.9(b)所示为微分运算放大器 N，不考虑电压极性，则 $u_2(t) = RC\frac{\mathrm{d}u_1(t)}{\mathrm{d}t}$。

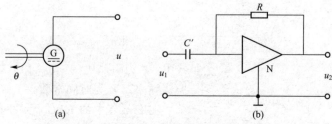

图 2.9　测速发电机及微分运算放大器

4. 惯性环节

惯性环节输出信号和输入信号之间的关系可以用以下的一阶微分方程描述

$$T \frac{\mathrm{d}u_{\mathrm{c}}(t)}{\mathrm{d}t} + u_{\mathrm{c}}(t) = K u_{\mathrm{r}}(t) \qquad (2-35)$$

传递函数为

$$G(s) = \frac{K}{Ts+1} \qquad (2-36)$$

式中：T 为时间常数；K 为比例系数，通常设置 $K=1$。

惯性环节的输出信号不能立即跟踪输入的变化，存在时间上的延迟，T 越大，延迟的时间越长。如果输入为单位阶跃函数，输出响应则为非周期的指数函数，如图 2.10 所示。如 RC 滤波网络就是典型的惯性环节。

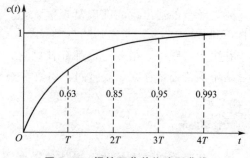

图 2.10　惯性环节单位阶跃曲线

5. 一阶微分环节

该环节又称比例微分环节，由一个比例环节和一个理想微分环节构成，其运算关系为

$$u_{\mathrm{c}}(t) = \tau \frac{\mathrm{d}u_{\mathrm{r}}(t)}{\mathrm{d}t} + u_{\mathrm{r}}(t) \qquad (2-37)$$

传递函数为

$$G(s) = \tau s + 1 \qquad (2-38)$$

式中：τ 为时间常数。

一阶微分环节的输出信号根据输入信号的变化率而定。

6. 二阶振荡环节

该环节输出信号和输入信号之间的关系可以用以下二阶微分方程描述

$$T^{2} \frac{\mathrm{d}u_{\mathrm{c}}^{2}(t)}{\mathrm{d}t^{2}} + 2\xi T \frac{\mathrm{d}u_{\mathrm{c}}(t)}{\mathrm{d}t} + u_{\mathrm{c}}(t) = u_{\mathrm{r}}(t) \qquad (2-39)$$

第2章 线性系统的数学模型

传递函数为

$$G(s)=\frac{1}{T^2s^2+2\xi Ts+1}=\frac{\omega_n^2}{s^2+2\xi\omega_n s+\omega_n^2} \tag{2-40}$$

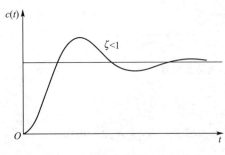

图 2.11 振荡环节的单位阶跃曲线

式中：ξ 为阻尼比（$0\leqslant\xi<1$）；ω_n 为无阻尼自然振荡频率；T 为时间常数，$T=1/\omega_n$。

在 2.1 节中的 RLC 无源网络、弹簧-阻尼机械系统均为振荡环节。振荡环节在单位阶跃输入作用下的输出响应为衰减的阻尼振荡过程，如图 2.11 所示。

7. 时滞环节

该环节为具有纯时间延迟传递关系的环节，又称延迟环节，其运算关系为

$$c(t)=r(t-\tau) \tag{2-41}$$

传递函数为

$$G(s)=e^{-\tau s} \tag{2-42}$$

式中：τ 为延迟时间。

延迟环节的输出量能准确复现输入量，但须延迟一个固定的时间间隔，对系统的稳定性不利。

在生产实践中，很多场合都存在延迟，比如传送带或管道的运送过程、压力或热量在管道中的传播都存在延迟时间，用数学模型描述时就包含有延迟环节。

**特别提示**

典型环节和组成系统的元部件的概念不同。一个系统由若干元部件组成，每个元部件的数学模型可以是一个典型环节，也可以包含多个典型环节。相反，一个典型环节也可以由多个元部件或者一个系统的数学模型构成。

2.2.4 传递函数与电气网络的运算阻抗

对电气网络求传递函数可采用两种方法：一是列写微分方程式，然后取方程两边零初始条件下的拉普拉斯变换，再根据定义求其传递函数；二是可以利用复数阻抗的方法求解。

电气网络内的电阻、电容、电感等线性元件的复数阻抗，分别为 R、$1/Cs$、Ls。复数阻抗和电流、电压的拉普拉斯变换之间的关系类似于电阻，串并联关系也类似于电阻的串并联。遵照电路的基本定律，直接列写电路输入量和输出量之间的关系，利用代数运算即可求出电气网络的传递函数。例如对 RC 电路可求解为

$$U_c(s)=\frac{U_r(s)}{R+\dfrac{1}{Cs}}\cdot\frac{1}{Cs}=\frac{U_r(s)}{RCs+1}\Rightarrow\frac{U_c(s)}{U_r(s)}=\frac{1}{RCs+1}$$

这种方法比利用定义方式求电气网络的传递函数的方法简单，但要注意负载效应，一般认为负载阻抗为无穷大。

2.3 结 构 图

控制系统的结构图是描述组成控制系统的各个元件之间信号传递动态关系的图形，它表达了系统中各变量之间的运算关系，是控制理论中描述复杂系统的一种简便方法。它不仅表明了系统的组成和信号的传递方向，而且清楚地表示出系统信号传递过程中的数学关系，所以结构图也是一种数学模型，是一种将控制系统图形化了的数学模型，在控制理论中应用广泛。

2.3.1 结构图的组成

系统中每个元件用一个或几个框图表示，框内表示其传递函数，然后根据信号传递的先后顺序用信号线按一定方式连接起来，就构成系统的结构图。结构图包含以下四种基本单元。

1. 信号线

信号线为带箭头的直线，箭头表示信号的传递方向。信号线上标明信号的原函数或象函数，如图 2.12 中(a)所示。

2. 方框框

方形框的两侧为输入信号线和输出信号线，框内写入该输入、输出之间的传递函数 $G(s)$。它起到对信号进行运算、转换的作用，如图 2.12 中(b)所示。

3. 引出点

引出点又称测量点或分支点，表示信号引出或测量的位置。同一位置引出的信号数值和性质完全一样，如图 2.12 中(c)所示。

4. 综合点

综合点又称比较点或相加点，作用为对两个以上的信号进行加减运算。＋号可以省略不写。圆圈符号的输出量即为诸信号的代数和，如图 2.12 中(d)所示。

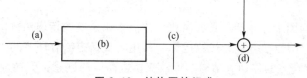

图 2.12　结构图的组成

结构图是从实际系统抽象出来的数学模型，不代表实际的物理结构，但它能更直观更形象地表示系统中各环节的功能及其相互关系、表明信号的流向和每个环节对系统性能的影响。结构图的流向是单向不可逆的，而其结构图也不唯一。

2.3.2 系统结构图的建立

建立控制系统结构图的一般步骤如下：

(1) 建立控制系统各元件的微分方程，列写微分方程时，要注意相邻元件间的负载效应的影响。

(2) 对元件的微分方程进行拉普拉斯变换，并作出各元件的结构图。

(3) 按照系统中各变量的传递顺序，依次将各元件的结构图连接起来，通常将系统的输入量放在左端，输出量放在右端，便得到系统的结构图。

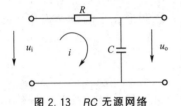

图 2.13 RC 无源网络

【例 2.5】 建立图 2.13 所示 RC 无源网络的结构图。

解： 由图 2.13，利用基尔霍夫电压定律及电容元件特性可得

$$i(t) = \frac{u_i(t) - u_o(t)}{R} \qquad (2-43)$$

$$u_o(t) = \frac{\int i(t)\,\mathrm{d}t}{C} \qquad (2-44)$$

对式(2-43)和式(2-44)进行拉普拉斯变换得

$$I(s) = \frac{U_i(s) - U_o(s)}{R} \qquad (2-45)$$

$$U_o(s) = \frac{I(s)}{sC} \qquad (2-46)$$

由式(2-45)和式(2-46)分别得到结构图如图 2.14(a)和(b)所示。

将图 2.14(a)和(b)组合起来即得到图 2.14(c)，图 2.14(c)即为该 RC 无源网络的结构图。

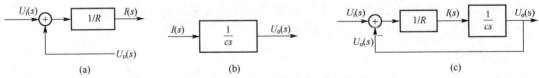

图 2.14 RC 无源网络结构图

2.3.3 结构图的等效变换

有时系统的结构图十分复杂，需要简化后才能求出系统的传递函数。结构图的等效变换相当于在结构图上进行数学方程的代数运算，常用的变换方法有环节的合并、信号引出点或综合点的移动。结构图等效变换遵循的原则是：变换前后数学关系保持不变，也就是变换前后有关部分的输入量、输出量之间的关系保持不变。

1. 环节的合并

1) 环节串联的合并

框与框通过信号线相连，前一个方框的输出作为后一个方框的输

结构图等效

入，这种形式的连接称为串联连接。环节串联后合并的总传递函数等于各串联环节传递函数的乘积，即 $G(s) = \dfrac{C(s)}{R(s)} = G_1(s)G_2(s)$，如图 2.15 所示。

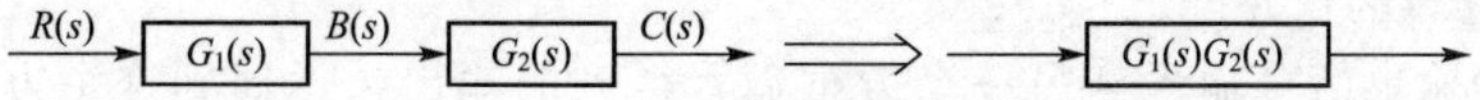

图 2.15　环节串联的合并

证明：

$$B(s) = G_1(s)R(s) \tag{2-47}$$

$$C(s) = G_2(s)B(s) \tag{2-48}$$

将式(2-47)代入式(2-48)可得

$$C(s) = G_1(s)G_2(s)R(s)$$

所以，两个环节串联合并后的传递函数为

$$G(s) = \dfrac{C(s)}{R(s)} = G_1(s)G_2(s)$$

若有 n 个环节串联，则合并后的等效传递函数为

$$G(s) = G_1(s)G_2(s) \cdots G_n(s) = \prod_{i=1}^{n} G_i(s) \tag{2-49}$$

2) 环节并联的合并

两个或两个以上的方框具有同一个输入信号，并以各方框输出信号的代数和作为输出信号，这种形式的连接称为并联连接。环节并联后合并的总传递函数等于各并联环节传递函数的代数和，即 $G(s) = \dfrac{C(s)}{R(s)} = G_1(s) \pm G_2(s)$，如图 2.16 所示。

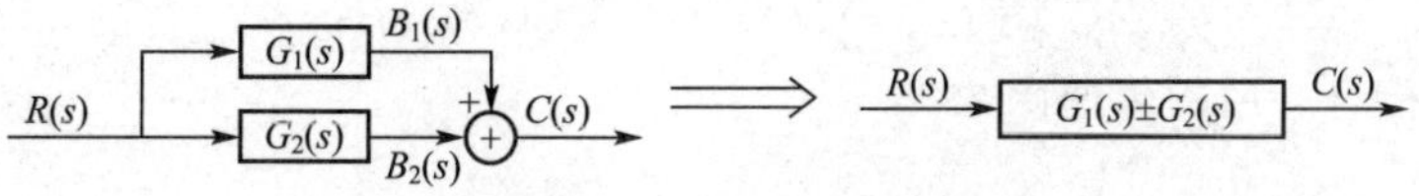

图 2.16　环节并联的合并

证明：

$$B_1(s) = G_1(s)R(s) \tag{2-50}$$

$$B_2(s) = G_2(s)R(s) \tag{2-51}$$

$$C(s) = B_1(s) \pm B_2(s) \tag{2-52}$$

将式(2-50)、式(2-51)代入式(2-52)可得

$$C(s) = G_1(s)R(s) \pm G_2(s)R(s) = [G_1(s) \pm G_2(s)]R(s)$$

所以，两个环节并联合并后的传递函数为

$$G(s) = \dfrac{C(s)}{R(s)} = G_1(s) \pm G_2(s)$$

若有 n 个环节并联，则等效传递函数为

$$G(s) = G_1(s) \pm G_2(s) \cdots \pm G_n(s) = \pm \sum_{i=1}^{n} G_i(s) \qquad (2-53)$$

3）反馈连接的合并

一个框的输出信号输入到另一个方框后，得到的输出再返回到这个方框的输入端，构成输入信号的一部分，这种连接形式称为反馈连接，如图 2.17 所示。

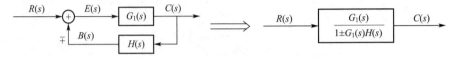

图 2.17　反馈连接的合并

反馈连接后，信号传递形成闭合回路，总的传递函数为

$$G(s) = \frac{G_1(s)}{1 \pm G_1(s)H(s)} \qquad (2-54)$$

证明：

$$C(s) = G_1(s)E(s) \qquad (2-55)$$

$$E(s) = R(s) \mp B(s) \qquad (2-56)$$

$$B(s) = H(s)C(s) \qquad (2-57)$$

将式(2-57)代入式(2-56)可得

$$E(s) = R(s) \mp H(s)C(s) \qquad (2-58)$$

将式(2-58)代入式(2-55)可得

$$C(s) = G_1(s)[R(s) \mp H(s)C(s)] \qquad (2-59)$$

将式(2-59)左右两端整理一下可得

$$C(s) \pm G_1(s)H(s)C(s) = G_1(s)R(s)$$

所以，反馈连接合并后的传递函数为

$$G(s) = \frac{C(s)}{R(s)} = \frac{G_1(s)}{1 \pm G_1(s)H(s)}$$

2. 综合点的移动

1）综合点后移（图 2.18）

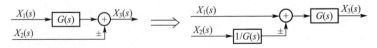

图 2.18　综合点后移

2）综合点前移（图 2.19）

图 2.19　综合点前移

综合点前移时，必须在移动的相加支路中，串入具有相同传递函数倒数的方框；综合点后移时，必须在移动的相加支路中，串入具有相同传递函数的方框。这样才能保证综合点移动前后，分出支路的信号保持不变。

3）相邻综合点的移动

两个相邻的综合点可以随意交换位置而不改变结构图的输入和输出信号的关系，如图 2.20 所示。而且，多个输入信号的相加可以合并成一个多输入信号的综合点，一个多输入信号的综合点也可以分解成多个两输入的综合点。

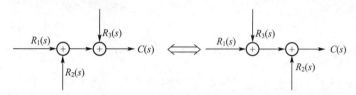

图 2.20 相邻综合点的移动

3. 引出点的移动

1）引出点后移（图 2.21）

图 2.21 引出点后移

2）引出点前移（图 2.22）

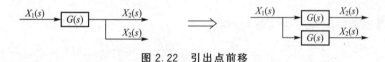

图 2.22 引出点前移

引出点前移时，必须在分出支路串入具有相同传递函数的函数方框；引出点后移时，必须在分出支路串入具有相同传递函数倒数的函数方框。这样在引出点移动前后，分支路信号是保持不变的。

3）相邻引出点的移动

相邻引出点之间可以随意互换位置，完全不改变引出的信号关系，即对这种移动不需做任何改动，如图 2.23 所示。

图 2.23 相邻引出点的移动

4. 相邻引出点和综合点的移动

两个相邻综合点和引出点没有简单的互换法则，不能轻易地交换相互位置，如需换位时，应按图 2.24 所示的规则来实行。一般不建议在进行结构图等效变换时采用。

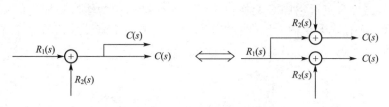

图 2.24　相邻引出点和综合点的移动

5. 系统结构图等效变换实例

【例 2.6】　试求图 2.25 所示的多回路系统的闭环传递函数。

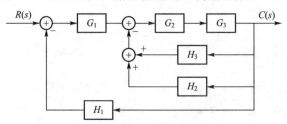

图 2.25　例 2.6 的系统结构图

解：该系统结构图可按照图 2.26 所示的步骤，根据环节串联、并联和反馈连接的规则进行等效简化。

可以求得系统的闭环传递函数为

$$\frac{C(s)}{R(s)}=\frac{G_1 G_2 G_3}{1+G_2 G_3(H_2+H_3)+G_1 G_2 G_3 H_1}$$

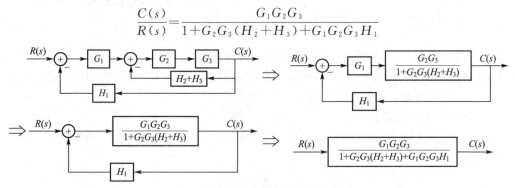

图 2.26　系统结构图的简化过程

【例 2.7】　设多环系统的结构图如图 2.27 所示，试对其进行简化，并求其闭环传递函数。

解：此系统中有两个相互交错的局部反馈，因此简化首先是应考虑将信号引出点或信号比较点移到适当的位置，将系统结构图变换为无交错反馈的图形，例如可将 H_2 输入端的信号引出点移至 A 点。移动时一定要遵守等效变换的原则。然后利用环节串联和反

馈连接的规则进行简化，其步骤及闭环传递函数如图 2.28(a)～图 2.28(d)所示。

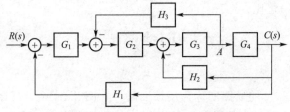

图 2.27　例 2.7 的系统结构图

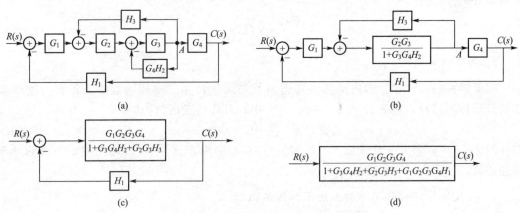

(a)　　　　　　　　　　　　　(b)

(c)　　　　　　　　　　　　　(d)

图 2.28　例 2.7 的结构图的等效变换

2.3.4　控制系统的传递函数

作用于系统的输入信号通常有两种：有用输入信号，即给定值，作用于系统输入端；无用输入信号，即干扰信号，多作用于被控对象上，也可出现在系统任何地方。图 2.29 所示为控制系统典型结构图，其中 $R(s)$ 为给定输入信号，$N(s)$ 为扰动输入信号，$C(s)$ 为系统的输出信号，$B(s)$ 为主反馈信号，$E(s)$ 为误差信号。$G_1(s)$ 表示控制装置的传递函数，$G_2(s)$ 表示被控对象的传递函数。$H(s)$ 为反馈装置的传递函数，当 $H(s)=1$ 时，称为单位反馈控制系统。

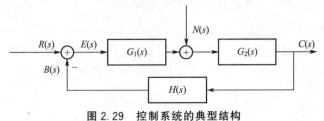

图 2.29　控制系统的典型结构

下面介绍控制系统的几种典型的传递函数。

1. 前向通路传递函数

与系统的输入信号到输出信号传输方向一致的通路称为前向通路，或称顺馈通路。在图 2.29 中，即指从输入端出发，经相加点、$G_1(s)$ 方框、$G_2(s)$ 方框再到输出端的线

路。若 $N(s)=0$，则其传递函数为打开反馈后，输出 $C(s)$ 与 $R(s)$ 之比，在图 2.29 中等价于 $C(s)$ 与误差 $E(s)$ 之比：

$$\frac{C(s)}{E(s)}=G_1(s)G_2(s)=G(s) \tag{2-60}$$

2. 反馈回路传递函数

与前向通路方向相反的通路即称为反馈回路。在图 2.29 中，反馈回路即指从 $C(s)$ 引出，经 $H(s)$ 框到输入相加点的通路。若 $N(s)=0$，则其传递函数指主反馈信号 $B(s)$ 与输出信号 $C(s)$ 之比：

$$\frac{B(s)}{C(s)}=H(s) \tag{2-61}$$

3. 开环传递函数

在反馈控制系统中，前向通路的传递函数与反馈回路的传递函数的乘积称为闭环系统的开环传递函数，记为 $G_0(s)$。在图 2.29 中，开环传递函数为

$$G_0(s)=G_1(s)G_2(s)H(s) \tag{2-62}$$

即在图 2.29 中，断开主反馈信号，反馈信号 $B(s)$ 和输入信号 $R(s)$ 之比为该系统的开环传递函数。

4. 输入信号 $r(t)$ 作用下的系统闭环传递函数

令 $N(s)=0$，则系统结构图可等效为图 2.30。输出信号对给定输入信号之间的传递函数即定义为在输入信号 $r(t)$ 作用下的系统闭环传递函数，记为 $\Phi(s)$，即

$$\Phi(s)=\frac{C(s)}{R(s)}=\frac{G_1(s)G_2(s)}{1+G_1(s)G_2(s)H(s)}=\frac{G_1(s)G_2(s)}{1+G_0(s)} \tag{2-63}$$

特别提示

若该系统为负反馈系统，闭环传递函数的分母为 $1+G_0(s)$；反之，若主反馈为正反馈时，则闭环传递函数的分母为 $1-G_0(s)$。

5. 干扰信号 $n(t)$ 作用下的系统闭环传递函数

为了分析扰动信号对系统的影响，需求出扰动信号和输出信号之间的关系。此时，令 $R(s)=0$，则系统结构图可等效为图 2.31，系统的输出信号的拉普拉斯变换 $C(s)$ 与干扰信号的拉普拉斯变换 $N(s)$ 之比，称为干扰信号 $n(t)$ 作用下的系统闭环传递函数，记为 $\Phi_n(s)$，即

$$\Phi_n(s)=\frac{C(s)}{N(s)}=\frac{G_2(s)}{1+G_1(s)G_2(s)H(s)}=\frac{G_2(s)}{1+G_0(s)} \tag{2-64}$$

若 $N(s)\neq0$ 且 $R(s)\neq0$，即控制信号和干扰信号同时作用于系统时，由线性系统的叠加原理可得控制信号 $r(t)$ 和干扰信号 $n(t)$ 同时作用下的系统的总输出为

$$\begin{aligned}C(s)&=\Phi(s)R(s)+\Phi_n(s)N(s)\\&=\frac{G_2(s)}{1+G_1(s)G_2(s)H(s)}[G_1(s)R(s)+N(s)]\end{aligned} \tag{2-65}$$

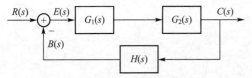

图 2.30 $r(t)$ 作用下的系统结构图

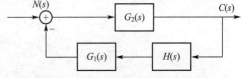

图 2.31 $n(t)$ 作用下的系统结构图

6. 闭环系统的误差传递函数

误差大小直接反映了系统的控制精度。在此，定义误差为给定信号与反馈信号之差，即

$$E(s)=R(s)-B(s) \tag{2-66}$$

1）$r(t)$ 作用下闭环系统的给定误差传递函数 $\Phi_{er}(s)$

令 $N(s)=0$，则可由图 2.29 求得 $E(s)=R(s)-B(s)=R(s)-H(s)C(s)$，则有

$$\Phi_{er}(s)=\frac{E(s)}{R(s)}=\frac{R(s)-H(s)C(s)}{R(s)}=1-H(s)\frac{C(s)}{R(s)}=\frac{1}{1+G_1(s)G_2(s)H(s)} \tag{2-67}$$

2）$n(t)$ 作用下闭环系统的扰动误差传递函数 $\Phi_{en}(s)$

取 $R(s)=0$，则可由图 2.29 求得 $E(s)=-B(s)=-H(s)C(s)$，则有

$$\Phi_{en}(s)=\frac{E(s)}{N(s)}=-H(s)\frac{C(s)}{N(s)}=-\frac{G_2(s)H(s)}{1+G_1(s)G_2(s)H(s)} \tag{2-68}$$

3）系统的总误差

若 $N(s)\neq 0$ 且 $R(s)\neq 0$，即控制信号和干扰信号同时作用于系统时，由线性系统的叠加原理可得控制信号 $r(t)$ 和干扰信号 $n(t)$ 同时作用下的系统的总误差为

$$E(s)=\Phi_{er}(s)R(s)+\Phi_{en}(s)N(s) \tag{2-69}$$

对比上面推导出的四个传递函数 $\Phi(s)$、$\Phi_n(s)$、$\Phi_{er}(s)$ 和 $\Phi_{en}(s)$ 的表达式，可以看出，这些表达式虽然各不相同，但其分母却完全相同，均为 $[1+G_1(s)G_2(s)H(s)]$，这是闭环控制系统的本质特征，$1+G_1(s)G_2(s)H(s)=0$ 称为系统的特征方程式。

2.4 信号流图

在分析控制系统时，结构图是一种很有用的图示方法。但对于复杂的控制系统，结构图的简化过程仍较复杂，且容易出错。如果把结构图转化为信号流图，既能表示系统的特点，还能直接应用梅森公式方便地求出系统的传递函数。

2.4.1 信号流图中的术语

信号流图起源于梅森利用图示法描述一个或一组线性代数方程，它是由节点和支路组成的一种信号传递网络。信号流图也是控制系统的一种图解模型。

在信号流图中，节点表示方程式中的变量，用小圆圈表示，如图 2.32 中的节点 1 表示变量 x_1。支路是连接两个节点之间的定向线段，用箭头表示信号的传输方向。支路上标明两个变量之间的传输关系，称为支路增益，如图 2.32 中的 a_{12} 即表示变量 x_2 和变量

x_1 之间的传输关系。

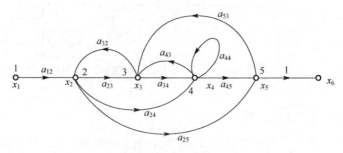

图 2.32　信号流图

下面详细介绍组成信号流图的常用术语。

(1) 输入支路：指向节点的支路，如图 2.32 中从 1 指向 2 的支路。

(2) 输出支路：离开节点的支路。一条支路，对不同的节点而言，可能是输出支路也可能是输入支路。如图 2.32 中节点 2 指向节点 3 的支路，对节点 2 而言是输出支路，对节点 3 而言则是输入支路。

(3) 输入节点：只具有输出支路的节点，又称源节点，如图 2.32 中的 x_1。

(4) 输出节点：只具有输入支路的节点，又称汇节点，如图 2.32 中的 x_6。

(5) 混合节点：既有输入支路又有输出支路的节点，如图 2.32 中的 x_2、x_3、x_4、x_5。有时信号流图中没有一个节点是仅具有输入支路的。只要定义信号流图中任一变量为输出变量，然后从该混合节点变量引出一条增益为 1 的支路，即可形成一个输出节点，如图 2.32 中的 x_5。

(6) 通路：又称通道或路径，指沿着支路箭头方向通过各个相连支路的路径，每个节点仅经过一次。一个信号流图可以有很多通路。如图 2.32 中的 $x_2 \rightarrow x_3 \rightarrow x_4$ 为一条通路；由 x_2 直接到 x_4 为另一条通路。

(7) 前向通路：开始于输入节点，沿支路箭头方向，每个节点只经过一次，最终到达输出节点的通路称为前向通路。如图 2.32 中的 $x_1 \rightarrow x_2 \rightarrow x_3 \rightarrow x_4 \rightarrow x_5 \rightarrow x_6$ 即为一条前向通路；$x_1 \rightarrow x_2 \rightarrow x_4 \rightarrow x_5 \rightarrow x_6$ 即为另一条前向通路。

(8) 回路：又称回环或闭合通道。回路的起点就是回路的终点，并且回路中的每个节点只经过一次。如图 2.32 中的 $x_2 \rightarrow x_3$ 又反馈回到 x_2。

(9) 自回路：从一个节点出发，只经过一个支路又回到该节点的回路。如图 2.32 中的 x_4 经 a_{44} 又回到 x_4 的回路。

(10) 不接触回路：回路之间没有任何公共节点时，这种回路称为不接触回路。

(11) 通道增益：通路中各支路增益的乘积。

(12) 前向通路增益：前向通路上各支路增益的乘积，用 p_k 表示。

(13) 回路增益：回路中所有支路的增益乘积，用 L_a 表示。

信号流图的基本性质如下：

(1) 信号流图适用于线性系统。

(2) 支路表示一个信号对另一个信号的函数关系，信号只能沿支路上的箭头指向传递。

(3) 在节点上可以把所有输入支路的信号叠加，并把相加后的信号送到所有的输出支路。

（4）具有输入和输出节点的混合节点，可通过增加一个具有单位增益的支路把它作为输出节点来处理。

（5）对于一个给定的系统，信号流图不是唯一的，因为描述同一个系统的方程可以表示为不同的形式。

2.4.2 控制系统信号流图的绘制

1. 由系统微分方程绘制其信号流图

控制系统的微分方程首先要通过拉普拉斯变换，将微分方程变换成复变量 s 的代数方程，再按照系统中变量的运算关系绘制其信号流图。绘制信号流图时，首先为每个变量指定一个节点，根据系统中变量的运算关系，从左到右排列；然后根据数学方程用支路连接各节点，并标明支路增益，就得到控制系统的信号流图。

下面着重说明从系统的结构图出发绘制其信号流图的方法。

2. 由控制系统结构图绘制其信号流图

由控制系统结构图绘制其信号流图时，只要将结构图信号线上的变量用信号流图中的节点代替，用信号流图中标有传递函数（作为支路增益）的支路代替结构图中的函数框，就可以得到该系统的信号流图。特别说明，在结构图上，如果一个综合点之前没有信号引出点，则该综合点转化到信号流图上设置成一个节点即可；但是一个综合点之前若存在信号引出点，则该综合点和它前面的引出点均要设置为节点，表示不同的变量，它们之间的支路增益为1。

【例2.8】 试将图2.33所示系统的结构框图转化为信号流图。

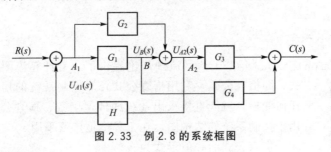

图2.33 例2.8的系统框图

解：（1）用小圆圈表示各变量对应的节点，标注在系统结构图的信号线上。在综合点之后的引出点 A_1，A_2，只需在综合点后设置一个节点便可。也即可以与它前面的综合点共用一个节点。在综合点之前的引出点 B，需设置两个节点，分别表示引出点 B 和其后的综合点。

（2）将各节点按原来的顺序从左向右排列，连接各节点的支路与结构图中的传递函数方框对应，用带增益的支路取代传递函数方框，连接各节点，即得到系统的信号流图，如图2.34所示。

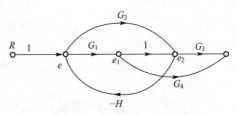

图2.34 例2.8的信号流图

2.4.3　信号流图的简化原则

系统的信号流图也可以像结构图那样进行等效化简，最终只获得从输入节点到输出节点的一条支路，从而得到系统的总传输状况。信号流图的简化原则和结构图的等效变换法则类似，如图 2.35 所示。

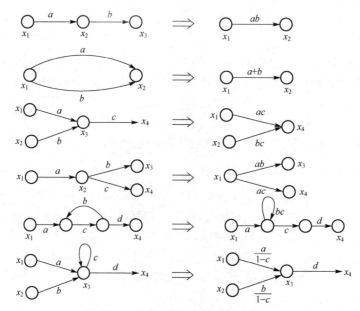

图 2.35　信号流图的简化原则

2.4.4　梅森公式

某信号流图举例

梅森(S. J. Mason)于 1956 年基于信号流图理论提出了一套计算流图总传输的计算公式，即梅森公式。利用梅森公式，对控制系统的信号流图可以不做任何变换，就能直接求出系统的传递函数，梅森公式也可以直接作用于控制系统的结构图，在工程上被广泛采用。

梅森公式的一般形式为

$$P = \frac{1}{\Delta} \sum_{k=1}^{n} P_k \Delta_k \qquad (2-70)$$

式中：P 为系统的输出信号和输入信号之间的传递函数，即从输入节点到输出节点的总增益；Δ 为特征式。

在同一个信号流图中不论求图中任何一对节点之间的增益，其分母总是 Δ，变化的只是其分子。Δ 的表达式为

$$\Delta = 1 - \sum L_{(1)} + \sum L_{(2)} - \sum L_{(3)} + \cdots + (-1)^m \sum L_{(m)} \qquad (2-71)$$

式中：$\sum L_{(1)}$ 为所有单独回路增益乘积之和；$\sum L_{(2)}$ 为所有任意两个互不接触回路增益乘积之和；$\sum L_{(m)}$ 为所有任意 m 个互不接触回路增益乘积之和；Δ_k 为第 k 条前向通路的余子式，它等于在 Δ 特征式中除去与第 k 条前向通路相接触的各回路增益（包括回路

增益的乘积项，即将其置零)以后的余项式；k 为前向通路数；P_k 为第 k 条前向通路的总增益。

【例 2.9】 利用梅森公式求图 2.36 所示系统的闭环传递函数。

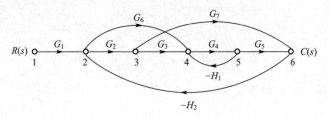

图 2.36 某系统的信号流图

解： 前向通路有 3 个，分别为

$1 \to 2 \to 3 \to 4 \to 5 \to 6$，$P_1 = G_1 G_2 G_3 G_4 G_5$，$\Delta_1 = 1$；

$1 \to 2 \to 4 \to 5 \to 6$，$P_2 = G_1 G_6 G_4 G_5$，$\Delta_2 = 1$；

$1 \to 2 \to 3 \to 6$，$P_3 = G_1 G_2 G_7$，$\Delta_3 = 1 + G_4 H_1$。

单独回路有 4 个，分别为

$4 \to 5 \to 4$，$L_1 = -G_4 H_1$；

$2 \to 3 \to 6 \to 2$，$L_2 = -G_2 G_7 H_2$；

$2 \to 4 \to 5 \to 6 \to 2$，$L_3 = -G_6 G_4 G_5 H_2$；

$2 \to 3 \to 4 \to 5 \to 6 \to 2$，$L_4 = -G_2 G_3 G_4 G_5 H_2$。

互不接触回路有一组：$L_{12} = G_4 G_2 G_7 H_1 H_2$。

所以，特征式为

$$\Delta = 1 + G_4 H_1 + G_2 G_7 H_2 + G_6 G_4 G_5 H_2 + G_2 G_3 G_4 G_5 H_2 + G_4 G_2 G_7 H_1 H_2$$

根据梅森公式可得题设系统的传递函数为

$$\frac{C(s)}{R(s)} = \frac{1}{\Delta} (P_1 \Delta_1 + P_2 \Delta_2 + P_3 \Delta_3)$$

$$= \frac{G_1 G_2 G_3 G_4 G_5 + G_1 G_6 G_4 G_5 + G_1 G_2 G_7 + G_1 G_2 G_4 G_7 H_1}{1 + G_4 H_1 + G_2 G_7 H_2 + G_6 G_4 G_5 H_2 + G_2 G_3 G_4 G_5 H_2 + G_4 G_2 G_7 H_1 H_2}$$

【例 2.10】 系统的框图如图 2.37 所示，试画出其信号流图，并用梅森公式求该系统的传递函数 $C(s)/R(s)$。

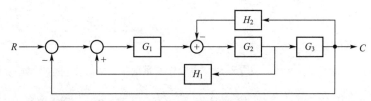

图 2.37 例 2.10 的系统框图

解： 由系统结构图可得系统的信号流图如图 2.38 所示。

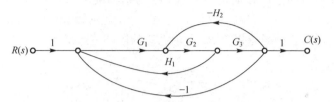

图 2.38 例 2.10 的系统的信号流图

由图 2.38 可见，前向通路只有一个，即

$2 \to 3 \to 4 \to 5 \to 6$，$P_1 = G_1 G_2 G_3$，$\Delta_1 = 1$。

独立回路有 3 个，分别为

$2 \to 3 \to 4 \to 5 \to 6 \to 2$，$L_1 = -G_1 G_2 G_3$；

$3 \to 4 \to 5 \to 3$，$L_2 = G_1 G_2 H_1$；

$4 \to 5 \to 6 \to 4$，$L_3 = -G_2 G_3 H_2$。

没有两个及两个以上的互相独立回路。由梅森公式可得系统的传递函数为

$$\frac{C(s)}{R(s)} = \frac{P_1 \Delta_1}{\Delta} = \frac{P_1 \Delta_1}{1-(L_1+L_2+L_2)} = \frac{G_1 G_2 G_3}{1+G_1 G_2 G_3 - G_1 G_2 H_1 + G_2 G_3 H_2}$$

第 2 章扩展题解答 1

第 2 章扩展题解答 2

2.5 习题精解及 MATLAB 工具和案例分析

2.5.1 习题精解

【例 2.11】 列写图 2.39 所示齿轮传动系统的微分方程。

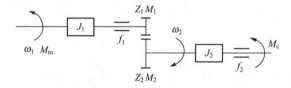

图 2.39 齿轮传动系统

解：系统的输入量为 $M_m(t)$，输出量为 $\omega_1(t)$。根据齿轮传动的关系，线速度相等

$$\omega_1 r_1 = \omega_2 r_2$$

功率相等

$$M_1 \omega_1 = M_2 \omega_2$$

并有 $\dfrac{r_1}{r_2}=\dfrac{Z_1}{Z_2}$，即

$$\omega_2=\frac{Z_1}{Z_2}\omega_1,\quad M_1=\frac{Z_1}{Z_2}M_2$$

分别写出两个转动系的动态方程为

$$(J_1 s+f_1)\Omega_1(s)=M_m(s)-M_1(s)$$
$$(J_2 s+f_2)\Omega_2(s)=M_2(s)-M_c(s)$$

式中：$\Omega_1(s)=L[\omega_1(t)]$；$\Omega_2(s)=L[\omega_2(t)]$。

利用传动关系消去中间变量，记 $n=Z_1/Z_2$，可得到输入量与输出量之间的微分方程为

$$[(J_1+n^2 J_2)s+(f_1+n^2 f_2)]\Omega_1(s)=M_m(s)-nM_c(s)$$

【评注】 控制系统微分方程的解析建立方法关键在于分析系统本身各部分所遵循的客观规律，像电学中的基尔霍夫定律、力学中的牛顿定律等。实际上只有部分系统的微分方程可以根据运动规律用分析推导的方法获得，相当多系统的微分方程需要通过实验，用系统辨识的方法去获得。

【例2.12】 一系统结构图如图2.40所示，试求该系统的传递函数。

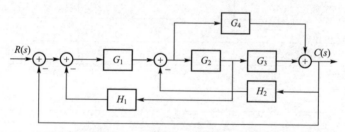

图2.40 例2.12的系统结构图

解：1. 求 Δ

此系统关键是回路数要判断准确。一共有5个回路，回路增益分别为 $L_1=-G_1 G_2 H_1$、$L_2=-G_2 G_3 H_2$、$L_3=-G_1 G_2 G_3$、$L_4=-G_1 G_4$、$L_5=-G_4 H_2$，且各回路相互接触，故

$$\Delta=1-\sum_{n=1}^{5}L_n=1+G_1 G_2 H_1+G_2 G_3 H_2+G_1 G_2 G_3+G_1 G_4+G_4 H_2$$

2. 求 P_k 和 Δ_k

系统有两条前向通路，其增益各为 $P_1=G_1 G_2 G_3$ 和 $P_2=G_1 G_4$，而且这两条前向通路与5个回路均相互接触，故 $\Delta_1=\Delta_2=1$。

3. 求系统传递函数

$$\frac{C(s)}{R(s)}=\frac{G_1 G_2 G_3+G_1 G_4}{1+G_1 G_2 H_1+G_2 G_3 H_2+G_1 G_2 G_3+G_1 G_4+G_4 H_2}$$

【评注】 由于信号流图和结构图本质上都是用图、线来描述系统各变量之间的关系及信号的传递过程，因此可以在结构图上直接使用梅森公式，从而避免烦琐的结构图变换和简化过程。但是在使用时需要正确识别结构图中相对应的前向通路、回路、接触与不接触状态、增益等，不要发生遗漏。

2.5.2 案例分析及 MATLAB 应用

由图 1.1 所示的磁盘驱动器结构示意图可知，如果选定了组成磁盘驱动器的各元件，就可以建立它的数学模型。

由图 1.2 可得磁盘驱动器的结构图如图 2.41 所示。

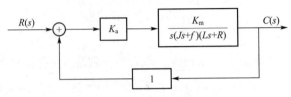

图 2.41 磁盘驱动器的结构图

该磁盘驱动读取系统的典型参数如表 2-1 所列。

表 2-1 磁盘驱动读取系统的典型参数

参　　数	符　　号	典　型　值
支持臂与磁头的转动惯量	J	$1\text{N} \cdot \text{m} \cdot \text{s}^2/\text{rad}$
摩擦因数	f	$20\text{N} \cdot \text{m} \cdot \text{s}/\text{rad}$
放大器增益	K_a	$10 \sim 1000$
电枢电阻	R	1Ω
电动机传递系数	K_m	$5\text{N} \cdot \text{m}/\text{A}$
电枢电感	L	1mH

由图 2.41 和表 2-1 可得该系统的永磁电动机的传递函数如下：

$$G(s) = \frac{K_m/(fR)}{s(T_L s + 1)(Ts + 1)} = \frac{5000}{s(s+20)(s+1000)}$$

式中：$T_L = J/f = 50\text{ms}$；$T = L/R = 1\text{ms}$。由于 $T_L \gg T$，所以可以省略 T，则 $G(s)$ 变为

$$G(s) \approx \frac{K_m/(fR)}{s(T_L s + 1)} = \frac{5}{s(s+20)}$$

可得系统的传递函数为

$$\Phi(s) = \frac{C(s)}{R(s)} = \frac{K_a G(s)}{1 + K_a G(s)} = \frac{5K_a}{s^2 + 20s + 5K_a}$$

当 K_a 取值不同时，再给定 $R(s)$，则可求出系统的输出响应。假定 $K_a = 40$，$R(s) = 1/s$，则系统的输出响应曲线，如图 2.42 所示。

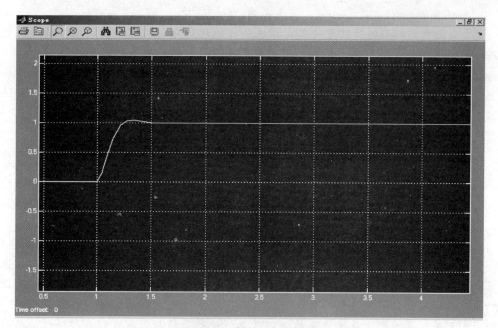

图 2.42　磁盘驱动读取系统的阶跃响应(MATLAB)

学习指导及小结

1. 数学模型

研究一个自动控制系统,除了对系统进行定性分析外,还必须进行定量分析,进而探讨改善系统稳态和动态性能的具体方法。因此首先需要建立其数学模型——描述系统运动规律的数学表达式。数学模型有多种形式,如微分方程、传递函数、结构图、信号流图、频率特性及状态空间描述等。本章主要介绍其中3种,即微分方程、传递函数和结构图。

2. 控制系统的动态微分方程式的列写

常用的列写系统或环节的动态微分方程式的方法有两种:一种是解析法,即根据各环节所遵循的物理规律(如力学、电磁学、运动学、热学等)来列写;另一种方法是实验法,即根据实验数据进行整理列写。在实际工作中,这两种方法是相辅相成的,由于解析法是基本的常用的方法,本章着重讨论了这种方法。

列写元件微分方程式的步骤可归纳如下:

(1)根据元件的工作原理及其在控制系统中的作用,确定其输入量和输出量;

(2)分析元件工作中所遵循的物理规律或化学规律,列写相应的微分方程;

(3)消去中间变量,得到输出量与输入量之间关系的微分方程,即数学模型。

一般情况下,应将微分方程写成标准形式,即与输入量有关的项写在方程的右端,与输出量有关的项写在方程的左端,方程两端变量的导数项均按降幂形式排列。

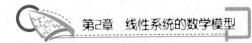

3. 传递函数

建立系统数学模型的目的是为了对系统的性能进行分析。利用（拉普拉斯）变换能把以线性微分方程式描述系统的动态性能的数学模型，转换为在复数域的数学模型——传递函数。传递函数不仅可以表征系统的动态性能，而且可以用来研究系统的结构或参数变化对系统性能的影响。经典控制理论中广泛应用的频率法和根轨迹法，就是以传递函数为基础建立起来的，传递函数是经典控制理论中最基本和最重要的概念。

1）定义

线性定常系统的传递函数，定义为零初始条件下，系统输出量的拉普拉斯变换与输入量的拉普拉斯变换之比。

传递函数一般表达式为

$$G(s)=\frac{C(s)}{R(s)}=\frac{b_0 s^m+b_1 s^{m-1}+\cdots+b_{m-1}s+b_m}{a_0 s^n+a_1 s^{n-1}+\cdots+a_{n-1}s+a_n}$$

传递函数是复变量 s 的有理真分式函数，具有复变函数的所有性质，其中 $m \leqslant n$ 且所有系数均为实数。传递函数是系统或元件数学模型的另一种形式，是一种用系统参数表示输出量与输入量之间关系的表达式。它只取决于系统或元件的结构和参数，而与输入量的形式无关，也不反映系统内部的任何信息。传递函数与微分方程有相通性。只要把系统或元件微分方程中各阶导数用相应阶次的变量 s 代替，就很容易求得系统或元件的传递函数。传递函数 $G(s)$ 的拉普拉斯反变换是系统的单位脉冲响应 $g(t)$。

2）典型环节

自动控制系统是由若干个典型环节有机组合而成的，典型环节的传递函数的一般表达式分别如下：

比例环节 $G(s)=K$

惯性环节 $G(s)=\dfrac{1}{Ts+1}$

积分环节 $G(s)=\dfrac{1}{Ts}$

微分环节 $G(s)=\tau s$

一阶微分环节 $G(s)=\tau s+1$

振荡环节 $G(s)=\dfrac{1}{T^2 s^2+2T\xi s+1}=\dfrac{\omega_n^2}{s^2+2\xi\omega_n s+\omega_n^2}$

延迟环节 $G(s)=e^{-\tau s}$

4. 系统结构图及结构图的等效变换和简化

一个复杂的系统结构图，其方框间的连接必然是错综复杂的，为了便于分析和计算，需要将结构图中的一些方框基于"等效"的概念进行重新排列和整理，使复杂的结构图得以简化。由于方框间的基本连接方式只有串联、并联和反馈连接三种，因此，结构图简化的一般方法是移动引出点或比较点，将串联、并联和反馈连接的方框合并。在简化过程中应遵循变换前后变量关系保持不变的原则。

5. 系统传递函数

自动控制系统在工作过程中，经常会受到两类输入信号的作用，一类是给定的有

用输入信号 $r(t)$，另一类则是阻碍系统进行正常工作的扰动信号 $n(t)$。基于这两种输入信号，可得典型闭环系统的各种传递函数：开环传递函数 $G_0(s)$、$r(t)$ 作用下的系统闭环传递函数 $\Phi(s)$、$n(t)$ 作用下的系统闭环传递函数 $\Phi_n(s)$、$r(t)$ 作用下闭环系统的给定误差传递函数 $\Phi_e(s)$、$n(t)$ 作用下闭环系统的扰动误差传递函数 $\Phi_{en}(s)$。后四种传递函数的表达式虽然各不相同，但其分母却完全相同，其分母多项式就是闭环系统的特征方程式。

6. 信号流图与梅森公式

控制系统的信号流图与结构图一样都是描述系统各环节之间信号传递关系的数学图形。利用梅森公式可以直接求出任意两个变量之间的传递函数，而不需要进行简化。但是，信号流图只适用于线性系统，而结构图不仅适用于线性系统，还可用于非线性系统。

梅森公式为

$$P = \frac{1}{\Delta} \sum_{k=1}^{n} P_k \Delta_k$$

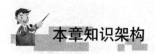
本章知识架构

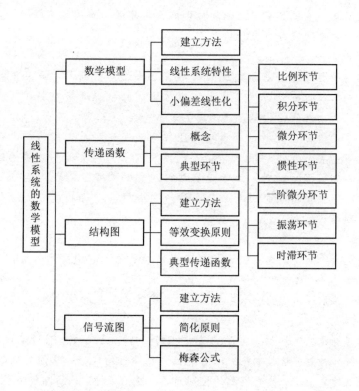

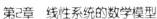

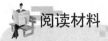 阅读材料

智能信息处理技术和控制科学的交融与结合

20世纪70年代，傅京孙教授提出把人工智能的直觉推理方法用于机器人控制和学习控制系统，并将智能控制概括为自动控制和人工智能的结合。傅京孙、Glorioso 和 Sardi 等人从控制理论的角度总结了人工智能技术与自适应、自学习和自组织控制的关系，正式提出了建立智能控制理论的构想。1967年，Leondes 和 Mendel 首次正式使用"智能控制"一词。1985年8月在美国纽约 IEEE 召开的智能控制专题讨论会，标志着智能控制作为一个新的学科分支正式被控制界公认。智能控制不同于经典控制理论和现代控制理论的处理方法，它研究的主要目标不仅仅是被控对象，同时也包含控制器本身。控制器不再是单一的数学模型，而是数学解析和知识系统相结合的广义模型，是多种知识混合的控制系统。

智能控制系统具有许多优点：对复杂系统（如非线性、快时变、复杂多变量和环境扰动等）能进行有效的全局控制，并具有较强的容错能力；采用定性决策和定量控制相结合的多模态组合控制；从系统的功能和整体优化的角度来分析和综合系统；采用混合模型和混合计算；具有学习和联想记忆能力；对外界环境变化及不确定性的出现，系统具有修正或重构自身结构和参数的能力；系统具有组织协调能力。对于复杂任务和分散的传感信息，系统具有自组织和协调能力，体现出系统的主动性和灵活性。

智能控制的主要研究分支包括：

1. 模糊逻辑控制

传统的控制问题一般是基于系统的数学模型来设计控制器，而大多数工业被控对象是具有时变、非线性等特性的复杂系统，对这样的系统进行控制，不能仅仅依靠建立在平衡点附近的局部线性模型，而是需要加入一些与工业状况有关的人的控制经验。这种经验通常是定性的或定量的，模糊推理控制正是这种控制经验的表示方法，这种方法的优点是不需要被控过程的数学模型，因而可省去传统控制方法的建模过程，但却过多地依赖控制经验。此外，由于没有被控对象的模型，在投入运行之前很难进行稳定性、稳健性等系统分析。近年来，一些研究者们在模糊控制模式中引入了模糊模型的概念，出现了模糊模型。

2. 模糊预测控制

预测控制是为适应复杂工业过程控制而提出的算法，它突破了传统控制对模型的束缚，具有易于建模、鲁棒性好的特点，对于解决大滞后对象控制问题是一条有效的途径。模糊建模是非线性系统建模的一个重要工具，也是复杂工业过程控制中广泛使用的方法。

3. 神经网络控制

神经网络控制是研究和利用人脑的某些结构机理以及人的知识和经验实现对系统的控制。一般而言，神经网络控制系统的智能性、鲁棒性均较好，它能处理高维、非线性、强耦合和不定性的复杂工业生产过程的控制问题，显示了神经网络在解决高度非线性和严重不确定性系统的控制方面具有很大潜力。虽然神经网络在利用系统定量数据方面有较强

的学习能力，但它将系统控制问题看成是"黑箱"的映射问题，缺乏明确的物理意义，不易把控制经验的定性知识融入控制过程中。近年来，在神经网络自适应控制、人工神经网络阀函数的数字设计、新的混合神经网络模型等方面都有一些重要进展，如应用于机器人操作过程神经控制、核反应堆的载重操作过程的神经控制。神经网络、模糊推理、各种特殊信号的有机结合，还导致了一些新的综合神经网络的出现。例如，小波神经网络、模糊神经网络和混沌神经网络的出现，为智能控制领域开辟了新的研究方向。

4. 基于知识的分层控制设计

对于复杂控制对象，单一地采用传统控制不能获得理想的系统性能，这时需要智能的控制策略。分层控制恰好体现了这一思想，其底层采用传统的控制方法，高层采用智能策略协调底层工作，这就是基于知识的分层控制设计。这种控制设计理论已经应用到机器人、航天飞行器等领域中。

习 题

2-1 选择题

(1) 在自动控制理论中，数学模型有多种形式，属于时域中常用的数学模型是(　　)。

    A. 微分方程　　　B. 传递函数　　　C. 结构图　　　D. 频率特性

(2) 传递函数的概念适用于(　　)系统。

    A. 线性定常　　　B. 非线性　　　C. 线性、非线性　　D. 线性时变

2-2 控制系统的结构图的基本元件包括＿＿＿＿＿＿、＿＿＿＿＿＿、＿＿＿＿＿＿、

＿＿＿＿＿＿。

2-3 结构图的等效变换必须遵守的一个原则是＿＿＿＿＿＿＿＿＿＿＿＿。

2-4 振荡环节的传递函数是＿＿＿＿＿＿＿＿＿＿＿＿＿。

2-5 传递函数是在零初始条件下求出的，请解释零初始条件的含义。

2-6 设有一个由弹簧、质量块和阻尼器构成的机械系统，如图 2.43 所示，试列写以外力 $f(t)$ 为输入量，位移 $y(t)$ 为输出量的运动微分方程式。

2-7 写出图 2.44 所示无源电气网络的传递函数。

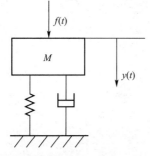

图 2.43　弹簧、质量块和
阻尼器的机械系统

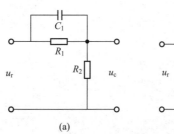

(a)

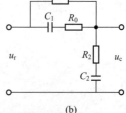

(b)

图 2.44　题 2-7 的无源电气网络

注：其中(a)为中国海洋大学 2007 年硕士研究生入学考试试题。

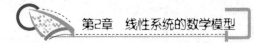

2-8　已知系统微分方程组为

$$\begin{cases} x_1(t) = r(t) - c(t) \\ x_2(t) = \tau \dfrac{dx_1(t)}{dt} + K_1 x_1(t) \\ x_3(t) = K_2 x_2(t) \\ x_4(t) = x_3(t) - K_5 c(t) \\ \dfrac{dx_5(t)}{dt} = K_3 x_4(t) \\ T \dfrac{dc(t)}{dt} + c(t) = K_4 x_5(t) \end{cases}$$

式中：τ、T、K_1，$\cdots$，K_5 均为常数。试建立以 $r(t)$ 为输入、$c(t)$ 为输出的系统结构图，并求系统的传递函数 $C(s)/R(s)$。

2-9　试化简图 2.45 所示系统的结构图，并求出相应的传递函数。

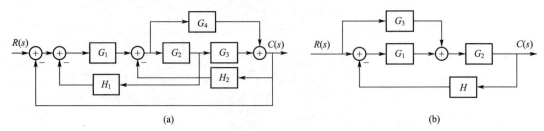

(a)   (b)

图 2.45　题 2-9 的系统结构图

2-10　试化简图 2.46 所示系统的结构图，并求 $\dfrac{C(s)}{R(s)}$ 和 $\dfrac{C(s)}{N(s)}$。

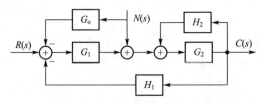

图 2.46　题 2-10 的系统结构图

2-11　试用两种方法求图 2.47 所示系统的传递函数 $\dfrac{C(s)}{R(s)}$。

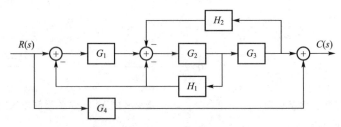

图 2.47　题 2-11 的系统结构图

2-12　试用梅森公式求图2.48所示系统的传递函数。

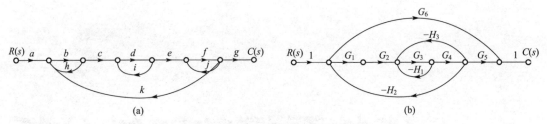

图2.48　题2-12的系统信号流图

2-13　画出图2.49所示系统结构图的信号流图，并利用梅森公式求系统的传递
函数。

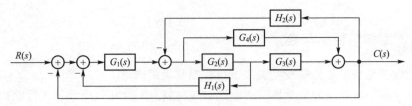

图2.49　题2-13的系统结构图

2-14　试用梅森公式求图2.50所示系统的传递函数。（此为西安理工大学2004硕士
研究生入学考试试题。）

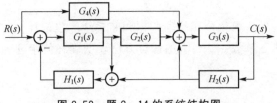

图2.50　题2-14的系统结构图

第2章习题答案

2-15　系统结构图如图2.51所示，试求$\dfrac{C(s)}{R(s)}$、$\dfrac{M(s)}{N(s)}$和$\dfrac{E(s)}{R(s)}$。（此为天津工业大学
2004硕士研究生入学考试试题。）

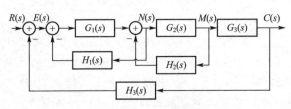

图2.51　题2-15的系统结构图

第2章课件

第3章
线性系统的时域分析

本章教学目标与要求

- 了解改善系统动态性能及其提高系统控制精度的措施。
- 熟练掌握一阶系统的数学模型和阶跃响应的特点，并能熟练计算其性能指标和结构参数。
- 熟练掌握二阶系统的数学模型和阶跃响应的特点，并能熟练计算其欠阻尼时域性能指标和结构参数。
- 正确理解稳定性、时域性能指标（$\sigma\%$、t_s、t_r、t_p、e_{ss}等）、系统型别和静态误差系数等概念。
- 正确理解线性定常系统的稳定条件，熟练应用劳斯判据判断系统的稳定性。
- 正确理解稳态误差的定义并能熟练掌握 e_{ssr}、e_{ssn} 的计算方法，明确终值定理的使用条件。

引　言

　　计算机磁盘是怎么把数据读取出来的？它的工作原理是什么呢？……在第2章中已经给出了磁盘读取系统的结构图。由图3.1所示的磁盘驱动器结构示意图可知，磁盘驱动器读取装置的目标是将磁头准确定位，以便正确读取磁道上的信息，此时需要进行精确控制的变量是安装在滑动簧片上的磁头位置。磁盘旋转速度在 $1800\sim7200$r/min，磁头在磁盘上方不到 100nm 的地方飞行，位置精度指标初步定为 1μm，而且磁头由磁道 a 移动到磁道 b 的时间小于 50ms。那么如何使磁头准确定位？多长时间能到达预定的位置（同时应满足动态性能指标）？需要的必要条件是什么（保持系统稳定）？这些问题就是本章要研究的问题。下面将逐步分析磁盘读取系统的工作原理和控制方法。

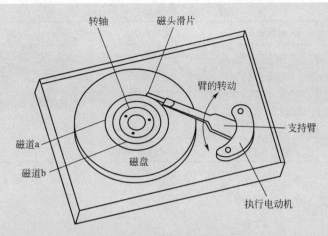

图 3.1 磁盘驱动器结构示意图

第 2 章讨论了建立控制系统数学模型的问题，系统数学模型一旦建立就可以用几种不同的方法对控制系统进行分析。在经典控制理论中有时域分析法、根轨迹分析法和频域分析法。本章主要研究线性控制系统性能的时域分析法。

3.1 性 能 指 标

控制系统性能的评价分为动态性能指标和稳态性能指标两类。系统的动态性能可以通过对典型输入信号的响应过程来评价。稳态性能指标是描述系统稳态性能的一种指标。

3.1.1 典型输入信号

一般来说，控制系统的外加输入信号具有随机性而且往往无法预先确定，因此，在对控制系统进行性能分析时，需要有一个对控制系统性能进行比较的基准，这个基准就是在进行性能分析时，需要选择若干个典型的输入信号。

什么样的信号可以作为典型输入信号呢？下面是它需要满足的几个条件：

（1）输入信号的形式应尽可能反映系统在工作过程中所受到的实际输入信号；

（2）输入信号在形式上尽可能简单，以便于进行系统特性分析，而且这些信号容易在实验室获得，以便于进行实验分析；

（3）应选取能使系统工作在最不利情况下的输入信号作为典型输入。

经常用来评价和比较控制系统性能的典型输入测试信号有：阶跃函数、斜坡函数、加速度函数、脉冲函数和正弦函数等信号，如表 3-1 所列。

3.1.2 动态性能指标

线性运动系统在零初始条件和单位阶跃函数作用下的响应称为单位阶跃响应。其典型形状如图 3.2 所示（用 MATLAB 绘制），阶跃响应的各项主要动态性能指标均示于该图中。

表 3-1 典型输入信号

名 称	时域表达式	复域表达式	备 注
单位阶跃函数	$1(t)\ (t\geqslant0)$	$1/s$	
单位斜坡函数	$t\ (t\geqslant0)$	$1/s^2$	
单位加速度函数	$\frac{1}{2}t^2\ (t\geqslant0)$	$1/s^3$	在信号与系统课程中介绍得较详细
单位脉冲	$\delta(t)\ (t\geqslant0)$	1	
正弦函数	$A\sin\omega t$	$A\omega/(s^2+\omega^2)$	

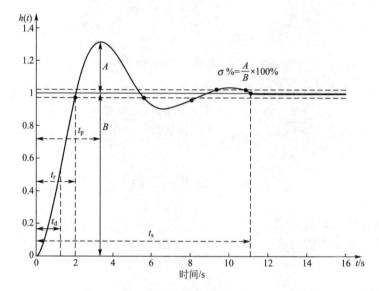

图 3.2 表示性能指标的单位阶跃响应曲线

动画【性能指标】

对图 3.2 的说明：

(1) 延迟时间 t_d：响应曲线第一次达到稳态值的一半所需的时间。

(2) 上升时间 t_r：响应曲线从稳态值的 10% 上升到 90% 所需的时间。对于有振荡的系统，也可将其定义为响应从零第一次上升到稳态值所需的时间。上升时间越短，响应速度越快。

(3) 峰值时间 t_p：响应曲线超过其稳态值达到第一个峰值所需要的时间。

(4) 调节时间 t_s：指响应到达并保持在稳态值 ±5% 或 ±2% 内所需的时间。

(5) 超调量 $\sigma\%$：指响应的最大偏离量 $h(t_p)$ 与稳态值 $h(\infty)$ 的差同稳态值 $h(\infty)$ 之比，用百分数来表示，即

$$\sigma\% = \frac{h(t_p)-h(\infty)}{h(\infty)}\times100\%$$

(6) 振荡次数 μ：是指在调节时间 t_s 内，$h(t)$ 波动的次数。

t_r 或 t_p 可以用来评价系统的响应速度；t_s 是同时反映响应速度和阻尼程度的综合性指标。$\sigma\%$ 可以评价系统的阻尼程度。

3.1.3 稳态性能指标

稳态误差是描述系统稳态性能的一种性能指标，如果在稳态时，系统的输出量与输入量不能完全吻合，就认为系统有稳态误差，这个误差表示系统的准确度。稳态误差是系统控制精度或抗扰动能力的一种度量。

在分析控制系统时，既要研究系统的瞬态响应（例如达到稳定状态所需的时间），同时也要研究系统的稳态特性，以确定对输入信号跟踪的误差大小。

3.2 一阶系统的单位阶跃响应

以一阶微分方程作为运动方程的控制系统，称为一阶系统。在工程实践中，一阶系统的例子很多。有些高阶系统的特性，也可以用一阶系统的特性来近似。

3.2.1 一阶系统的数学模型

研究图 3.3 所示 RC 电路，其运动微分方程属于一阶系统，由下式描写：

$$T\frac{dc(t)}{dt} + c(t) = r(t)$$

式中：$c(t)$ 为电路输出电压；$r(t)$ 为电路输入电压；$T=RC$ 为时间常数。

当电路的初始条件为零时，其传递函数为

$$\Phi(s) = \frac{C(s)}{R(s)} = \frac{1}{Ts+1} \tag{3-1}$$

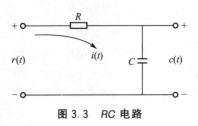

图 3.3　RC 电路

3.2.2 一阶系统的单位阶跃响应

单位阶跃输入的拉普拉斯变换为

$$r(t) = 1(t), \quad R(s) = 1/s$$

$$C(s) = \Phi(s)R(s) = \frac{1}{Ts+1} \cdot \frac{1}{s} = \frac{1}{s} - \frac{1}{s+(1/T)}$$

取 $C(s)$ 的拉普拉斯反变换，可得单位阶跃响应为

$$c(t) = 1 - e^{-\frac{t}{T}} \tag{3-2}$$

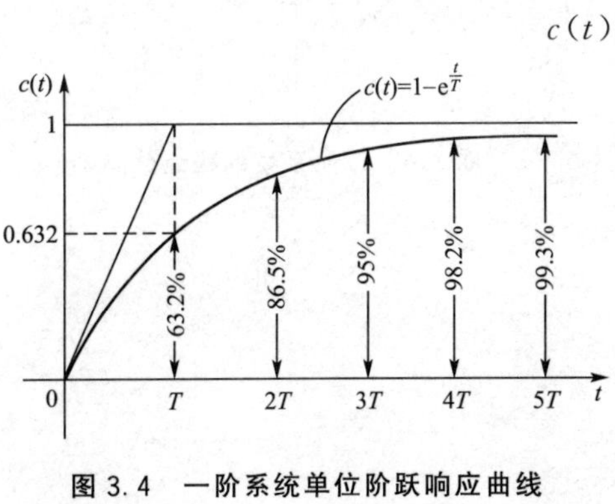

注意：$R(s)$ 的极点形成系统响应的稳态分量。传递函数的极点产生系统响应的瞬态分量，这一结论不仅适用于一阶线性定常系统，而且也适用于高阶线性定常系统。

响应曲线在 $t=0$ 时的斜率为 $1/T$，如果系统的时间常数恒为 T，则只要 $t=3T$ 时，输出 $c(t)$ 就能达到其终值，如图 3.4 所示。

由于 $c(t)$ 的终值为 1，因而系统阶跃输入时的稳态误差为零。

图 3.4　一阶系统单位阶跃响应曲线

3.3 二阶系统的单位阶跃响应

3.3.1 二阶系统的数学模型

当系统输出与输入之间的特性由二阶微分方程描述时，称为二阶系统。

为了使研究的结果具有普遍意义，将二阶系统写成标准形式

$$\Phi(s) = \frac{C(s)}{R(s)} = \frac{\omega_n^2}{s^2 + 2\xi\omega_n s + \omega_n^2} \qquad (3-3)$$

式中：ω_n 为自然频率（或无阻尼振荡频率）；ξ 为阻尼比（相对阻尼系数）。

标准形式的二阶系统结构图如图 3.5 所示，二阶系统的动态特性，可以用 ξ 和 ω_n 这两个参量的形式加以描述。

二阶系统的特征方程为

$$s^2 + 2\xi\omega_n s + \omega_n^2 = 0 \qquad (3-4)$$

特征根即闭环极点为

$$s_{1,2} = -\xi\omega_n \pm \omega_n\sqrt{\xi^2-1} \qquad (3-5)$$

分析式（3-5）和图 3.6 可知：当 $\xi < 0$ 时，闭环极点是两个正实部的根，系统的响应将是发散的；当 $0 < \xi < 1$ 时，闭环极点为共轭复根，位于左半 s 平面，这时的系统称为欠阻尼系统；当 $\xi = 1$ 时，闭环极点为两个相等的根，这时的系统称为临界阻尼系统；当 $\xi > 1$ 时，闭环极点是两个不相等的根，这时的系统称为过阻尼系统；当 $\xi = 0$ 时，闭环极点在虚轴上，瞬态响应变为等幅振荡，这时的系统称为无阻尼系统。

下面就 ξ 取不同值下的系统响应加以讨论。

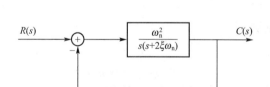

图 3.5 标准形式的二阶系统结构图

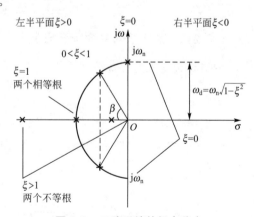

图 3.6 二阶系统的极点分布

3.3.2 二阶系统的单位阶跃响应

1. 欠阻尼（$0 < \xi < 1$）

此时系统的极点为

$$s_{1,2} = -\xi\omega_n \pm j\omega_n\sqrt{1-\xi^2} = -\delta \pm j\omega_d$$

令 $\delta = \xi\omega_n$，称为衰减系数。

令 $\omega_d = \omega_n\sqrt{1-\xi^2}$，称为阻尼振荡频率。

$R(s) = 1/s$，由式(3-3)得

$$C(s) = \Phi(s)R(s) = \frac{\omega_n^2}{s^2 + 2\xi\omega_n s + \omega_n^2} \cdot \frac{1}{s}$$

$$= \frac{1}{s} - \frac{s + \xi\omega_n}{(s+\xi\omega_n)^2 + \omega_d^2} - \frac{\xi\omega_n}{(s+\xi\omega_n)^2 + \omega_d^2} \qquad (3-6)$$

因为

$$\omega_d\frac{\xi\omega_n}{\omega_d} = \omega_d\frac{\xi\omega_n}{\omega_n\sqrt{1-\xi^2}} = \omega_d\frac{\xi}{\sqrt{1-\xi^2}}$$

对式(3-6)取拉普拉斯反变换，得单位阶跃响应为

$$h(t) = 1 - e^{-\xi\omega_n t}\left[\cos\omega_d t + \frac{\xi}{\sqrt{1-\xi^2}}\sin\omega_d t\right]$$

$$= 1 - \frac{1}{\sqrt{1-\xi^2}}e^{-\xi\omega_n t}\sin(\omega_d t + \beta) \quad (t \geqslant 0) \qquad (3-7)$$

式中：

$$\beta = \arctan\frac{\sqrt{1-\xi^2}}{\xi} = \arccos\xi \qquad (3-8)$$

β 角与 ξ 的关系，可以用图 3.7 所示的三角形来表示。

图 3.8 表明图 3.5 所示的二阶系统在单位阶跃函数作用下，系统的单位阶跃响应稳态分量为 1，不存在稳态位置误差，瞬态分量为阻尼正弦振荡项，其振荡频率为 ω_d，包络线 $1 \pm e^{-\xi\omega_n t}/\sqrt{1-\xi^2}$ 决定收敛速度。

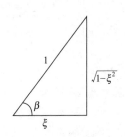

图 3.7 β 角与 ξ 的关系

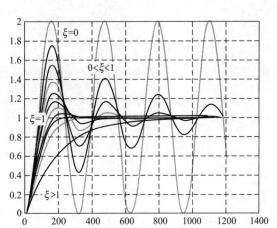

图 3.8 二阶系统在不同 ξ 值的瞬态响应曲线

另外，$\xi = 0$ 时，可求得

$$h(t) = 1 - \cos\omega_n t \quad (t \geqslant 0) \qquad (3-9)$$

如图 3.8 所示，这是一条平均值为 1 的正、余弦形式的等幅振荡曲线，其振荡频率为

ω_n，故称为无阻尼振荡频率。ω_n 由系统本身的结构参数决定。

2. 临界阻尼($\xi = 1$)

输入函数 $R(s) = \dfrac{1}{s}$，$\xi = 1$，由式(3-3)可得

$$C(s) = \frac{\omega_n^2}{(s + \omega_n)^2} \cdot \frac{1}{s} = \frac{1}{s} - \frac{\omega_n}{(s + \omega_n)^2} - \frac{1}{s + \omega_n}$$

对上式求拉普拉斯反变换得

$$h(t) = 1 - e^{-\omega_n t} \omega_n t - e^{-\omega_n t} = 1 - e^{-\omega_n t}(1 + \omega_n t) \quad (t \geqslant 0) \tag{3-10}$$

另外注意到

$$\frac{\mathrm{d}h(t)}{\mathrm{d}t} = \omega_n^2 t \, e^{-\omega_n t}$$

此时，二阶系统的单位阶跃响应是稳态值为1的无超调单调上升过程。

3. 过阻尼($\xi > 1$)

此时系统的特征根为

$$s_{1,2} = -\xi \omega_n \pm \omega_n \sqrt{\xi^2 - 1}$$

单位阶跃响应为

$$C(s) = \frac{\omega_n^2}{(s - s_1)(s - s_2)} \cdot \frac{1}{s} = \frac{\omega_n^2}{\left[s + \omega_n (\xi - \sqrt{\xi^2 - 1}) \right] \left[s + \omega_n (\xi + \sqrt{\xi^2 - 1}) \right] s}$$

$$= \frac{A_1}{s} + \frac{A_2}{s + \omega_n (\xi - \sqrt{\xi^2 - 1})} + \frac{A_3}{s + \omega_n (\xi + \sqrt{\xi^2 - 1})}$$

$$A_1 = 1$$

$$A_2 = \frac{1}{2\sqrt{\xi^2 - 1}(\xi - \sqrt{\xi^2 - 1})}$$

$$A_3 = \frac{1}{2\sqrt{\xi^2 - 1}(\xi + \sqrt{\xi^2 - 1})}$$

$$h(t) = 1 - \frac{1}{2\sqrt{\xi^2 - 1}(\xi - \sqrt{\xi^2 - 1})} e^{-(\xi - \sqrt{\xi^2 - 1})\omega_n t} + \frac{1}{2\sqrt{\xi^2 - 1}(\xi + \sqrt{\xi^2 - 1})} e^{-(\xi + \sqrt{\xi^2 - 1})\omega_n t} \quad (t \geqslant 0)$$

$$\tag{3-11}$$

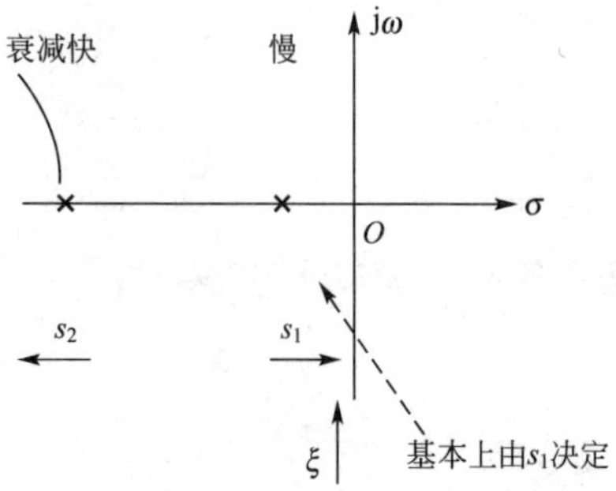

图3.9 二阶系统的实极点

如图3.8和图3.9所示，离虚轴远的极点 s_2 所对应的 $e^{s_2 t}$ 在响应过程中衰减得快，响应基本上由离虚轴近的极点 s_1 决定，而且 ξ 越大，系统响应的速度越慢。$\xi = 1$ 和 $\xi > 1$ 的单位阶跃响应都是单调上升的，其中 ω_n 相同时，$\xi = 1$ 的响应速度最快。

图3.10给出了 $\xi = 0.5$，ω_n 分别等于1和1.414时的单位阶跃响应，可以看出 ω_n 大时系统的响应速度快。

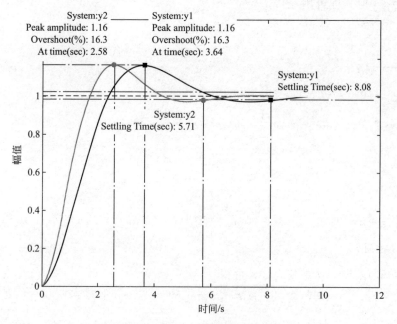

图 3.10 二阶系统在不同 ω_n 值的瞬态响应曲线(ξ 相同)

绘图所需的 MATLAB 程序如下:

```
y1=tf(1,[1 1 1]);y2= tf(2,[1 1.4142]);step(y1,y2)
```

3.3.3 二阶系统阶跃响应的性能指标

在欠阻尼情况下,以下所述的性能指标,将定量地描述系统瞬态响应的性能。

在控制工程中,除了那些不容许产生振荡响应的系统外,通常都希望控制系统具有适度的阻尼、快速的响应速度和较短的调节时间。二阶系统的动态性能指标,有的可用 ξ 和 ω_n 精确表示,如 t_r、t_p、$\sigma\%$;有的很难用 ξ 和 ω_n 精确表示,如 t_d、t_s 等,对此可采用近似算法。

1. t_d 延时时间

在式(3-7)中,$h(t)=1-\dfrac{1}{\sqrt{1-\xi^2}}e^{-\xi\omega_n t}\sin(\omega_d t+\beta)$ $(t\geqslant 0)$

令 $h(t_d)=0.5$,$\beta=\arctan\dfrac{\sqrt{1-\xi^2}}{\xi}=\arccos\xi$,可得

$$\omega_n t_d=\frac{1}{\xi}\ln\frac{2\sin(\sqrt{1-\xi^2}\,\omega_n t_d+\arccos\xi)}{\sqrt{1-\xi^2}}$$

在较大的 ξ 值范围内,近似有

$$t_d=\frac{1+0.6\xi+0.2\xi^2}{\omega_n} \tag{3-12}$$

当 $0<\xi<1$ 时，亦可用

$$t_\mathrm{d}=\frac{1+0.7\xi}{\omega_\mathrm{n}} \tag{3-13}$$

2. 上升时间 t_r

在式(3-7)中，令 $h(t_\mathrm{r})=1$，可得

$$\frac{1}{\sqrt{1-\xi^2}}\mathrm{e}^{-\xi\omega_\mathrm{n}t}\sin(\omega_\mathrm{d}t_\mathrm{r}+\beta)=0$$

$$\omega_\mathrm{d}t_\mathrm{r}+\beta=\pi$$

$$t_\mathrm{r}=\frac{\pi-\beta}{\omega_\mathrm{d}} \tag{3-14}$$

所以当 ξ 一定，即 β 一定时，则 $\omega_\mathrm{n}\uparrow$（增大）→（将导致）$t_\mathrm{r}\downarrow$（减小），响应速度变快。

3. 峰值时间 t_p

对式(3-7)求导，并令其为零，可得

$$\xi\omega_\mathrm{n}\mathrm{e}^{-\xi\omega_\mathrm{n}t}\sin(\omega_\mathrm{d}t+\beta)-\omega_\mathrm{d}\mathrm{e}^{\xi\omega_\mathrm{n}t}\cos(\omega_\mathrm{d}t+\beta)=0$$

$$\tan(\omega_\mathrm{d}t+\beta)=\frac{\sqrt{1-\xi^2}}{\xi}$$

由图 3.7 可知

$$\tan\beta=\frac{\sqrt{1-\xi^2}}{\xi}$$

所以 $\omega_\mathrm{d}t_\mathrm{p}=0$，$\pi$，$2\pi$，$\cdots$，根据峰值时间定义，应取 $\omega_\mathrm{d}t_\mathrm{p}=\pi$，故

$$t_\mathrm{p}=\frac{\pi}{\omega_\mathrm{d}}=\frac{1}{2}\frac{2\pi}{\omega_\mathrm{d}}=\frac{1}{2}T_\mathrm{d} \tag{3-15}$$

其中，$T_d=\dfrac{2\pi}{\omega_d}=\dfrac{2\pi}{\omega_n\sqrt{1-\xi^2}}$ 为振荡周期

当 ξ 一定时，$\omega_\mathrm{n}\uparrow$（闭环极点离负实轴的距离变远）→ $t_\mathrm{p}\downarrow$。

4. 超调量 $\sigma\%$

超调量在峰值时间发生，故 $h(t_\mathrm{p})$ 即为最大输出，由式(3-7)得

$$h(t_\mathrm{p})=1-\frac{1}{\sqrt{1-\xi^2}}\mathrm{e}^{-\xi\omega_\mathrm{n}t_\mathrm{p}}\sin(\omega_\mathrm{d}t_\mathrm{p}+\beta)$$

$$\sin(\pi+\beta)=-\sin\beta=-\sqrt{1-\xi^2}$$

$$h(t_\mathrm{p})=1+\mathrm{e}^{-\pi\xi/\sqrt{1-\xi^2}}$$

$$\sigma\%=\frac{h(t_\mathrm{p})-h(\infty)}{h(\infty)}\times100\%=\mathrm{e}^{-\frac{\pi\xi}{\sqrt{1-\xi^2}}}\times100\%=\mathrm{e}^{-\frac{\pi}{\tan\beta}} \tag{3-16}$$

图 3.11 所示为阻尼比 ξ 与超调量 $\sigma\%$ 之间的关系曲线，可以看出超调量 $\sigma\%$ 只是 ξ 的函数，与其他量无关。所以已知阻尼比 ξ 就可以确定出超调量 $\sigma\%$，而且阻尼比 ξ 越小超调量 $\sigma\%$ 越大。

当 $\xi=0.4\sim0.8$ 时，$\sigma\%=25.4\%\sim1.5\%$，一般设计系统时选择 ξ 在这个范围。

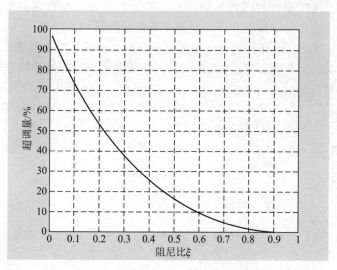

图 3.11 阻尼比 ξ 与超调量 $\sigma\%$ 的关系

当 $\xi=0.707$ 时，称为二阶工程最佳。

5. 调节时间 t_s 的计算

在式(3-7)中有

$$h(t)=1-\mathrm{e}^{-\xi\omega_n t}\sin(\omega_d t+\beta) \quad (t\geqslant 0)$$

$$\beta=\arctan\frac{\sqrt{1-\xi^2}}{\xi}=\arccos\xi$$

令 Δ 表示实际响应与稳态输出之间的误差，则一般来用近似公式计算 t_s 的值。当 $\xi\leqslant 0.8$ 时，选取误差带为

$$\begin{cases} t_s=\dfrac{3}{\xi\omega_n} & (\Delta=0.05) \\[3mm] t_s=\dfrac{4}{\xi\omega_n} & (\Delta=0.02) \end{cases} \tag{3-17}$$

6. 振荡次数 μ

振荡次数是指在调节时间 t_s 内，$C(t)$ 波动的次数。根据这一定义可得振荡次数为

$$\mu=\frac{t_s}{T_d}=\frac{t_s}{2\pi/\omega_d}=\frac{t_s}{2t_p} \tag{3-18}$$

式中：T_d 为阻尼振荡的周期时间。

通过以上的讨论，可以得出二阶系统特征参数 ξ 和 ω_n 与暂态性能指标之间的关系如下：

(1) 阻尼比 ξ 是二阶系统的一个重要参数，由 ξ 值的大小可以间接判断一个二阶系统的暂态品质。在 $\xi\geqslant 1$ 时，暂态特性为单调变化曲线，没有超调量和振荡。ξ 越大，调节时间较长，系统反应迟缓。在 ω_n 相同的情况下，$\xi=1$ 时的调节时间最小。当 $\xi\leqslant 0$ 时，输出量作等幅振荡或发散振荡，系统不能稳定工作。

(2) 一般情况下，系统在欠阻尼($0<\xi<1$)情况下工作。但是 ξ 过小，则超调量大，

振荡次数多，调节时间长，暂态特性品质差。应注意到最大超调量只和阻尼比这一特征参数有关。因此，通常可以根据允许的超调量来选择阻尼比 ξ。

（3）调节时间与系统阻尼比和自然振荡角频率这两个特征参数的乘积成反比。在阻尼比 ξ 一定时，可以通过改变自然振荡角频率 ω_n 来改变暂态响应的持续时间。ω_n 越大，系统的调节时间越短。

（4）为了限制超调量，并使调节时间较短，阻尼比一般应为 0.4～0.8，这时阶跃响应的超调量将为 25%～1.5%。

微课【二阶系统欠阻尼】

（5）当 $\xi=0.707$ 时，称为二阶工程最佳。此时性能指标为

超调量：$\sigma\% = e^{\frac{-\xi\pi}{\sqrt{1-\xi^2}}} \times 100\% = 4.3\%$

上升时间：$t_r = \dfrac{\pi-\beta}{\omega_d} = 4.7T$

调节时间：$t_s(2\%) = 8.43T$（用近似公式求得为 $8T$）

$t_s(5\%) = 4.14T$（用近似公式求得为 $6T$）

3.3.4 二阶系统的动态校正

在改善二阶系统性能的方法中，比例-微分控制和测速反馈控制是常用的方法。下面以一个典型的系统为例，来说明为什么要对系统进行校正。

一个积分环节和惯性环节相串联的系统结构图如图 3.12 所示，其开环传递函数为

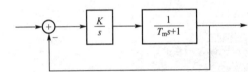

图 3.12 积分和惯性环节串联的系统结构图

$$G(s) = \frac{K}{s(T_m s+1)}$$

闭环传递函数为

$$\Phi(s) = \frac{G(s)}{1+G(s)} = \frac{K}{T_m s^2 + s + K} \tag{3-19}$$

二阶系统的标准形式为

$$\Phi(s) = \frac{\omega_n^2}{s^2 + 2\xi\omega_n s + \omega_n^2} \tag{3-20}$$

对比式（3-19）和式（3-20）的系数得

$$\omega_n = \sqrt{\frac{K}{T_m}} \tag{3-21}$$

$$\xi = \frac{1}{2}\sqrt{\frac{1}{T_m K}} \tag{3-22}$$

假设系统处于欠阻尼状态，知道其超调量 $\sigma\% = e^{-\frac{\xi\pi}{\sqrt{1-\xi^2}}}$，调节时间 $t_s = \dfrac{4}{\xi\omega_n}$。控制系统设计的目的是稳、准、快。所以如果要求系统反应快，显然要求 $\sigma\%$ 小且 ξ 大，因为 T_m 一定时（对特定的系统）要求 K 应当小〔由式（3-22）得知〕。同样，如果要求系统反应快，则 t_s 若小 ω_n 就要大，因而要求 K 应当大〔由式（3-17）得知〕，从这个例子可以看出各项指标的要求之间是矛盾的。

如果要求稳态误差小，便希望 K 大。二阶系统只要 $K>0$，系统就是稳定的，但系统 K 过大容易引起系统不稳定，所以稳定性与稳态误差的要求也是矛盾的。

这样就要采取合理折中方案，但如果采取的方案仍不能使系统满足要求，就必须研究其他控制方式，以改善系统的动态性能和稳态性能。

下面介绍改善系统性能常用的两种方法：比例-微分控制和测速反馈控制。

1. 比例-微分控制

用分析法研究 PD 控制（比例-微分控制）：对系统性能的影响，由图 3.13 可得相应的开环传递函数为

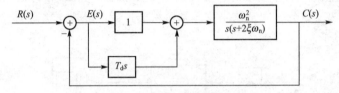

图 3.13　PD 控制系统

微课【比例微分校正】

$$G(s)=\frac{(T_d s+1)\omega_n^2}{s(s+2\xi\omega_n)}=\frac{\frac{\omega_n}{2\xi}(T_d s+1)}{s(s/2\xi\omega_n+1)}$$

令 $K=\dfrac{\omega_n}{2\xi}$，K 即是系统的开环增益，并与 ω_n、ξ 有关。

闭环传递函数为

$$\Phi(s)=\frac{G(s)}{1+G(s)}=\frac{\omega_n^2(T_d s+1)}{s^2+2\xi\omega_n s+T_d\omega_n^2 s+\omega_n^2}=\frac{T_d\omega_n^2\left(s+\frac{1}{T_d}\right)}{s^2+(2\xi\omega_n+T_d\omega_n^2)s+\omega_n^2}$$

$$=\frac{\omega_n^2(s+z)}{z(s^2+2\xi_d\omega_n s+\omega_n^2)}$$

式中：$T_d\omega_n^2=2\xi'\omega_n$，$\xi'=\dfrac{T_d\omega_n}{2}$；$\xi_d=\xi+\xi'=\xi+\dfrac{T_d\omega_n}{2}$；$z=\dfrac{1}{T_d}$。

这种控制方法，工业上称为 PD 控制，由于 PD 控制相当于给系统增加了一个闭环零点，$z=\dfrac{1}{T_d}$，故比例-微分控制的二阶系统称为有零点的二阶系统。显然它与典型二阶系统是不同的，理论上求解这类系统性能指标的方法可以参考其他参考文献，本书用一个例子给出在 Simulink 环境中建立仿真结构图，仿真后得到响应曲线的方法。

对于比例-微分控制可以得到以下结论：

（1）比例-微分控制可以不改变自然频率 ω_n，但可增大系统的阻尼比。

$\xi_d=\xi+\xi'=\xi+\dfrac{T_d\omega_n}{2}$，可通过适当选择微分时间常数 T_d 来改变 ξ_d 阻尼的大小。

（2）$K=\dfrac{\omega_n}{2\xi}$，由于 ξ 和 ω_n 均与 K 有关，所以可适当选择开环增益，以使系统在斜坡输入时的稳态误差减小，在单位阶跃输入时有满意的动态性能（快速反应，较小的超调）。

（3）适用范围：微分时对噪声有放大作用(高频噪声)。输入噪声放大时，则不宜采用。

在 Simulink 仿真环境中，对典型二阶系统和其加入比例-微分控制的系统进行仿真分析，下面比较一下，看一看会出现什么现象。

【例 3.1】 单位负反馈二阶系统的开环传递函数为 $G(s) = \dfrac{10}{s(2s+1)}$，在 Simulink 环境中建立的仿真结构图如图 3.14 的上半部分所示。将此二阶系统加入比例-微分控制后的系统仿真结构图如图 3.14 的下半部分所示。取 T_d 分别为 0.5 和 1 时得到仿真曲线如图 3.15 和图 3.16 所示。由此可以看出，系统的超调量减少甚至没有超调量，调节时间会减少很多。所以适当的选择 T_d 以改善系统动态特性的效果是很明显的。因而对带有比例-微分的二阶系统，可以通过改变微分时间常数来改善系统动态性能，但须注意比例-微分控制不影响系统的稳态性能。

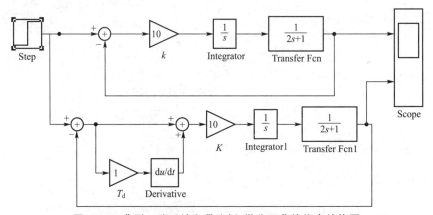

图 3.14 典型二阶系统和带比例-微分环节的仿真结构图

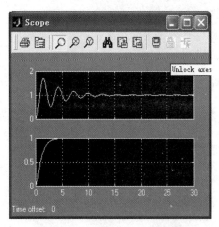

图 3.15 $T_d = 0.5$ 的响应曲线

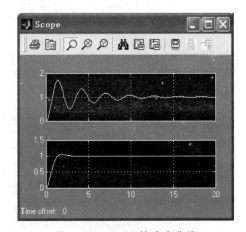

图 3.16 $T_d = 1$ 的响应曲线

比例-微分(PD)控制同样也适用于高阶系统，在第 6 章中还将用频域法来分析 PD 控制对系统响应所起的作用。

2. 测速反馈控制

输出量的导数同样可以用来改善系统的性能。通过将输出的速度信号反馈到系统的输入端，并与误差信号比较，其效果与比例-微分控制相似，可以增大系统阻尼，改善系统的动态特性。

微课【测速反馈】

如果系统的输出量是机械位移，如角位移，则可以采用测速发电机将角位移变换为正比于角速度的电压，从而获得输出速度反馈。图 3.17 所示为采用测速反馈发电机反馈的二阶系统结构图，其中 K_t 为与测速发电机输出斜率有关的测速反馈系数，单位为 V/(r/min)。

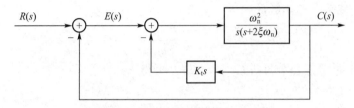

图 3.17　测速反馈控制的二阶系统

由图 3.17 可得系统的开环传递函数为

$$G(s) = \dfrac{\dfrac{\omega_n^2}{s(s+2\xi\omega_n s)}}{1 + \dfrac{\omega_n^2}{s(s+2\xi\omega_n s)}K_t s} = \dfrac{\omega_n^2}{s^2 + (2\xi\omega_n + \omega_n^2 K_t)s}$$

$$= \dfrac{1}{s(s/2\xi\omega_n + \omega_n^2 K_t + 1)} \cdot \dfrac{\omega_n^2}{2\xi\omega_n + \omega_n^2 K_t}$$

此时开环增益为 $K = \dfrac{\omega_n^2}{2\xi + K_t\omega_n}$，由此可看出引入 K_t 会降低 K，即测速反馈会降低系统的开环增益。

相应的闭环传递函数与式(3-3)对比系数可得

$$\Phi(s) = \dfrac{G(s)}{1 + G(s)} = \dfrac{\omega_n^2}{s^2 + (2\xi\omega_n + K_t\omega_n^2)s + \omega_n^2}$$

令 $2\xi_t\omega_n = 2\xi\omega_n + K_t\omega_n^2$，即 $\xi_t = \xi + \dfrac{1}{2}K_t\omega_n$。

可以看出：引入 K_t 可使 ξ_t 增大，达到改善系统性能指标的目的。

测速反馈与 PD 控制相比有如下特点：

(1) 测速反馈会降低系统的开环增益，从而加大系统在斜坡输入时的稳态误差。因为 $K\downarrow \rightarrow e_{ss}$ (稳态误差)↑。

(2) 测速反馈不影响系统的自然频率，即 ω_n 不变。

(3) 两者均可增大系统的阻尼比，$\xi_t = \xi + \dfrac{1}{2}K_t\omega_n$ 与 $\xi_d = \xi + \dfrac{1}{2}T_d\omega_n$ (PD 控制)形式相同。

（4）测速反馈不形成闭环零点，因此 $K_t = T_d$ 时，测速反馈与比例-微分控制对系统动态性能的改善程度是不相同的。

（5）设计时，可适当增加原系统的开环增益，以减小稳态误差。

3.4 高阶系统的时域响应

在控制工程中，几乎所有的控制系统都是高阶系统，即用高阶微分方程描述的系统。对于不能用一、二阶系统近似的高阶系统来说，其性能指标的确定是比较复杂的。工程上常采用闭环主导极点的概念对高阶系统进行近似分析，或直接应用 MATLAB 软件进行高阶系统的分析。

设高阶系统闭环传递函数的一般形式为

$$\frac{C(s)}{R(s)} = \frac{b_0 s^m + b_1 s^{m-1} + \cdots + b_{m-1} s + b_m}{s^n + a_1 s^{n-1} + \cdots + a_{n-1} s + a_n} \quad (n \geqslant m) \tag{3-23}$$

将式（3-23）的分子与分母进行因式分解，可得

$$\frac{C(s)}{R(s)} = \frac{K(s+Z_1)(s+Z_2)\cdots(s+Z_m)}{(s+P_1)(s+P_2)\cdots(s+P_n)} = \frac{M(s)}{D(s)} \quad (n \geqslant m) \tag{3-24}$$

式中：$-Z_i (i=1, 2, \cdots, m)$ 为闭环传递函数零点；$-P_j (j=1, 2, \cdots, n)$ 为闭环传递函数极点。

令系统所有的零点、极点互不相同，且其极点有实数极点和复数极点，零点则均为实数零点。$C(s)/R(s)$ 的分子与分母多项式均为实数多项式，故 Z_i 和 P_i 只可能是实数或共轭复数。设系统的输入信号为单位阶跃函数，即 $R(s)=1/s$，则有

$$C(s) = \frac{K \prod\limits_{i=1}^{m}(s+Z_i)}{s \prod\limits_{j=1}^{q}(s+P_j) \prod\limits_{k=1}^{r}(s^2 + 2\xi_k \omega_{nk} s + \omega_{nk}^2)} \tag{3-25}$$

式中：$n=q+2r$，q 为实数极点的个数，r 为复数极点的对数。

将式（3-25）用部分分式展开，得

$$C(s) = \frac{A_0}{s} + \sum\limits_{j=0}^{q} \frac{A_j}{s+P_j} + \sum\limits_{k=1}^{r} \frac{B_k s + C_k}{s^2 + 2\xi_k \omega_{nk} s + \omega_{nk}^2} \tag{3-26}$$

对上式求反变换得

$$C(t) = A_0 + \sum\limits_{j=0}^{q} A_j e^{-p_j t} + \sum\limits_{k=1}^{r} B_k e^{-\xi_k \omega_k t} \cos\left(\omega_{nk}\sqrt{1-\xi_k^2}\right)t +$$
$$\sum \frac{C_k - B_k \xi_k \omega_k}{\omega_k \sqrt{1-\xi_k^2}} e^{-\xi_k \omega_k t} \sin(\omega_k \sqrt{1-\xi_k^2})t \quad (t \geqslant 0) \tag{3-27}$$

由式（3-27）可得出如下结论：

（1）瞬态分量与稳态分量：高阶系统时域响应的瞬态分量是由一阶系统（惯性环节）和二阶系统（振荡环节）的响应函数组成。传递函数极点所对应的拉普拉斯反变换为系统响应的瞬态分量；输入信号（控制信号）极点所对应的拉普拉斯反变换为系统响应的稳态分量。

如果所有闭环的极点均具有负实部，则由式（3-27）可知，随着时间的推移，式中所

有的瞬态分量[指数项和阻尼正弦(余弦)项]将不断地衰减并趋于零,表示过渡结束后,系统的输出量仅与输入量有关。

(2)闭环极点的作用:系统瞬态分量的形式由闭环极点的性质所决定,而系统调整时间的长短与闭环极点负实部绝对值的大小有关。

如果闭环极点远离虚轴,则相应的瞬态分量就衰减得快,系统的调整时间也就较短。如果闭环传递函数中有一极点距坐标原点很远,则该极点所对应的瞬态分量不仅持续时间很短,而且其相应的幅值亦较小,因而由它产生的瞬态分量可忽略不计。

(3)闭环零点的作用:只影响系统瞬态分量幅值的大小和符号,减小峰值时间,使系统响应速度加快,超调量增大。表明闭环零点会减小系统阻尼,并且离虚轴越近,作用越明显,如图3.18和图3.19所示。

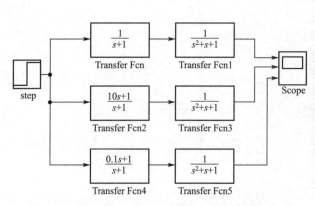
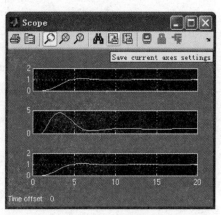

图 3.18　闭环零点在不同位置时对系统性能的影响　　　图 3.19　单位阶跃响应

(4)如果闭环传递函数中某一个极点与某一个零点十分接近(称为偶极子),则该极点对应瞬态分量的幅值很小,因而它在系统响应中所占百分比很小,可忽略不计。

主导极点:如果系统中有一个极点或一对复数极点距虚轴最近,且附近没有闭环零点,而其他闭环极点与虚轴的距离都比该极点与虚轴距离大5倍以上,则此系统的响应可近似地视为由这个(或这对)极点所产生。这是由于这种极点所决定的瞬态分量不仅持续时间最长,而且其初始幅值也大,充分体现了它在系统响应中的主导作用,故称其为系统的主导极点。高阶系统的主导极点通常为一对复数极点。

图 3.18 仿真演示

设闭环传递函数分别如下,比较下面两个系统:

$$\phi_1(s) = \frac{1}{s^2+s+1}$$

$$\phi_2(s) = \frac{10}{(s+10)(s^2+s+1)}$$

两者的单位阶跃响应如图3.20所示。可以去掉$\phi_2(s)$一个极点-10后即是$\phi_1(s)$,$\phi_1(s)$只保留了$\phi_2(s)$的主导极点,两者的单位阶跃响应基本相同。

在MATLAB中运行程序如下:

```
y1=tf(1,[1 1 1]);
y2=tf([10],[1 10]);
yh=y1*y2;
step(y1, yh)
```

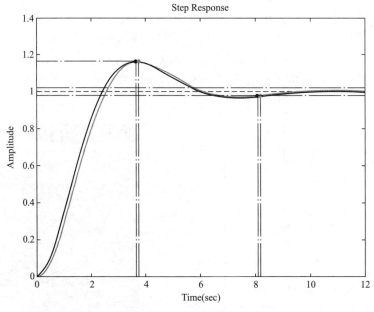

图 3.20　主导极点的作用

在设计高阶系统时，人们常利用主导极点这个概念选择系统的参数，使系统具有预期的一对主导极点，从而把一个高阶系统近似地用一对主导极点的二阶系统去表征。

3.5　自动控制系统的代数稳定判据

一个自动控制系统正常运行的首要条件是它必须是稳定的。反馈控制的严重缺点是它们容易产生振荡，因此，判别系统的稳定性和使系统处于稳定的工作状态是自动控制的基本课题之一。

3.5.1　稳定的概念

所谓稳定性，是指系统恢复平衡状态的一种能力。若系统处于某一个起始平衡状态，由于扰动的作用，偏离了原来的平衡状态，当扰动消失后，经过足够长的时间，系统恢复到原来的起始平衡状态，则称这样的系统是稳定的；否则，系统就是不稳定的。

线性闭环系统的稳定性可以根据闭环极点在 s 平面内的位置予以确定。从前述高阶系统分析中可知，如果在这些极点中有任何一个极点位于 s 右半平面内，则随着时间的增加，该极点将上升到主导地位，从而使瞬态响应呈现为单调递增的过程，或者呈现为振幅逐渐增大的振荡过程。这表明它是一个不稳定的系统。这类系统一旦被启动，其输出将随时间而增大。因为实际物理系统响应不能无限制地增加，如果这类系统中不发生饱和现象，而且也没有设置机械制动装置，那么系统最终将遭到破坏而不能正常工作。因此，在通常的线性控制系统中，不允许闭环极点位于 s 右半平面内。如果全部闭环极点均位于虚轴左边，则任何瞬态响应最终都将达到平衡状态，这表明系统是稳定的。当闭环极点位于虚轴上时，将形成等幅振荡过程，显然系统最终不能完全恢复到原平衡状态，既不远离，也不完全趋近，这时系统也是不稳定的或称为临界稳定的。

3.5.2 线性系统稳定的充分必要条件

线性系统是否稳定，这是系统本身的一种属性，仅仅取决于系统的结构参数，与初始条件和外作用无关。输入量的极点只影响系统解中的稳态响应项，不影响系统的稳定性。

因此，线性系统稳定的充分必要条件是闭环系统的极点全部位于 s 左半平面内。

分析系统的稳定性必须解出系统特征方程式的全部根，再依照上述稳定的充分必要条件，判别系统的稳定性。但是，对于高阶系统，解特征方程式的根是件很麻烦的事。著名的劳斯判据则提供了一个比较简单的判据，它使人们有可能在不分解多项式因式的情况下，就能够确定出位于 s 右半平面内闭环极点的数目。

3.5.3 劳斯判据

劳斯判据是一种代数判据，它不但能提供线性定常系统稳定性的信息，而且还能指出在 s 平面虚轴上和右半平面特征根的个数。

微课【劳斯判据】

劳斯判据是基于系统特征方程式的根与系数的关系而建立的。

首先将系统的特征方程式写成如下标准形式

$$a_0 s^n + a_1 s^{n-1} + \cdots + a_{n-1} s + a_n = 0 \qquad (3-28)$$

式中：a_0 为正（如果原方程首项系数为负，可先将方程两端同乘以 -1）。

为判断系统稳定与否，将系统特征方程式中的 s 各次项系数排列成如下的劳斯表（Routh Array，即劳斯矩阵）：

$$
\begin{array}{c|ccccc}
s^n & a_0 & a_2 & a_4 & a_6 & \cdots \\
s^{n-1} & a_1 & a_3 & a_5 & a_7 & \cdots \\
s^{n-2} & b_1 & b_2 & b_3 & b_4 & \cdots \\
s^{n-3} & c_1 & c_2 & c_3 & c_4 & \cdots \\
& \vdots & \vdots & \vdots & & \\
s^2 & e_1 & e_2 & & & \\
s^1 & f_1 & & & & \\
s^0 & g_1 & & & &
\end{array}
$$

表中：

$$b_1=\frac{-1}{a_1}\begin{vmatrix} a_0 & a_2 \\ a_1 & a_3 \end{vmatrix}, \quad b_2=\frac{-1}{a_1}\begin{vmatrix} a_0 & a_4 \\ a_1 & a_5 \end{vmatrix}, \quad b_3=\frac{-1}{a_1}\begin{vmatrix} a_0 & a_6 \\ a_1 & a_7 \end{vmatrix}, \cdots$$

$$c_1=\frac{-1}{b_1}\begin{vmatrix} a_1 & a_3 \\ b_1 & b_2 \end{vmatrix}, \quad c_2=\frac{-1}{b_1}\begin{vmatrix} a_1 & a_5 \\ b_1 & b_3 \end{vmatrix}, \quad c_3=\frac{-1}{b_1}\begin{vmatrix} a_1 & a_7 \\ b_1 & b_4 \end{vmatrix}, \cdots$$

$$\cdots$$

劳斯（Routh）判据：方程式(3-28)的全部根都在 s 左半平面的充分必要条件是劳斯表的第一列系数全部为正数。如果劳斯表第一列出现小于零的数值，系统就不稳定，且第一列各系数符号的改变次数，代表特征方程(3-28)的正实部根的数目。

【例 3.2】　系统的特征方程为

$$2s^6+5s^5+3s^4+4s^3+6s^2+14s+7=0$$

计算其劳斯表中各元的值，并排列成下表：

s^6	2	3	6	7
s^5	5	4	14	
s^4	7/5	2/5	7	
s^3	18/7	-11		
s^2	115/18	7		
s^1	$-1589/115$			
s^0	7			

由于表中的第一列出现了负数，可以判定系统的根并非都在左半平面。因此，该系统是不稳定的。

又由表中第一列系数符号改变两次，即可判定系统有两个根在右半平面。事实上系统的根是 -2.182，-0.599，$-0.691\pm j1.059$ 和 $+0.832\pm j0.992$，确有两个根在右半平面。

在应用劳斯判据时，可能遇到如下的特殊情况：

（1）劳斯表中第一列出现零。如果劳斯表中第一列出现零，那么可以用一个小的正数 ε 代替它，而继续计算其余各元。

微课【劳斯判据
两种特殊情况】

【例 3.3】　假设某系统的闭环特征方程为

$$s^4+5s^3+10s^2+20s+24=0$$

列其劳斯表如下：

s^4	1	10	24
s^3	5	20	
s^2	6	24	
s	ε	（本应是零）	
s^0	24		

这时 ε 上面首列与下面首列都是正号，表明系统有一对纯虚根存在，实际上该系统的根是 -2，-3 和 $\pm 2j$。此时系统处于临界稳定。

如果 ε 上面首列与下面首列符号相反，则认为这里有一次变号，表明系统不稳定。

（2）劳斯表的某一行中所有元都等于零。如果在劳斯表的某一行中，所有元都等于零，则表明方程有一些大小相等且对称于原点的根，即等值反号的实根、虚根或共轭复根对。在这种情况下，可利用全零行的上一行各元构造一个辅助多项式（称为辅助方程），式中 s 均为偶次。以辅助方程的导函数的系数代替劳斯表中的这个全零行，然后继续计算下去。这些大小相等而关于原点对称的根也可以通过求解这个辅助方程得出。

【例 3.4】　假设某系统的特征方程为

$$s^5+2s^4+24s^3+48s^2-25s-50=0$$

列其劳斯表如下：

s^5	1	24	-25
s^4	2	48	-50
s^3	8（原 0）	96（原 0）	
s^2	24	-50	
s^1	112.7		
s^0	-50		

由于 s^3 行为全零行，于是由 s^4 行的各元构成辅助多项式为

$$P(s)=2s^4+48s^2-50=0$$

其导函数为

$$\frac{\mathrm{d}P(s)}{\mathrm{d}s}=8s^3+96s$$

用导函数的系数 8 和 96 代替 s^3 行，相应的元可继续演算下去。

可以看出，在新得到的劳斯表的第一列有一次变号，表明原方程有一个正实根。另外还有两对大小相等而关于原点对称的根，可以通过解方程 $P(s)=0$ 即 $P(s)=2s^4+48s^2+50=0$，得到 $s=\pm1$，$s=\pm5\mathrm{j}$。可见它们各是一对大小相等而关于原点对称的根。事实上原方程的全部根是 $s=\pm1$，$s=\pm5\mathrm{j}$，-2，确实有一个正根。

另外还应指出，线性定常系统稳定的必要条件是特征方程的所有系数同号。这是因为，若系统稳定，特征方程的根无非是负实数或实部为负的，所以这只是系统稳定的必要条件。

但是对于一阶和二阶系统，特征方程的所有系数同号则是系统稳定的充分必要条件。

3.5.4　相对稳定性和稳定裕量

应用代数判据只能给出系统是稳定还是不稳定，即只解决了绝对稳定性的问题。在处理实际问题时，只判断系统是否稳定是不够的。因为，对于实际的系统，所得到参数值往往是近似的，并且有的参数随着条件的变化而变化，这样就给得到的结论带来误差。为了考虑这些因素，往往希望知道系统距离稳定边界有多少余量，这就是相对稳定性或稳定裕量的问题。

如果实际系统希望 s 左半平面上的根距离虚轴有一定的距离，比如使根均在 $-\delta$ 左侧，对比可会

$$s=z-\delta$$

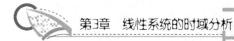

代入系统特征方程式，写出 z 的多项式，然后用代数判据判定 z 的多项式的根是否都在新的虚轴的左侧。即根都在 $-\delta$ 的左边。

【例 3.5】 检验特征方程式 $2s^3+10s^2+13s+4=0$ 是否有根在 s 右半平面，以及有几个根在 $s=-1$ 垂线的右边。

解：列劳斯表如下：

$$
\begin{array}{lll}
s^3 & 2 & 13 \\
s^2 & 10 & 4 \\
s^1 & 12.2 & \\
s^0 & 4 &
\end{array}
$$

由劳斯判据可知该系统稳定，所有特征根均在 s 的左半平面。

令 $s=z-1$，代入 $D(s)$ 得出关于 z 的特征方程式为
$$D(s)=2z^3+4z^2-z-1=0$$

列其劳斯表如下：

$$
\begin{array}{lll}
z^3 & 2 & -1 \\
z^2 & 4 & -1 \\
z^1 & -\dfrac{1}{2} & \\
z^0 & -1 &
\end{array}
$$

劳斯表中第一列元素符号改变一次，表示系统有一个根在 z 右半平面，也就是有一个根在 $s=-1$ 垂线的右边（虚轴的左边），系统的稳定裕量不到 1。

关于稳定裕量第 6 章中将详细介绍。

3.6 稳 态 误 差

在稳态条件下输出量的期望值与稳态值之间存在的误差，称为系统稳态误差。稳态误差的大小是衡量系统稳态性能的重要指标。影响系统稳态误差的因素很多，如系统的结构、系统的参数以及输入量的形式等。必须指出的是，这里所说的稳态误差并不包括由于元件的不灵敏区、零点漂移、老化等原因所造成的永久性的误差。

微课【稳态误差】

为了方便分析，把系统的稳态误差分为扰动稳态误差和给定稳态误差。扰动稳态误差是由于外扰而引起的，常用这一误差来衡量恒值系统的稳态品质，因为对于恒值系统，给定量是不变的。而对于随动系统，给定量是变化的，要求输出量以一定的精度跟随给定量的变化，因此给定稳态误差就成为衡量随动系统稳态品质的指标。

3.6.1 稳态误差的定义

对于图 3.21 所示的反馈控制系统，常用的误差的定义有两种：从输入端定义和从输出端定义。下面分别讨论。

1. 输入端定义

把系统的输入信号 $r(t)$ 作为被控量的希望值，而把主反馈信号 $b(t)$（通常是被控量的测量值）作为被控量的实际值，定义误差为

$$e(t)=r(t)-b(t) \qquad (3-29)$$

这种定义下的误差在实际系统中是可以测量的。

2. 输出端定义

设被控量（输出值）的希望值为 $C_r(t)$［与给定信号 $r(t)$ 具有一定的关系］，被控量的实际值为 $C(t)$，定义误差为

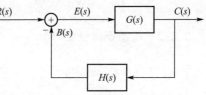

图 3.21　反馈控制系统框图

$$e'(t)=c_r(t)-c(t)$$

这种定义在性能指标中经常使用，但在实际中有时无法测量，因而一般只具有数学意义。

当图 3.21 中反馈为单位反馈即 $H(s)=1$ 时，上述两种定义是相同的。

下面只讨论输入端定义的误差。

3. 稳态误差的分析

由图 3.21 可得

$$E(s)=R(s)-H(s)C(s) \qquad (3-30)$$

其误差传递函数为

$$\Phi_e(s)=\frac{E(s)}{R(s)}=\frac{1}{1+H(s)G(s)} \qquad (3-31)$$

$$E(s)=\Phi_e(s)R(s)=\frac{R(s)}{1+H(s)G(s)} \qquad (3-32)$$

$$e(t)=L^{-1}\left[\Phi_e(s)R(s)\right] \qquad (3-33)$$

由终值定理，求得稳态误差为

$$e_{ss}(\infty)=e_{ss}=\lim_{s\to 0}sE(s)=\lim_{s\to 0}\frac{sR(s)}{1+H(s)G(s)} \qquad (3-34)$$

满足终值定理公式的条件为：$sE(s)$ 的极点均位于 s 左半平面（包括坐标原点）。

式（3-34）表明，系统的稳态误差不仅与开环传递函数 $G(s)H(s)$ 的结构有关，还与输入 $R(s)$ 的形式密切相关。

由式（3-34）可知，对于一个给定的稳定系统，当输入信号形式一定时，系统是否存在稳态误差就取决于开环传递函数所描述的系统结构。因此，按照控制系统跟踪不同输入信号的能力来进行系统分类是必要的。

3.6.2　系统类型

系统开环传递函数可以表示为

$$G(s)H(s)=\frac{K\prod_{i=1}^{m}(\tau_i s+1)}{s^v \prod_{j=1}^{n-v}(T_j s+1)} \quad (n\geqslant m) \qquad (3-35)$$

式中：K 为系统的开环增益(开环放大倍数)；$\tau_i(i=1,2,\cdots,m)$ 和 $T_j(j=1,2,\cdots,n)$ 为时间常数；v 为系统中所含有的积分环节数(开环系统在坐标原点的重极点数)。

系统常按开环传递函数中含有的积分环节的个数 v 来分类。把 $v=0,1,2,\cdots$ 的系统，分别称为 0 型、Ⅰ型、Ⅱ型系统等。开环传递函数中的其他零、极点对系统的类型无影响。

3.6.3　稳态误差计算

1. 阶跃信号输入

设 $r(t)=R_0=\text{const}$，$R(s)=\dfrac{R_0}{s}$，利用式(3-34)可得

$$e_{ss}=\lim_{s\to 0}\frac{sR(s)}{1+H(s)G(s)}=\frac{R_0}{1+\lim\limits_{s\to 0}H(s)G(s)}=\frac{R_0}{1+K_p} \qquad (3-36)$$

令

$$K_p=\lim_{s\to 0}H(s)G(s) \qquad (3-37)$$

定义 K_p 为静态位置误差系数，其值为

$$K_p=\begin{cases} K & (v=0)\\ \infty & (v\geqslant 1) \end{cases}$$

由式(3-36)可知

$$e_{ss}=\begin{cases} \dfrac{R_0}{1+K}=\text{const}(常数) & (v=0)\\[2mm] 0 & (v\geqslant 1) \end{cases}$$

如果要求对于阶跃作用下不存在稳态误差，则必须选用Ⅰ型及Ⅰ型以上的系统。

2. 斜坡输入信号

设 $r(t)=v_0 t$，$v_0=\text{const}$，$R(s)=\dfrac{v_0}{s^2}$，由式(3-34)可得

$$e_{ss}=\lim_{s\to 0}\frac{s\cdot\dfrac{v_0}{s^2}}{1+H(s)G(s)}=\lim_{s\to 0}\frac{v_0}{s+sH(s)G(s)}=\frac{v_0}{\lim\limits_{s\to 0}sH(s)G(s)}=\frac{v_0}{K_v} \qquad (3-38)$$

令

$$K_v=\lim_{s\to 0}sH(s)G(s)=\lim_{s\to 0}\frac{K}{s^{v-1}} \qquad (3-39)$$

定义 K_v 为静态速度误差系数，由式(3-39)可得

$$K_v=\begin{cases} 0 & (v=0)\\ K & (v=1)\\ \infty & (v\geqslant 2) \end{cases}$$

由式(3-38)可得

$$e_{ss}=\begin{cases} \infty & (v=0)\\[1mm] \dfrac{v_0}{K} & (v=1)\\[2mm] 0 & (v\geqslant 2) \end{cases}$$

通过上述分析可以看出，0 型系统稳态时不能跟踪斜坡输入。Ⅰ型系统稳态时能跟踪斜坡输入，但存在一个稳态位置误差。Ⅱ型及Ⅱ型以上的系统，稳态时能准确跟踪斜坡输入信号，不存在位置误差。

3. 加速度输入

设 $r(t) = \dfrac{1}{2} a_0 t^2$，$a_0 = \mathrm{const}$，$R(s) = \dfrac{a_0}{s^3}$，由式(3-34)可得

$$e_{ss} = \lim_{s \to 0} sE(s) = \lim_{s \to 0} \frac{s \cdot \dfrac{a_0}{s^3}}{1 + G(s)H(s)} = \lim_{s \to 0} \frac{a_0}{s^2 + s^2 G(s)H(s)} = \lim_{s \to 0} \frac{a_0}{K_a} \qquad (3-40)$$

令

$$K_a = \lim_{s \to 0} s^2 G(s)H(s) = \lim_{s \to 0} \frac{K}{s^{v-2}} \qquad (3-41)$$

定义 K_a 为系统的静态加速度误差系数，由式(3-41)可得

$$K_a = \begin{cases} 0 & (v=0,\ 1) \\ K & (v=2) \\ \infty & (v \geqslant 3) \end{cases}$$

由式(3-40)可得

$$e_{ss} = \begin{cases} \infty & (v=0,\ 1) \\ \dfrac{a_0}{K} = \mathrm{const} & (v=2) \\ 0 & (v \geqslant 3) \end{cases}$$

几种输入信号作用下的稳态误差如表 3-2 所示。

表 3-2　几种输入信号作用下的稳态误差

输入	$r(t) = R_0$	$r(t) = v_0 t$	$r(t) = \dfrac{1}{2} a_0 t^2$
0 型系统	$\dfrac{R_0}{1+K}$	∞	∞
Ⅰ型系统	0	$\dfrac{v_0}{K}$	∞
Ⅱ型系统	0	0	$\dfrac{a_0}{K}$

3.6.4　扰动作用下的稳态误差

以上讨论了系统在参考输入作用下的稳态误差。事实上，控制系统除了受到参考输入的作用外，还会受到来自系统内部和外部各种扰动的影响。例如负载力矩的变化、放大器的零点漂移、电网电压波动和环境温度的变化等，这些都会引起稳态误差。这种误差称为扰动稳态误差，它的大小反映了系统抗干扰能力的强弱。对于扰动稳态误差的计算，可以采用上述对参考输入的方法。但是，由于参考输入和扰动输入作用于系统的不同位置，因而系统就有可能会产生在某种形式的参考输入下，其稳态误差为零；而在同一形式的扰动作用下，系统的稳态误差未必为零。因此，就有必要研究由扰动作用引起的稳态误差和系统结构的关系。

考虑图 3.22 所示的系统,图中 $R(s)$ 为系统的参考输入,$N(s)$ 为系统的扰动作用。为了计算由扰动引起的系统稳态误差,假设 $R(s)=0$,则输出对扰动的传递函数结构图如图 3.23 所示。

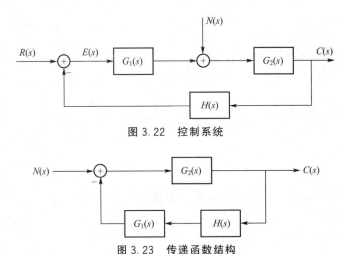

图 3.22　控制系统

图 3.23　传递函数结构

可以求出传递函数为

$$M_N(s)=\frac{C(s)}{N(s)}=\frac{G_2(s)}{1+G_1(s)G_2(s)H(s)} \qquad (3-42)$$

$$G(s)=G_1(s)G_2(s)$$

由扰动产生的输出为

$$C_n(s)=M_N(s)N(s)=\frac{G_2(s)}{1+G_1(s)G_2(s)H(s)}N(s) \qquad (3-43)$$

系统的理想输出为零,故该非单位反馈系统响应扰动的输出端误差信号为

$$E_n(s)=0-C_n(s)=-\frac{G_2(s)}{1+G_1(s)G_2(s)H(s)}N(s) \qquad (3-44)$$

根据终值定理和式(3-44),求得在扰动作用下的稳态误差为

$$e_{ssn}=\lim_{s\to 0}sE_n(s)=-\frac{sG_2(s)}{1+G_1(s)G_2(s)H(s)}N(s) \qquad (3-45)$$

特别提示

注意:式(3-45)是输出端定义的误差信号。

从输入端定义误差,系统如图 3.22 所示,由扰动信号 $n(t)$ 作用下的误差函数为

$$E_n(s)=\frac{-G_2(s)H(s)}{1+G_1(s)G_2(s)H(s)}N(s) \qquad (3-46)$$

稳态误差为

$$e_{ssn}=\lim_{s\to 0}s\frac{-G_2(s)H(s)}{1+G_1(s)G_2(s)H(s)}N(s) \qquad (3-47)$$

由以上可知，扰动信号作用下产生的稳态误差 e_{ssn} 除了与扰动信号的形式有关外，还与扰动作用点之前(扰动点与误差点之间)的传递函数的结构及参数有关，但与扰动作用点之后的传递函数无关。

【例 3.6】 系统如图 3.22 所示，若 $G_1(s)=K_1$，$G_2(s)=\dfrac{K_2}{s(Ts+1)}$，$H(s)=1$，$N(s)=1/s$，则稳态误差为

$$e_{ssn}=\lim_{s\to0}s\frac{-G_s(s)H(s)}{1+G_1(s)G_2(s)H(s)}N(s)=-\frac{1}{K_1}$$

扰动作用点之间的增益 K_1 越大，扰动产生的稳态误差越小，而稳态误差与扰动作用点之后的增益 K_2 无关。

【例 3.7】 系统如图 3.22 所示，若 $G_1(s)=K_1/s$，$G_2(s)=\dfrac{K_2}{Ts+1}$，$H(s)=1/s$，则扰动信号产生的稳态误差

$$e_{ssn}=\lim_{s\to0}s\frac{-G_s(s)H(s)}{1+G_1(s)G_2(s)H(s)}N(s)=0$$

比较上述两例可以看出，扰动信号作用下的 e_{ssn} 与扰动信号作用点之后的积分环节无关，而与误差信号到扰动点之间的前向通路中的积分环节有关，要想消除稳态误差，应在误差信号到扰动点之间的前向通路中增加积分环节。

为了减小系统的给定稳态误差或扰动稳态误差，一般经常采用的方法，是提高开环传递函数中的串联积分环节的阶次 v，或增大系统的开环放大系数 K。但是 v 值一般不超过 2，K 值也不能任意增大，否则系统将不稳定。为了进一步减小给定稳态误差或扰动稳态误差，可以采用补偿的方法。所谓补偿是指作用于控制对象的控制信号中，除了偏差信号外，还引入与扰动或给定量有关的补偿信号，以提高系统的控制精度，减小误差。这种控制称为复合控制或前馈控制，将在第 6 章中介绍这种方法。

二阶系统

扩展题解答

3.7 习题精解及 MATLAB 工具和案例分析

3.7.1 习题精解

【例 3.8】 某典型二阶系统的单位阶跃响应如图 3.24 所示。试确定系统的闭环传递函数。

解： 此时系统闭环传递函数形式应为

$$\Phi(s)=\frac{K_\Phi\omega_n^2}{s^2+2\xi\omega_ns+\omega_n^2} \tag{3-48}$$

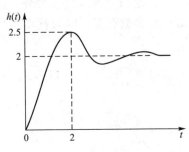

图 3.24　单位阶跃响应

由阶跃响应曲线有

$$\begin{cases} h(\infty)=\lim_{s\to0}s\Phi(s)R(s)=\lim_{s\to0}s\Phi(s)\cdot\dfrac{1}{s}=K_\Phi=2 \\[2mm] t_p=\dfrac{\pi}{\omega_n\sqrt{1-\xi^2}}=2 \\[2mm] \sigma\%=\mathrm{e}^{-\xi\pi/\sqrt{1-\xi^2}}=\dfrac{2.5-2}{2}=25\% \end{cases}$$

联立求解得

$$\begin{cases} \xi=0.404 \\ \omega_n=1.717 \end{cases}$$

所以有

$$\Phi(s)=\frac{2\times1.717^2}{s^2+2\times0.404\times1.717s+1.717^2}=\frac{5.9}{s^2+1.39s+2.95}$$

特别提示：

注意：二阶闭环系统的标准形式是式（3-3），但对图 3.24 所示的单位阶跃响应曲线形式，因为稳态值不是 1，故应设为一般形式即式（3-48）。

【评注】　对于典型二阶系统 $\Phi(s)=\dfrac{\omega_n^2}{s^2+2\xi\omega_ns+\omega_n^2}$，其性能指标与 ξ、ω_n 是一一对应的，已知性能指标可以求出 ξ 和 ω_n，同理已知 ξ 和 ω_n 也可以得到性能指标。

【例3.9】　已知一单位反馈控制系统如图 3.25 所示，问：

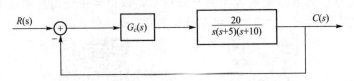

图 3.25　单位反馈控制系统

（1）$G_c(s)=1$ 时，闭环系统是否稳定？

（2）$G_c(s)=\dfrac{K_P(1+s)}{s}$，闭环系统稳定的条件是什么？

解：（1）闭环特征方程为

$$s(s+5)(s+10)+20=0$$
$$s^3+15s^2+50s+20=0$$

列其劳斯表如下：

s^3	1	50
s^2	15	20
s^1	$(750-20)/15$	
s^0	20	

第一列均为正值，s 全部位于左半平面，故该系统稳定。

【评注】 对于三阶系统,不列劳斯表也可以判断稳定性,由本例可以看出,只要特征方程的各项系数均大于零,且中间两项大于两边两项的乘积,系统就是稳定的。

(2) 开环传递函数为

$$G(s) = \frac{K_P(1+s)}{s} \cdot \frac{20}{s(s+5)(s+10)}$$

闭环特征方程为

$$s^2(s+5)(s+10) + 20K_p(s+1) = 0$$
$$s^4 + 15s^3 + 50s^2 + 20K_p s + 20K_p = 0$$

列其劳斯表如下:

s^4	1	50	$20K_p$
s^3	15	$20K_p$	0
s^2	$(750-20K_p)/15$	$20K_p$	
s^1	$\dfrac{(750-20K_p)/15 \cdot 20K_p - 15 \cdot 20K_p}{(1/15)(750-20K_p)}$		
s^0	$20K_p$		

欲使系统稳定,第一列的系数必须全为正值,即 $K_P > 0$,且

$$750 - 20K_p > 0 \Rightarrow K_p < 37.5$$

$$\frac{20K_p[(750-20K_p)/15 - 15]}{(750-20K_p)/15} > 0 \Rightarrow \frac{750-20K_p}{15} - 15 > 0 \Rightarrow 525 - 20K_p > 0$$

$$\Rightarrow K_p < 26.5$$

所以由此得出系统稳定的条件为 $0 < K_P < 26.5$。

【例 3.10】 设一随动系统如图 3.26 所示,要求系统的超调量为 0.2,峰值时间 $t_p = 1s$,求:

(1) 增益 K 和速度反馈系数 τ。

(2) 根据所求的 K 和 τ 值,计算该系统的上升时间 t_r、t_S、t_d。

解:(1) 由

$$\sigma = e^{-\frac{\xi\pi}{\sqrt{1-\xi^2}}} = 0.2$$

得

$$\xi = \frac{\ln\left(\frac{1}{\sigma}\right)}{\sqrt{\pi^2 + \left(\ln\frac{1}{\sigma}\right)^2}} = 0.456$$

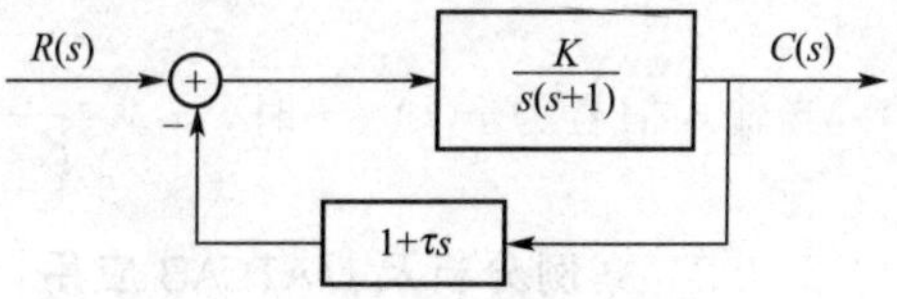

图 3.26 随动系统

$$t_p = \frac{\pi}{\omega_d} = 1s$$

$$\omega_d = \pi = 3.14 \text{rad/s}$$

因 $\omega_d = \omega_n\sqrt{1-\xi^2}$,故 $\omega_n = \dfrac{\omega_d}{\sqrt{1-\xi^2}} = \dfrac{3.14}{\sqrt{1-0.456^2}} \text{rad/s} = 3.53 \text{rad/s}$

系统的闭环传递函数为

故可得

$$\Phi(s) = \frac{C(s)}{R(s)} = \frac{K}{s^2 + s + K\tau s + K} = \frac{K}{s^2 + (1+K\tau)s + K}$$

$$K = \omega_n^2 = 3.53^2 = 12.46$$

因 $2\xi\omega_n = 1 + K\tau$，故

$$\tau = \frac{2\xi\omega_n - 1}{K} = \frac{2 \times 0.456 \times 3.53 - 1}{12.46} = 0.178$$

（2）系统上升时间计算如下：

$$t_r = \frac{\pi - \beta}{\omega_d} = \frac{3.14 - \arccos\xi}{3.14} = \frac{3.14 - 1.097}{3.14}\text{s} = 0.65\text{s}$$

$$\begin{cases} t_s = \dfrac{3.5}{\xi\omega_n}\left(\dfrac{3}{\xi\omega_n}\right) = \dfrac{3.5}{0.456 \times 3.53}\text{s} = 2.17\text{s} \quad (\Delta = 0.05) \\[4mm] t_s = \dfrac{4.5}{\xi\omega_n}\left(\dfrac{4}{\xi\omega_n}\right) = \dfrac{4.5}{0.456 \times 3.53}\text{s} = 2.80\text{s} \quad (\Delta = 0.02) \end{cases}$$

$$t_d = \frac{1 + 0.7\xi}{\omega_n} = \frac{1 + 0.7 \times 0.456}{-3.53}\text{s} = 0.37\text{s}$$

【例 3.11】 已知单位反馈控制系统的开环传递函数如下，当输入信号分别为 $r(t) = 1(t)$ 和 $r(t) = t$ 时，试求系统的稳态误差。

$$G_0(s) = \frac{200}{s(s+2)(s+10)}$$

解： 首先判断系统得稳定性。系统的特征方程为 $s(s+2)(s+10) + 200 = 0$，即 $s^3 + 12s^2 + 20s + 200 = 0$，由劳斯判据可知，系统稳定。系统为 Ⅰ 型系统，$K = 10$。

静态位置误差系数

$$K_p = \lim_{s \to 0} G_0(s) = \lim_{s \to 0} \frac{K}{s} \to \infty$$

静态速度误差系数

$$K_v = \lim_{s \to 0} sG_0(s) = 10$$

当输入信号为 $r(t) = 1(t)$ 时，$e_{ss} = \dfrac{1}{1 + K_p} = 0$

当输入信号为 $r(t) = t$ 时，$e_{ss} = \dfrac{1}{K_v} = \dfrac{1}{10} = 0.1$

3.7.2 案例分析及 MATLAB 应用

在本章引言中提到的计算机磁盘读取控制系统，在第 2 章已经建立了它的数学模型。磁盘驱动器必须保证磁头的精确位置，并减小参数变化和外部振动对磁头定位造成的影响。作用在磁盘驱动器的扰动包括物理振动、磁盘转轴轴承的磨损和摆动，以及元器件老化引起的参数变化等。图 1.1 为磁盘驱动系统的示意图，考虑扰动的作用并根据第 2 章中表 2-1 所给的参数，可得到如图 3.27 所示的磁盘驱动器磁头控制系统的结构图。

现在讨论放大器增益 K_a 值的选取对系统在单位阶跃信号作用下的动态响应、稳态误差以及抑制扰动能力的影响。

（1）选取 K_a 值，讨论系统在单位阶跃信号作用下的动态响应、稳态误差。

设 $N(s) = 0$，$R(s) = 1/s$，误差信号为

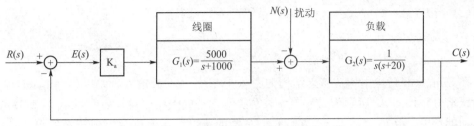

图 3.27 磁盘驱动器磁头控制系统结构图

$$E(s) = \frac{1}{1 + K_a G_1(s) G_2(s)} R(s)$$

所以

$$\lim_{t \to \infty} e(t) = \lim_{s \to 0} s \left[\frac{1}{1 + K_a G_1(s) G_2(s)} \right] \frac{1}{s} = 0$$

表明系统在单位阶跃输入作用下的稳态跟踪误差为零，与 K_a 无关。

在 Simulink 仿真环境中，构造仿真结构图如图 3.28 所示，输入 $r(t)$ 是单位阶跃信号，扰动 $n(t) = 0$。k_a 分别等于 8 和 40 时，误差阶跃响应和输出阶跃响应仿真结果如图 3.29 和图 3.30 所示。由此看出系统对单位阶跃输入的误差为零，当 $k_a = 40$ 时，单位阶跃响应速度明显加快，当 k_a 再增大时响应将出现较大的振荡。

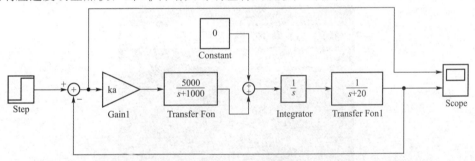

图 3.28 仿真结构图

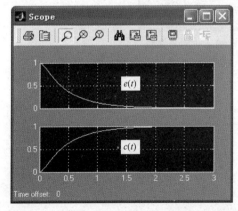

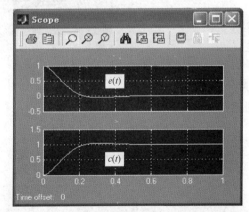

图 3.29 $k_a = 8$ 时误差阶跃响应和输出阶跃响应   图 3.30 $k_a = 40$ 时误差阶跃响应和输出阶跃响应

注：在 Simulink 仿真环境中如何建立仿真结构图的问题，将在第 9 章讲解，亦可参考其他相关书籍。

(2) 当 $R(s)=0$，$N(s)=1/s$ 时，系统对 $N(s)$ 的输出为

$$C(s)=-\frac{G_2(s)}{1+K_aG_1(s)G_2(S)}N(s)$$

在 Simulink 环境中构造仿真结构如图 3.31 所示，此时输入 $r(t)=0$，扰动 $n(t)$ 是单位阶跃信号。图 3.32 所示为 $k_a=100$ 时系统对扰动的响应曲线，表明当 k_a 较大时可以减少扰动的影响，但 k_a 增大至 80 以上时，系统的单位阶跃响应会出现较大的振荡，因此，有必要研究其他的控制方式，以使系统响应能够满足既快速又不振荡的要求。

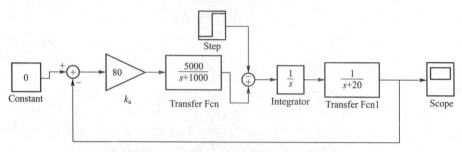

图 3.31 $k_a=80$ 时系统对扰动的仿真模型

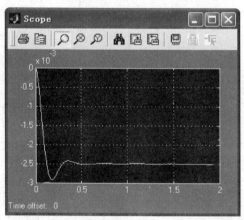

图 3.32 $k_a=100$ 时系统对扰动的响应曲线

(3) 为使磁头控制系统的性能满足设计指标要求，可以加入速度反馈传感器，其结构图如图 3.33 所示，图中 $G_1(s)=\dfrac{5000}{+1000}$，适当选择放大器 k_a 和速度传感器传递系数 k_1 的数值可以使系统的性能得到改善。

速度传感器开关闭合时，系统中加入了速度反馈，此时闭环系统的传递函数为

$$\frac{C(s)}{R(s)}=\frac{k_aG_1(s)G(s)}{1+k_aG_1(s)G(s)(1+k_1s)}$$

$$=\frac{5000k_a}{s^3+1020s^2-(2000+5000k_ak_1)s+5000k_a}$$

于是该闭环系统的特征方程为

$$s^3+1020s^2-(2000+5000k_ak_1)s+5000k_a=0$$

根据劳斯判据，列写劳斯表可以得到该系统稳定时应满足的条件如下

$$1020(20000+5000k_ak_1-5000k_a)-5000k_a>0$$

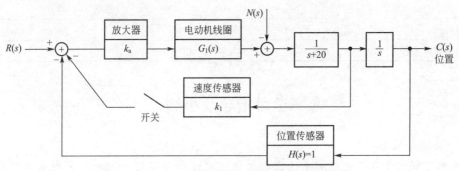

图 3.33 带速度反馈的磁盘驱动读取系统结构图

在 Simulink 中构造的仿真模型如图 3.34 所示，此时输入 $r(t)=1$，$n(t)=0$，$k_a=100$，$k_1=0.035$，此时系统响应曲线如图 3.35 所示。当输入 $r(t)=0$，$n(t)=1$ 时，系统对单位扰动的响应曲线如图 3.36 所示。由此可以得到满足要求的性能指标如表 3-3 所列（误差带取 2%）。后面还将针对这个系统进行更深入的讨论。

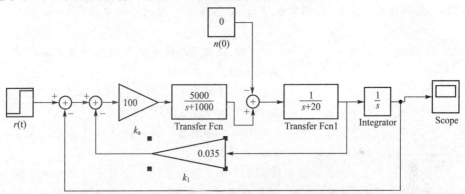

图 3.34 带速度反馈的磁盘驱动读取系统仿真结构图

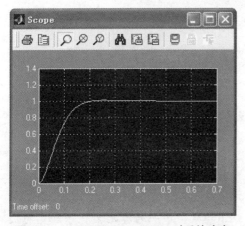

图 3.35 $k_a=100$，$k_1=0.035$ 时系统响应

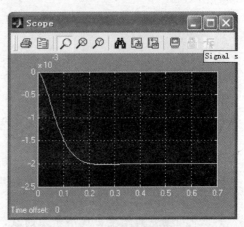

图 3.36 $k_a=100$，$k_1=0.035$ 时系统对单位扰动的响应

表 3-3 带速度反馈的磁盘驱动器系统的性能指标

性能指标	要求值	实际值
超调量	<5%	1%
调节时间	<250ms	180ms
单位扰动最大响应	<0.005	−0.0021

学习指导及小结

1. 关于时域分析

时域分析是通过直接求解系统在典型输入信号作用下的时域响应来分析系统的性能的。通常是以系统阶跃响应的超调量、调节时间和稳态误差等性能指标来评价系统性能的优劣。

许多自动控制系统经过参数整定和调试，其动态特征往往近似于一阶系统或二阶系统。因此一、二阶系统的理论分析结果，常常是高阶系统的基础。

2. 系统动态性能指标计算

（1）一阶系统特征参数（时间常数 T）、动态指标 t_s 之间的关系为

$$t_s = 3T$$

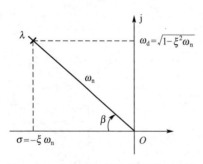

图 3.37 欠阻尼二阶系统复极点位置

（2）欠阻尼二阶系统复极点位置的表示方法及其关系如图 3.37 所示。

（3）了解欠阻尼二阶系统特征参数（ω_n、ξ）与动态指标（t_s、t_p、$\sigma\%$）之间的关系。

（4）了解典型二阶系统其动态性能随极点位置变化的规律。

（5）如果高阶系统中含有一对闭环主导极点，则该系统的瞬态响应就可以近似地用这对主导极点所描述的二阶系统来表征。

3. 稳定性问题

1）稳定性

若系统受扰动偏离了平衡状态，当扰动消除后系统能够恢复到原来的平衡状态，则称该系统稳定，反之称系统是不稳定的。

2）系统稳定的充分必要条件

系统闭环特征方程的所有根都具有负的实部或所有闭环特征根均位于左半 s 平面。

3）代数稳定判据

必要条件：闭环特征多项式各项系数均大于零。

劳斯判据：由系统特征方程各项系数列写劳斯表，如果劳斯表中第一列元素全部为正，则该系统稳定。

如果表中第一列元素出现小于零的数，则系统不稳定；第一列各元素符号改变的次数，就是特征方程正实部根的个数。

4）与稳定性相关的几个问题

系统的稳定性只与系统自身结构参数有关，与初始条件和外作用的幅值无关，系统的稳定性只取决于系统的特征值（极点）而与系统零点无关。

4. 稳态误差计算

1）稳态误差

稳态误差是系统的稳态指标，是对系统稳态控制精度的度量。

2）计算稳态误差的一般方法

（1）判定系统的稳定性（只有稳定系统求 e_{ss} 才有意义）。

（2）按误差定义求出系统误差传递函数公式；利用终值定理计算稳态误差（对于给定输入的稳态误差与扰动输入的稳态误差应叠加）。

3）稳态误差系数法

（1）判定系统稳定性。

（2）确定系统开环增益 K 及系统型别，求稳态误差系数。

（3）利用稳态误差系数法对应的稳态误差公式表计算 e_{ss} 的值。

（注意：掌握稳态误差系数法的适用条件；系统必须稳定；误差是按输入端定义的；输入信号不能有其他的前向通路；只能用于计算控制输入时的稳态误差。）

4）与稳态误差相关的几个问题

（1）稳态误差不仅与系统自身的结构参数有关，还与输入作用的大小、形式、作用点有关。

（2）在主反馈点到干扰作用点之间的前向通路上增大放大倍数、增加积分环节可以同时减小 $r(t)$ 和干扰 $n(t)$ 作用下的稳态误差。但注意必须以保证系统稳定为前提。

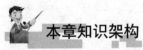本章知识架构

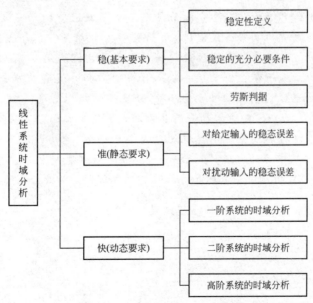

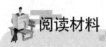

阅读材料

稳定性理论及其控制理论的早期发展

自动控制理论是随着自动控制技术而产生和发展的，而自动控制技术则是人类长期以来社会活动的产物，特别是工业生产和军事活动的产物。

自动控制技术最初产生于18世纪60年代。俄国人波尔祖诺夫于1765年发明了控制锅炉水位的自动装置，用浮筒与杠杆操纵蒸汽锅炉的进水阀门以调节锅炉水位；英国人瓦特(J. Watt)于1768年发明了飞球调速器，利用蒸汽机飞轮带动的金属飞球的离心力操纵蒸汽机的进汽阀门以控制蒸汽机的转速。因为蒸汽机是当时工业革命的重要原动机，所以这些发明对于当时的社会进步产生了巨大的影响。有人估计，1868年时仅英国本土就有75000台采用瓦特飞球调速器的蒸汽机在运行。自动控制技术对当时工业生产的作用可想而知。

生产的发展与社会的需求总是推动科学的进步。当时蒸汽机在运行中普遍并频繁地发生一种被称作"猎振"(hunting)的现象，就是蒸汽机的转速时快时慢，发生周期性的变化。今天人们知道这是闭环系统不稳定的结果。但在当年，人们为消灭这种神秘的"猎振"，致力于长期摸索改进蒸汽机的制造工艺，如减少摩擦等，结果是都无济于事。而且，当时在采用恒值调速系统的天文望远镜中也发现了类似现象。正是这些问题推动了最初的自动控制理论的产生和发展。麦克斯韦(J. C. Maxwell)于1868年首先应用天体力学分析和解释"猎振"现象。他指出，在控制系统的平衡点的邻域内，运动可以用线性微分方程描述，由此可以根据特征方程的根的位置判断系统的稳定性。维什聂格拉茨基于1876—1877年进一步指出，由于工艺进步，使蒸汽机的机械摩擦减小，飞轮尺寸缩小(因而系统的惯性减小)，飞球加重(为了带动更重的气门)，而这些都不利于闭环系统的稳定性。他还提出了为改进系统稳定性而要求工程参数遵守的一套规则。1877年劳斯(E. J. Routh)提出了稳定性的一种代数判据，1895年赫尔维茨(A. Hurwitz)又提出了另一种判据。后来证明，这两种稳定性代数判据是等价的。1879年，有人在飞球调速器中采用液压放大机构，从而在控制系统中引入了积分作用，这样就减小了静态误差。稍后又有人在鱼雷的深度控制系统中引入了微分反馈作用以改善系统的阻尼。可以说，在19世纪70年代，比例、积分和微分作用在控制系统中都已经存在了。当时就曾有人指出，甚至生物体内的调节系统，其机理也是与物理量(速度、温度等)的控制系统一致的。1873年，文献中开始出现"servomechanism"(伺服机构)一词。1912年，瑞典科学家达楞(Dalen)发明了用于灯塔和灯标的自动调节器，为此获得了诺贝尔奖。

习　　题

3-1　选择题

已知单位负反馈闭环系统是稳定的，其开环传递函数为 $G(s) = \dfrac{(s+2)}{s(s^2+s+1)}$，系统对

单位斜坡的稳态误差为(　　)。

A. 0.5　　　　　　　　　　　　　　　　B. 1

3-2　已知系统脉冲响应为

$$k(t)=0.0125e^{-1.25t}$$

试求系统闭环传递函数 $\Phi(s)$。

3-3　一阶系统结构图如图 3.38 所示。要求系统闭环增益 $K_\Phi=2$，调节时间 $t_s\leqslant$ 0.4s，试确定参数 K_1、K_2 的值。

3-4　设二阶控制系统的单位阶跃响应曲线如图 3.39 所示。如果该系统为单位反馈控制系统，试确定其开环传递函数。

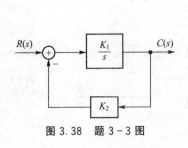

图 3.38　题 3-3 图

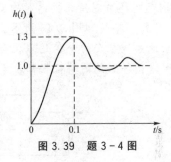

图 3.39　题 3-4 图

3-5　设角速度指示随动系统结构图如图 3.40 所示。若要求系统单位阶跃响应无超调量，且调节时间尽可能短，问开环增益 K 应取何值，调节时间 t_s 是多少？（提示：当 $\xi=1$ 时，调节时间 $t_s=4.75T$，特征根 $\lambda=-\dfrac{1}{T}$。）

3-6　图 3.41 所示为某控制系统结构图，试选择参数 K_1 和 K_2，使系统的 $\omega_n=6$，$\xi=1$。

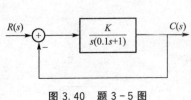

图 3.40　题 3-5 图

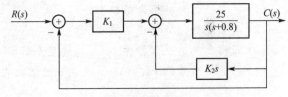

图 3.41　题 3-6 图

3-7　已知系统的特征方程如下，试判别系统的稳定性，并确定在右半 s 平面根的个数及纯虚根：

(1) $D(s)=s^5+2s^4+2s^3+4s^2+11s+10=0$

(2) $D(s)=s^5+3s^4+12s^3+24s^2+32s+48=0$

(3) $D(s)=s^5+2s^4-s-2=0$

(4) $D(s)=s^5+2s^4+24s^3+48s^2-25s-50=0$

3-8　对于图 3.42 所示系统，用劳斯(Routh)稳定判据确定系统稳定时的 k 取值范围。

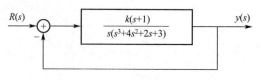

图 3.42 题 3-8 图

3-9 设单位反馈控制系统的开环传递函数为

$$G(s) = \frac{k}{(s+2)(s+4)(s^2+6s+25)}$$

试确定引起闭环系统持续振荡时的 k 值和相应的振荡频率 ω。

3-10 已知一系统如图 3.43 所示。

(1) 试求使系统稳定的 k 值的取值范围。

(2) 若要求闭环系统的特征根都位于 $s = -1$ 的直线之左,试确定 k 的取值范围。

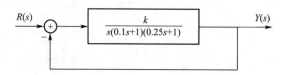

图 3.43 题 3-10 图

3-11 某控制系统的框图如图 3.44 所示,欲保证阻尼比 $\xi = 0.7$ 和响应单位斜坡函数的稳态误差为 $e_{ss} = 0.25$,试确定系统参数 K、τ。

3-12 系统结构图如图 3.45 所示。已知系统单位阶跃响应的超调量 $\sigma\% = 16.3\%$,峰值时间 $t_p = 1s$。

(1) 求系统的开环传递函数 $G(s)$。

(2) 求系统的闭环传递函数 $\Phi(s)$。

(3) 根据已知的性能指标 $\sigma\%$、t_p 确定系统参数 K 及 τ。

(4) 计算等速输入 $r(t) = 1.5\ t(°)/s$ 时系统的稳态误差。

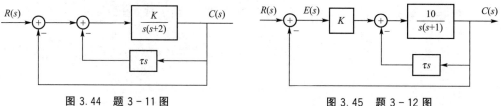

图 3.44 题 3-11 图   图 3.45 题 3-12 图

3-13 已知系统框图如图 3.46 和图 3.47 所示。

(1) 试求图 3.46 所示系统的阻尼系数并简评其动态指标。

(2) 试求若加入速度反馈成为图 3.47 所示的系统,对系统的动态性能有何影响?

(3) 欲使图 3.47 所示系统的阻尼系数 $\xi = 0.7$,应使 k 为何值?

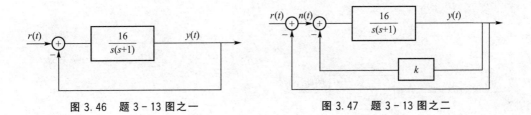

图 3.46　题 3-13 图之一　　　　　　　　图 3.47　题 3-13 图之二

3-14　单位负反馈控制系统的开环传递函数为

$$G(s) = \frac{K(s+2)}{s(s^2+s+1)}$$

(1) 试确定使系统稳定的 K 的取值范围。

(2) 求输入函数分别为单位阶跃和单位斜坡时系统的稳态误差。

3-15　图 3.48 所示的系统，$r(t)=4+6t$，$f(t)=-1(t)$。

(1) 试求系统的稳态误差。

(2) 要想减少关于扰动 $f(t)$ 的稳态误差，应提高系统中哪一部分的比例系数，为什么？

3-16　如图 3.49 所示的系统，试求：

(1) 当 $r(t)=0$，$f(t)=1(t)$ 时系统的稳态误差 e_{ss}。

(2) 当 $r(t)=1$，$f(t)=1(t)$ 时系统的稳态误差 e_{ss}。

(3) 说明要减少 e_{ss}，应如何调整 k_1 和 k_2。

(4) 在扰动 f 作用点之前加入积分单元，对稳态误差 e_{ss} 有什么影响？若在 f 作用点之后加入积分单元，结果又如何？

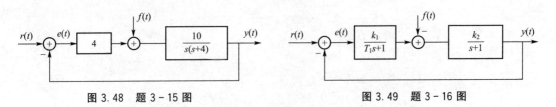

图 3.48　题 3-15 图　　　　　　　　　图 3.49　题 3-16 图

3-17　已知单位反馈系统的闭环传递函数为

$$G(s) = \frac{a_1 s + a_0}{a_n s^n + a_{n-1} s + \cdots + a_1 s + a_0}$$

试求单位斜坡函数输入和单位加速度函数输入时系统的稳态误差。

3-18　设一随动系统如图 3.50 所示，要求系统的超调量为 0.2，峰值时间 $t_p=1s$。

(1) 求增益 K 和速度反馈系数 τ。

(2) 根据所求的 K 和 τ 值，计算该系统的上升时间和调节时间。

(3) 用 MATLAB 进行验证。

3-19　某系统由典型环节组成，是单位负反馈的二阶系统，其对单位阶跃输入的响应曲线如图 3.51 所示，试求该系统的开环传递函数及其参数(此为北京理工大学 2004 年考研题)。

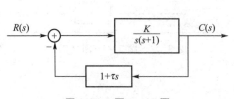

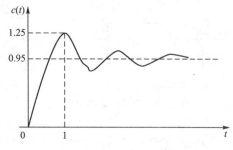

图 3.50　题 3-18 图　　　　　　　图 3.51　题 3-19 图

第 3 章习题解答　　　　　　第 3 章课件 1　　　　　　第 3 章课件 2

第 **4** 章
根 轨 迹

本章教学目标与要求

- 掌握根轨迹的概念、根轨迹相角条件与模值条件，熟悉根轨迹绘制法则，了解主导极点的概念。
- 熟练绘制以开环增益为变量的根轨迹(正反馈和负反馈)，了解参数根轨迹的含义。
- 了解控制系统性能与系统闭环传递函数零点、极点在与 s 平面分布的密切关系。初步掌握根轨迹分析法在控制系统分析与设计中的应用。
- 了解利用根轨迹估算阶跃响应的性能指标。

引 言

　　设计磁盘驱动器系统可以练习如何进行折中和优化。磁盘驱动器必须保证磁头的精确位置，并减小参数变化和外部振动对磁头定位造成的影响。机械臂和支撑簧片将在外部振动的频率点上产生共振。对驱动器产生的干扰包括物理振动、磁盘转轴的磨损和摆动，以及元器件老化引起的参数变化等。第 3 章已经讨论了磁盘驱动器对干扰和参数变化的响应特性，讨论调整放大器增益 K_a 时，系统对阶跃信号的瞬态响应和稳态误差，以及加入速度反馈传感器时，调整放大器增益 K_a 和速度传感器传递系数 K_1 时，系统对阶跃信号的瞬态响应和稳态误差。如果用 PID 控制器来代替原来的放大器，如何使磁头定位更加准确？多长时间能到达预定的位置(应满足动态性能指标)？需要满足的必要条件是什么(保持系统稳定)？这些问题就是本章要研究的问题。

　　第 3 章讨论了对控制系统数学模型进行分析的时域分析法，本章继续学习对控制系统数学模型的分析方法——根轨迹分析法。

4.1 根轨迹的基本概念

1948 年，W. R. Evans 根据反馈控制系统开、闭环传递函数之间的内在联系，提出一种由系统开环零点、极点的分布确定闭环系统特征方程根的图解方法——根轨迹法。这是一种由分析开环系统零点、极点在复平面上的分布出发，用图解表示特征方程的根与开环系统某个或几个参数之间全部关系的方法，它不仅适用于单回路系统，而且也可用于多回路系统。它已成为经典控制理论的基本方法之一，在工程上得到了广泛的应用。

4.1.1 根轨迹的概念

根轨迹指的是系统某个参数(如根轨迹增益 K^* 或开环零点、极点)变化时，闭环特征根在 s 平面上移动的轨迹。

下面结合图 4.1 所示系统，说明根轨迹的基本概念。

系统开环传递函数为

$$G(s) = \frac{2K}{s(s+2)} \tag{4-1}$$

系统的闭环传递函数为

$$\Phi(s) = \frac{C(s)}{R(s)} = \frac{2K}{s^2 + 2s + 2K} \tag{4-2}$$

闭环特征方程为

$$s^2 + 2s + 2K = 0 \tag{4-3}$$

视频【根轨迹概念】

闭环特征根为

$$s_1 = -1 + \sqrt{1-2K}, \quad s_2 = -1 - \sqrt{1-2K}$$

式(4-3)表明，特征方程的根随着变量 K 的变化而变化，如果令 K 从零变化到无穷大，可以用解析的方法求出闭环系统极点的全部数值，将这些数值在 s 平面上标出，并用光滑的线连接，如图 4.2 所示，图中的粗实线为根轨迹，箭头表示随着 K 值的增加，根轨迹的变化趋势，而标注的数值为代表与闭环极点位置相应的 K 值。

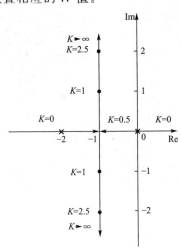

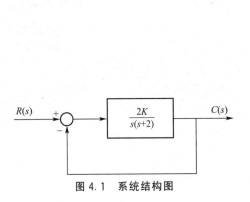

图 4.1 系统结构图

图 4.2 根轨迹图

对图 4.1 所示的例子,在推导特征根和可调参数之间的关系时,根轨迹可用解析法绘制。但对于高阶系统,很难写出特征根与参数之间关系的数学表达式。控制系统分析法的关键就是要有一种简单、实用的根轨迹绘制方法,以便在特征方程根的解析表达式不易写出时,利用根轨迹图分析控制系统的性能。

4.1.2 根轨迹的条件

闭环控制系统如图 4.3 所示,其闭环传递函数为

$$\Phi(s) = \frac{C(s)}{R(s)} = \frac{G(s)}{1 + G(s)H(s)} \quad (4-4)$$

特征方程式为

$$1 + G(s)H(s) = 0 \quad (4-5)$$

或

$$G(s)H(s) = -1 \quad (4-6)$$

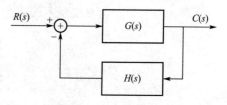

满足式(4-5)或式(4-6)的 s 点均为闭环系统的特征根(闭环极点),反过来,根轨迹上的所有点均必须满足式(4-5)或式(4-6)。式(4-5)或式(4-6)称为根轨迹的基本方程。

图 4.3 闭环控制系统

式(4-6)中 $G(s)H(s)$ 为系统的开环传递函数,一般情况下开环传递函数写成零、极点形式为

$$G(s)H(s) = K^* \frac{\prod\limits_{j=1}^{m}(s - z_j)}{\prod\limits_{i=1}^{n}(s - p_i)} \quad (4-7)$$

闭环特征方程为

$$G(s)H(s) = K^* \frac{\prod\limits_{j=1}^{m}(s - z_j)}{\prod\limits_{i=1}^{n}(s - p_i)} = -1 \quad (4-8)$$

式中: $z_j(j=1, 2, \cdots, m)$、$p_i(i=1, 2, \cdots, n)$ 分别为控制系统的开环零点和极点,它们可以是复数范围内的任何数。开环传递函数分子有理式的阶数是 m,分母有理式的阶数是 n。当系统的开环传递函数写成上述形式时,K^* 为变量,称为根轨迹增益,其值从零变化到无穷大。

系统的开环传递函数还可以写成下述时间常数的形式:

$$G(s)H(s) = K \frac{\prod\limits_{j=1}^{m}(\tau_j s + 1)}{\prod\limits_{i=1}^{n}(T_i s + 1)} \quad (4-9)$$

式中，K 称为系统的开环增益。注意 K 和 K^* 的区别，比较式(4-7)同式(4-9)有

$$K = K^* \frac{\prod\limits_{j=1}^{m}(-z_j)}{\prod\limits_{i=1}^{n-\vartheta}(-p_i)} \qquad (4-10)$$

无开环零点时取 $\Pi z_j = 1$，p_i 不计零值开环极点，ϑ 为零值开环极点数目。

绘制根轨迹的基本方法就是根据系统的开环零点、极点以及根轨迹增益 K^* 来获得系统闭环极点的轨迹。因此，通常用式(4-8)所示的具有开环零点、极点形式的开环传递函数来绘制根轨迹。式(4-8)称为系统的根轨迹方程。

因为 $G(s)H(s)$ 为复变量 s 的函数，式(4-8)可表示成模值方程和相角方程为

$$K^* \frac{\prod\limits_{j=1}^{m}|s-z_j|}{\prod\limits_{i=1}^{n}|s-p_i|} = 1 \qquad (4-11)$$

$$\sum_{j=1}^{m}\angle(s-z_j) - \sum_{j=1}^{n}\angle(s-p_i) = \pm(2k+1)\pi \qquad (4-12)$$

式中：$k = 0, 1, 2, \cdots$。

复平面上的 s 点如果是闭环极点，那么它与开环零点、极点所组成的向量必须满足式(4-11)的模值条件和式(4-12)的相角条件。

从式(4-11)和式(4-12)可以看出，根轨迹的模值增益条件与根轨迹增益 K^* 有关，而相角条件与 K^* 无关。相角条件是确定 s 平面上根轨迹的充分必要条件，就是说，绘制根轨迹时，可用相角条件确定轨迹上的点，用模值条件确定根轨迹上该点对应的 K^* 值。

4.2　绘制系统根轨迹的基本法则

4.1 节介绍了根轨迹的基本概念、根轨迹的条件和用解析法绘制根轨迹的方法。利用解析法绘制根轨迹对于低阶系统是可行的，但对于高阶系统，绘制过程是很烦琐的，不便于实际应用。

本节先讨论以根轨迹增益 K^* 作为参变量时的 180°和 0°等相角根轨迹的绘制规则，然后介绍系统其他参数作为参变量时的根轨迹绘制方法。

4.2.1　180°根轨迹的绘制规则

负反馈控制系统的典型结构图如图4.3所示。其开环传递函数和根轨迹方程式分别如式(4-7)和式(4-8)所示。当根轨迹增益 K^* 大于零时，根轨迹的幅值条件和相角条件分别如式(4-11)和式(4-12)所示。这种情况下绘制的根轨迹称为 180°根轨迹，下面讨论绘制 180°等相角根轨迹的基本规则。

微课【180°绘制规则】

　　规则 1　在 s 平面上将系统所有的开环零点以"○"表示，开环极点以"×"表示。

规则 2 关于根轨迹的分支数、起点和终点。根轨迹的分支数（闭环极点数）与开环有限零点数 m 和有限极点数 n 中的较大者相等，它们是连续的并且对称于实轴。根轨迹的分支起始于开环极点，终止于开环零点。

分支：指当 K^* 从零到无穷大变化时，闭环极点在 s 平面上所形成的轨迹；

起点：指对应于根轨迹上 $K^* = 0$ 的点；

终点：指对应于根轨迹上 $K^* = \infty$ 的点。

证明： 按定义，根轨迹是开环系统某一参数从零变到无穷大时，闭环特征方程式的根在 s 平面上的变化轨迹。因此，根轨迹的分支数必与闭环特征方程式根的数目一致。将上一节中闭环特征方程式(4-8)整理后得

$$K^* \prod_{j=1}^{m}(s-z_j) + \prod_{i=1}^{n}(s-p_i) = 0 \qquad (4-13)$$

式中：K^* 可以从零变化到无穷大。

从式(4-13)可见，闭环特征方程根的数目就等于 m 和 n 中的较大者，所以根轨迹的分支数必与开环有限零点、极点数中的较大者相同。

由于闭环特征方程中的某些系数为根轨迹增益 K^* 的函数，所以当 K^* 从零变化到无穷大且连续变化时，特征方程的某些系数也随之而连续变化，因而特征方程式根的变化也必然是连续的，故根轨迹具有连续性。

根轨迹必对称于实轴的原因是显然的，因为闭环特征方程式的根只有实根和复根两种，实根位于实轴上，复根必共轭，而根轨迹是根的集合，因此根轨迹对称于实轴。根据对称性，只需做出上半 s 平面的根轨迹部分，然后利用对称关系就可以画出下半 s 平面的根轨迹部分。

由式(4-13)可知：当 $K^* = 0$ 时，有 $s = p_i(i = 1, 2, \cdots, n)$，说明 $K^* = 0$ 时，闭环特征方程式的根就是开环传递函数 $G(s)H(s)$ 的极点，所以根轨迹必起始于开环极点。

将特征方程式(4-13)改写成如下形式：

$$\prod_{j=1}^{m}(s-z_j) + \frac{1}{K^*}\prod_{i=1}^{n}(s-p_i) = 0$$

当 $K^* = \infty$ 时，由上式可得 $s = z_j(j = 1, 2, \cdots, m)$，所以根轨迹必终于开环零点。

在实际系统中，开环传递函数分子多项式次数 m 与分母多项式次数 n 之间，满足不等式 $m \leqslant n$，因此有 $n - m$ 条根轨迹的终点将在无穷远处。当 $s \to \infty$ 时，式(4-13)的模值关系可以表示为

$$K^* = \lim_{s \to \infty} \frac{\prod\limits_{i=1}^{n}|s-p_i|}{\prod\limits_{j=1}^{m}|s-z_j|} = \lim_{s \to \infty}|s|^{n-m} \to \infty \qquad (n > m)$$

在绘制其他参数变化的根轨迹时，可能会出现 $m > n$ 的情况。当 $K^* = 0$ 时，必有 $m - n$ 条根轨迹的起点在无穷远处，因为当 $s \to \infty$ 时，有

$$\frac{1}{K^*} = \lim_{s \to \infty} \frac{\prod\limits_{j=1}^{m}|s-z_j|}{\prod\limits_{i=1}^{n}|s-p_i|} = \lim_{s \to \infty}|s|^{m-n} \to \infty \qquad (m > n)$$

如果把无穷远处的极点看成无限极点，则同样可以说，根轨迹必起于开环极点。

规则3 关于实轴上的根轨迹。若实轴上某一线段右边的所有开环零点、极点的总个数为奇数，则这一线段就是根轨迹。

证明： 设开环零点、极点分布如图4.4所示，图中s_0是实轴上的某一测试点，φ_j（$j=1$，2，3)是各开环零点到s_0点向量的相角，θ_i（$i=1$，2，3，4)是各开环极点到s_0点向量的相角。由图4.4可见，复数共轭极点到实轴上任意一点(包括s_0)的向量相角和为2π。如果开环系统存在复数共轭零点，情况同样如此。因此，在确定实轴上的根轨迹时可以不考虑复数开环零点、极点的影响。由图4.4还可见，s_0点左边开环实数零点、极点到s_0点的向量相角为零，而s_0点右边开环实数零点、极点到s_0点的向量相角均等于π。如果令$\sum\varphi_j$代表s_0点之右所有开环实数零点到s_0点的向量相角和，$\sum\theta_i$代表s_0点之右所有开环实数极点到s_0点的向量相角和，那么s_0点位于根轨迹上的充分必要条件，为下列相角条件成立：

$$\sum\varphi_j - \sum\theta_i = (2k+1)\pi$$

式中：$2k+1$为奇数。

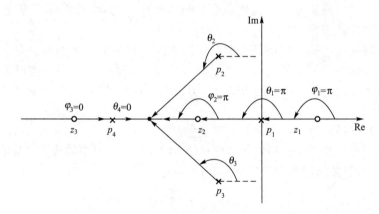

图4.4 实轴上的根轨迹

在上述相角条件中，考虑到这些相角中的每一个相角都等于π，而π与$-\pi$代表相同角度，因此减去π角相当于加上π角。于是，s_0位于根轨迹上的等效条件为

$$\sum\varphi_j + \sum\theta_i = (2k+1)\pi$$

式中：$2k+1$为奇数。于是本规则得到证明。

对于图4.5所示系统，根据本规则可知：z_1和p_1之间，z_2和p_4之间，以及z_3和$-\infty$之间的实轴部分，都是根轨迹的一部分。

规则4 关于根轨迹的渐近线。当开环有限极点数n大于有限零点数m时，有$n-m$条根轨迹分支趋于无穷远处并且无限接近于某一直线(渐近线)，且该渐近线与实轴的交点为

$$\sigma_a = \frac{\sum_{i=1}^{n} p_i - \sum_{j=1}^{m} z_j}{n-m}$$

夹角为

$$\varphi_a = \frac{(2k+1)\pi}{n-m} \quad (k=0,\ 1,\ 2,\ \cdots,\ n-m-1)$$

证明：渐近线就是 s 值很大时的根轨迹，因此渐近线也一定对称于实轴。将开环传递函数写成多项式形式，得

$$G(s)H(s) = K^* \frac{\prod\limits_{j=1}^{m}(s-z_j)}{\prod\limits_{i=1}^{n}(s-p_i)} = K^* \frac{s^m + b_1 s^{m-1} + \cdots + b_{m-1}s + b_m}{s^n + a_1 s^{n-1} + \cdots + a_{n-1}s + a_n} \quad (4-14)$$

式中：$b_1 = -\sum\limits_{j=1}^{m} z_j$，$a_1 = -\sum\limits_{i=1}^{n} p_i$。

当 s 值很大时，式（4-14）可近似为

$$G(s)H(s) = \frac{K^*}{s^{n-m} + (a_1-b_1)s^{n-m-1}}$$

由 $G(s)H(s) = -1$ 得渐近线方程为

$$s\left(1 + \frac{a_1-b_1}{s}\right)^{\frac{1}{n-m}} = (-K^*)^{\frac{1}{n-m}} \quad (4-15)$$

根据二项式定理

$$\left(1 + \frac{a_1-b_1}{s}\right)^{\frac{1}{n-m}} = 1 + \frac{a_1-b_1}{(n-m)s} + \frac{1}{2!} \times \frac{1}{n-m}\left(\frac{1}{n-m}-1\right)\left(\frac{a_1-b_1}{s}\right)^2 + \cdots$$

在 s 值很大时，近似有

$$\left(1 + \frac{a_1-b_1}{s}\right)^{\frac{1}{n-m}} = 1 + \frac{a_1-b_1}{(n-m)s} \quad (4-16)$$

将式（4-16）代入式（4-15），则渐近线方程可表示为

$$s\left(1 + \frac{a_1-b_1}{(n-m)s}\right) = (-K^*)^{\frac{1}{n-m}} \quad (4-17)$$

将 $s = \sigma + j\omega$ 代入（4-17），得

$$\left[\sigma + \frac{a_1-b_1}{n-m}\right] + j\omega = \sqrt[n-m]{K^*}\left[\cos\frac{(2k+1)\pi}{n-m} + j\sin\frac{(2k+1)\pi}{n-m}\right] (k=0,\ 1,\ \cdots,\ n-m-1)$$

令实部和虚部分别相等，可解出

$$\sqrt[n-m]{K^*} = \frac{\omega}{\sin\varphi_a} = \frac{\sigma - \varphi_a}{\cos\varphi_a}$$

$$\omega = (\sigma - \sigma_a)\tan\varphi_a \quad (4-18)$$

式中：

$$\varphi_a = \frac{(2k+1)\pi}{n-m} \quad (k=0,\ 1,\ \cdots,\ n-m-1) \quad (4-19)$$

$$\sigma_a = -\left(\frac{a_1-b_1}{n-m}\right) = \frac{\sum\limits_{i=1}^{n} p_i - \sum\limits_{j=1}^{m} z_j}{n-m} \quad (4-20)$$

在 s 平面上，式（4-18）代表直线方程，它与实轴的交角为 φ_a，交点为 σ_a。当 k 取不

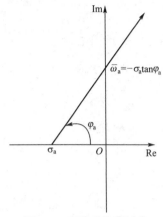

图 4.5 根轨迹的渐近线

同值时，可得 $n-m$ 条与实轴交点为 σ_a、交角为 φ_a 的一组射线，如图 4.5 所示(图中只画了一条渐近线)。

【例 4.1】 系统开环传递函数为

$$G(s)H(s)=\frac{K^*(s+1)}{s^2(s+2)(s+4)}$$

试根据已知的 4 个基本规则，确定绘制根轨迹的有关数据。

解：(1) 系统开环极点为 $p_1=0$，$p_2=0$，$p_3=-2$，$p_4=-4$，开环零点为 $z_1=-1$。将上述的开环零点、极点分别用"×""○"在 s 平面的直角坐标系中进行标注。

(2) 根轨迹的分支数有 4 条，对称于实轴，起始点为开环极点，终止点为开环零点和无穷远处。

(3) 实轴上的根轨迹段为 $[-2，-1]$ 和 $[-4，-\infty]$。

(4) 渐近线有 $n-m=3$ 条，交角为

$$\varphi_a=\begin{cases}\dfrac{(2k+1)\pi}{n-m}=\dfrac{\pi}{3} & (k=0)\\[3mm]\dfrac{(2k+1)\pi}{n-m}=\pi & (k=1)\\[3mm]\dfrac{(2k+1)\pi}{n-m}=\dfrac{5\pi}{3} & (k=2)\end{cases}$$

交点为

$$\sigma_a=\frac{\sum\limits_{i=1}^{4}p_i-z_1}{3}=\frac{0-0-2-4-(-1)}{3}=-\frac{5}{3}$$

以上数据在根轨迹图中的标注如图 4.6 所示。

规则 5 关于根轨迹在实轴上的分离点和汇合点。两条或两条以上根轨迹分支在复平面上某一点相遇后又分开，则该点称为根轨迹的分离点或汇合点。通常当根轨迹分支在实轴上相交后进入复平面时，习惯上称为该相交点为根轨迹的分离点，反之，当根轨迹分支由复平面进入实轴时，它们在实轴上的交点称为汇合点。

一般情况下，常见的根轨迹分离点是位于实轴上的两条根轨迹分支的分离点。如果根轨迹位于实轴上两个相邻开环极点之间，其中一个可以是无限极点，则在这两个极点时间至少有一个分离点；同样，如果根轨迹位于实轴上两个相邻的开环零点之间，其中一个可以是无限零点，则在这两个零点之

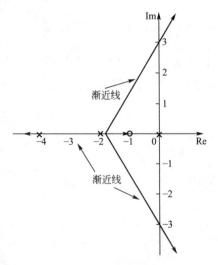

图 4.6 例 4.1 的渐近线图

间至少有一个汇合点。

分离点和汇合点的坐标为式(4-21)或式(4-22)的解：

$$A'(s)B(s)-A(s)B'(s)=0 \qquad (4-21)$$

式中：$A(s)=\prod\limits_{j=1}^{m}(s-z_j)$；$B(s)=\prod\limits_{i=1}^{n}(s-p_i)$。

或

$$\sum_{j=1}^{m}\frac{1}{d-z_j}=\sum_{i=1}^{n}\frac{1}{d-p_i} \qquad (4-22)$$

式中：z_j 为各开环零点的数值；p_i 为各开环极点的数值。

证明：根轨迹方程式为

$$G(s)H(s)=K^*\frac{\prod\limits_{j=1}^{m}(s-z_j)}{\prod\limits_{i=1}^{n}(s-p_i)}=K^*\frac{A(s)}{B(s)}=-1$$

系统的闭环特征表达式为

$$F(s)=B(s)+K^*A(s)$$

设该方程有 γ 个重根 $d(\gamma\geqslant2)$，其余互异根为 $\sigma_1,\sigma_2,\cdots,\sigma_{n-\gamma}$，重根点处的根轨迹增益为 K_d^*，则闭环特征方程表达式可以写成

$$F(s)=B(s)+K^*A(s)=(s-\sigma_1)(s-\sigma_2)\cdots(s-\sigma_{n-\gamma})(s-d)^\gamma \qquad (4-23)$$

式(4-23)对 s 求导得

$$\begin{aligned}F'(s)&=B'(s)+K^*A'(s)\\&=(s-d)^\gamma[(s-\sigma_1)(s-\sigma_2)\cdots(s-\sigma_{n-\gamma})]'+\\&\quad \gamma(s-d)^{\gamma-1}\cdot[(s-\sigma_1)(s-\sigma_2)\cdots(s-\sigma_{n-\gamma})]\end{aligned}$$

显然在重根 $s=d$ 处有

$$F(s)=0,\ F'(s)=0$$

即

$$B(s)+K_d^*A(s)=0,\ B'(s)+K_d^*A'(s)=0 \qquad (4-24)$$

由式(4-24)可得

$$A'(s)B(s)-A(s)B'(s)=0$$

$$K_d^*=-\frac{B(s)}{A(s)}\bigg|_{s=d} \qquad (4-25)$$

该规则得证。由式(4-25)可求出分离点或汇合点对应的根轨迹增益。

式(4-22)的证明从略。

需要说明的是，按式(4-21)和式(4-22)求出的根并非都是实际的分离点或者汇合点，只有位于根轨迹上的点才是实际的分离点和汇合点，具体计算时应加以判断。

【例 4.2】 已知单位反馈控制系统的开环传递函数为

$$G(s)=\frac{K(0.25s+1)}{(s+1)(0.5s+1)}$$

试计算根轨迹的分离点和汇合点，以及分离点和汇合点处的根轨迹增益。

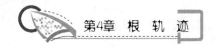

解：首先将系统写成开环传递函数零点、极点的形式如下

$$G(s)=\frac{K^*(s+4)}{(s+1)(s+2)}$$

式中：$K^*=\dfrac{K}{2}$，为根轨迹增益。

令 $A(s)=s+4$，$B(s)=(s+1)(s+2)=s^2+3s+2$，则 $A'(s)=1$，$B'(s)=2s+3$。代入 $A'(s)B(s)-A(s)B'(s)=0$ 中，得

$$s^2+8s+10=0$$

解出上式的根为 $s_1\approx-1.55$，$s_2\approx-6.45$。

根据规则 2，根轨迹在实轴上的分布为 $[-\infty,\ -4]$ 和 $[-2,\ -1]$，从而可知 s_1 是实轴上的分离点，s_2 是实轴上的汇合点。

分离点和汇合点处的根轨迹增益分别为

$$K_{d1}^*=-\frac{B(s)}{A(s)}=-\frac{(s+1)(s+2)}{s+4}\bigg|_{s=-1.55}=0.1$$

$$K_{d2}^*=-\frac{B(s)}{A(s)}=-\frac{(s+1)(s+2)}{s+4}\bigg|_{s=-6.45}=9.9$$

规则 6 关于根轨迹与虚轴的交点。若根轨迹与虚轴相交，则交点上的 K^* 值和 ω 值可用两种方法联合求得：

(1) 利用劳斯判据；

(2) 令闭环系统特征方程中的 $s=j\omega$，并令虚部和实部分别为零而求得。

证明：(1) 若根轨迹与虚轴相交，则表示闭环系统存在纯虚根，这意味着 K^* 的数值使闭环系统处于临界稳定状态。因此令劳斯表第一列中包含 K^* 的项为零，即可确定根轨迹与虚轴的交点上的 K^* 值。此外，因为一对纯虚根是数值相同但符号相异的根，所以利用劳斯表中 s^2 行的系数构成辅助方程，必可解出纯虚根的数值，这一数值就是根轨迹与虚轴交点上的 ω 值。如果根轨迹与虚轴有一个以上交点，则应采用劳斯表中幂次大于 2 的 s 偶次方行的系数构造辅助方程。

(2) 确定根轨迹与虚轴交点的另一方法是将 $s=j\omega$ 代入闭环特征方程，得到

$$1+G(j\omega)H(j\omega)=0$$

令上述方程的实部虚部分别为零，即可以解出根轨迹与虚轴交点处的 K^* 值和 ω 值。

【例 4.3】 设系统的开环传递函数为

$$G(s)H(s)=\frac{K^*}{s(s+1)(s+2)}$$

试绘制系统的根轨迹。

解：(1) 系统的开环极点为 0，-1，-2 是根轨迹各分支的起点。由于系统没有有限开环零点，三条根轨迹分支均趋向于无穷远处。

(2) 系统的根轨迹有 $n-m=3$ 条渐近线，渐近线的倾斜角为

$$\varphi_a=\frac{(2k+1)\pi}{n-m}=\frac{(2k+1)\pi}{3-0}$$

取式中的 $k=0$，1，2，得 $\varphi_a=\pi/3$，π，$5\pi/3$。

渐近线与实轴的交点为

$$\sigma_a = \frac{1}{n-m}\left[\sum_{j=1}^{n}p_j - \sum_{i=1}^{m}z_i\right] = \frac{(0-1-2)}{3} = -1$$

三条渐近线如图 4.7 中的虚线所示。

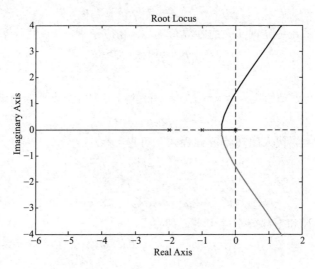

图 4.7　例 4.3 的根轨迹图

（3）实轴上的根轨迹位于原点与 -1 点之间以及 -2 点的左边，如图 4.7 中的粗实线所示。

（4）确定分离点。由式（4-21）得

$$s(s+1)(s+2)' = 0$$

$$3s^2 + 6s + 2 = 0$$

解得

$$s_1 = -0.423 \qquad s_2 = -1.577$$

由于在 -1 到 -2 之间的实轴上没有根轨迹，故 $s_2 = -1.577$，显然不是所要求的分离点。因此，两个极点之间的分离点应为 $s_1 = -0.423$。

（5）确定根轨迹与虚轴的交点。

方法一　利用劳斯判据确定。

闭环特征方程为

$$s(s+1)(s+2) + K^* = 0$$

$$s^3 + 3s^2 + 2s + K^* = 0$$

劳斯行列表为

$$
\begin{array}{ccc}
s^3 & 1 & 2 \\
s^2 & 3 & K^* \\
s^1 & \dfrac{6-K^*}{3} & \\
s^0 & K^* &
\end{array}
$$

由劳斯判据，系统稳定时 K^* 的临界值为6。相应于 $K^*=6$ 的频率可由辅助方程

$$
3s^2+K^*=3s^2+6=0
$$

确定。

解之得根轨迹与虚轴的交点为 $s=\pm\mathrm{j}\sqrt{2}$。根轨迹与虚轴交点处的频率为

$$
\omega=\pm\sqrt{2}=\pm1.41
$$

方法二 令 $s=\mathrm{j}\omega$ 代入闭环特征方程式，可得

$$
(\mathrm{j}\omega)^3+3(\mathrm{j}\omega)^2+2(\mathrm{j}\omega)+K^*=0
$$

即

$$
(K^*-3\omega^2)+\mathrm{j}(2\omega-\omega^3)=0
$$

令上述方程中的实部和虚部分别等于零，即

$$
K^*-3\omega^2=0 \qquad 2\omega-\omega^3=0
$$

所以

$$
\omega=\pm\sqrt{2} \qquad K^*=6
$$

有以上规则即可概略绘制出系统的根轨迹图。

入射角与出射角的计算

用 MATLAB 程序绘制出的根轨迹图如图 4.7 所示。

MATLAB 程序为：y=zpk([],[0 -1 -2],1);rlocus(y)

规则7 关于根轨迹的出射角和入射角。开环复极点处，根轨迹的切线与正实轴的夹角为出射角，又称起始角，以 θ_{pi} 标志；开环复零点处，根轨迹的切线与正实轴的夹角为入射角（又称终止角），以 φ_{zi} 标志。这些角度可按如下关系式求出

$$
\theta_{pi}=(2k+1)\pi+\left(\sum_{j=1}^{m}\varphi_{z_jp_i}-\sum_{\substack{j=1\\(j\neq i)}}^{n}\theta_{p_jp_i}\right) \qquad (k=0,\ \pm1,\ \pm2,\ \cdots) \quad (4-26)
$$

$$
\varphi_{zi}=(2k+1)\pi-\left(\sum_{\substack{j=1\\(j\neq i)}}^{m}\varphi_{z_jz_i}-\sum_{j=1}^{n}\theta_{p_jz_i}\right) \qquad (k=0,\ \pm1,\ \pm2,\ \cdots) \quad (4-27)
$$

证明： 设开环系统有 m 个有限零点，n 个有限极点。在十分靠近待求出射角（或入射角）的复数极点（或复数零点）的根轨迹上，取一点 s_1。由于 s_1 无限接近于求出射角的复数极点 p_i（或求入射角的复数零点 z_i），因此，除 p_i（或 z_i）外，开环零点、极点到 s_1 点的向量相角 $\varphi_{z_js_1}$ 和 $\theta_{p_js_1}$，都可以用它们到 p_i（或 z_i）的向量相角 $\varphi_{z_jp_i}$（或 $\varphi_{z_jz_i}$）和 $\theta_{p_jp_i}$（或 $\theta_{p_jz_i}$）来代替，而 p_i（或 z_i）到 s_1 点的向量相角即为出射角 θ_{pi}（或入射角 φ_{zi}）。根据 s_1 点必满足相角条件，应有

$$
\left.\begin{array}{l}
\displaystyle\sum_{j=1}^{m}\varphi_{z_jp_i}-\sum_{\substack{j=1\\(j\neq i)}}^{n}\theta_{p_jp_i}-\theta_{p_i}=(2k+1)\pi\\[6mm]
\displaystyle\sum_{\substack{j=1\\(j\neq i)}}^{m}\varphi_{z_jz_i}+\varphi_{z_i}-\sum_{j=1}^{n}\theta_{p_jz_i}=(2k+1)\pi
\end{array}\right\}
\tag{4-28}
$$

移项后即得到式（4-26）和式（4-27）。应该指出，在根轨迹的相角条件中，$(2k+1)\pi$ 与 $-(2k+1)\pi$ 是等价的，所以为了便于计算起见，在式（4-28）的右端有的用 $-(2k+1)\pi$ 表示。

【例 4.4】 设系统的开环传递函数为

$$
G(s)=\frac{K^*(s+1.5)(s+2+\mathrm{j})(s+2-\mathrm{j})}{s(s+2.5)(s+0.5+\mathrm{j}1.5)(s+0.5-\mathrm{j}1.5)}
$$

试确定根轨迹离开复数开环极点的出射角和进入复数开环零点的入射角。

解： 由给出的传递函数知，系统的开环极点为 $p_1=0$，$p_2=-2.5$，$p_3=-0.5+1.5\mathrm{j}$，$p_4=-0.5-1.5\mathrm{j}$；开环零点为 $z_1=-1.5$，$z_2=-2-\mathrm{j}$，$z_3=-2+\mathrm{j}$。

先求出射角。作各开环零点、极点到复数极点 $-0.5+1.5\mathrm{j}$ 的向量，并测出相应角度，如图 4.8（a）所示。按式（4-26）算出根轨迹在极点 $-0.5+1.5\mathrm{j}$ 处的出射角为

$$
\theta_{p_3}=180°+(\varphi_1+\varphi_2+\varphi_3)-(\theta_1+\theta_2+\theta_3)=79°
$$

根据对称性，根轨迹在极点 $-0.5-1.5\mathrm{j}$ 处的出射角为 $-79°$。

用类似的方法可算出根轨迹在复数零点 $-2+\mathrm{j}$ 处的入射角为 $149.5°$。各开环零点、极点到 $-2+\mathrm{j}$ 的向量相角如图 4.8（b）所示。

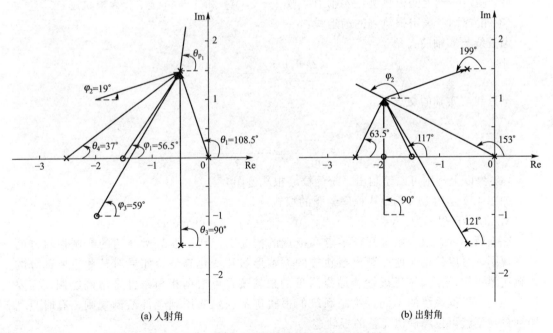

(a) 入射角　　　　　　　　　　(b) 出射角

图 4.8　例 4.4 的根轨迹的入射角和出射角

规则 8 关于闭环极点之和。系统的闭环特征方程在 $n>m$ 的一般情况下，可以有不

同形式的表示

$$\prod_{i=1}^{n}(s-p_i)+K^*\prod_{j=1}^{m}(s-z_j)=s^n+a_1s^{n-1}+\cdots+a_{n-1}s+a_n$$

$$=\prod_{i=1}^{n}(s-s_i)=s^n+\left(-\sum_{i=1}^{n}s_i\right)s^{n-1}+\cdots+\prod_{i=1}^{n}(-s_i)=0$$

式中：s_i 为闭环特征根。

当 $n-m\geqslant2$ 时，特征方程第二项系数与 K^* 无关，无论 K^* 取何值，开环 n 个极点之和总是等于闭环特征方程 n 个根之和。在开环极点确定的情况下，这是一个不变的常数。所以开环增益 K 增大时，若闭环某些根在 s 平面上向左移动，则另一部分必向右移动。

此规则对判断根轨迹的走向是很有用的。

【例 4.5】 设系统开环传递函数为

$$G(s)H(s)=K^*\frac{(s+2)}{s(s+1)(s+4)}$$

（1）试确定该系统根轨迹的分支数、起点和终点，并标示系统的起点和终点。

（2）实轴上的根轨迹。

（3）根轨迹的渐近线。

（4）规制系统的根轨迹。

解：（1）系统中分子的阶次 $m=1$，分母的阶次 $n=3$，根轨迹分支数为 3；根据规则 2，根轨迹的起点为开环极点，$p_1=0$，$p_2=-1$，$p_3=-4$ 终点为开环零点 $z_1=-2$（有限零点）和无穷零点 $z_2=\infty$，$z_3=\infty$。

（2）确定实轴上的根轨迹：实轴上区域 $[-1,0]$ 和 $[-4,-2]$ 为根轨迹。

（3）由规则 4 确定根轨迹的渐近线：

渐近线与实轴的夹角

$$\varphi_a=\frac{(2k+1)\pi}{n-m}=\frac{\pi}{2},\ -\frac{\pi}{2}$$

渐近线与实轴的交点

$$\sigma_a=\frac{\sum_{i=1}^{n}p_i-\sum_{j=1}^{m}z_j}{n-m}=\frac{-1-4+2}{2}=-\frac{3}{2}$$

（4）由以上规则可以绘制出系统的概略根轨迹图。

如图 4.9 是用 MATLAB 程序绘制的根轨迹。

MATLAB 程序为：y＝zpk([-2],[0 -1 -4],1);rlocus(y)

综上所述，在给定系统开环零点和极点的情况下，利用本节所介绍的绘制根轨迹的基本规则，可以较迅速地绘制出根轨迹的大致形状和变化趋势。如果对某些重要部分的根轨迹感兴趣，比如靠近虚轴和原点附近的根轨迹，可根据相角条件来精确绘制。需要说明的是，根据系统的不同，绘制系统的根轨迹不一定要用到全部绘制规则，有时只利用部分规则就可以绘制出完整的根轨迹。

图 4.10 所示为几种常见的开环零点、极点分布及其相应的根轨迹，供绘制概略根轨迹时参考。

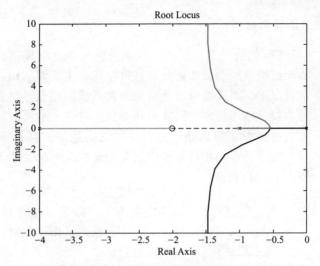

图 4.9　例 4.5 的根轨迹图

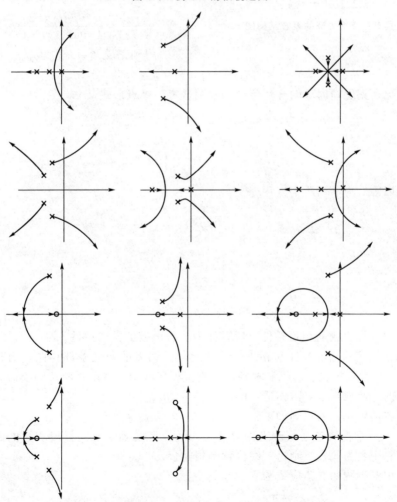

图 4.10　常见的开环零极点分布及相应的根轨迹图

4.2.2 0°根轨迹的绘制规则

自动控制系统主反馈都是负反馈,但在复杂系统中可能存在局部的正反馈回路。一

方面组成系统的某些部分本身可能具有正反馈结构;另一方面在特定的情况下,正反馈可以被用来改善系统的性能。众所周知,正反馈回路本身一般不稳定,局部闭环有位于右半s平面的极点,这时绘制的根轨迹称为0°根轨迹。还有一种情况就是控制系统为非最小相位系统,而且非最小相位系统中包含s最高次幂的系数为负的因子,根轨迹也是0°根轨迹。

微课【0°根轨迹】

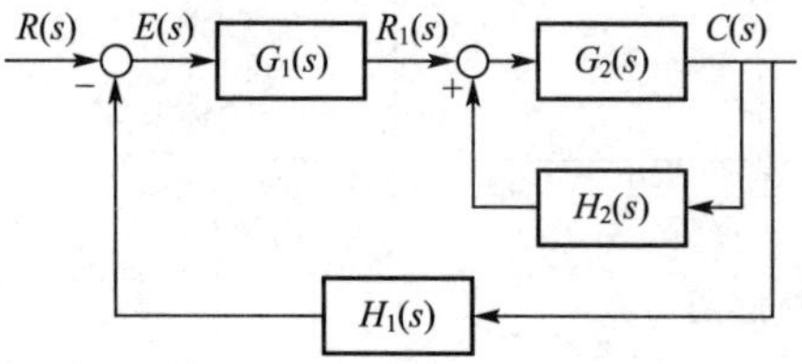

0°根轨迹的绘制方法,与180°根轨迹的绘制方法略有不同。以正反馈系统为例,如图4.11所示,其中内回路采用正反馈,这种系统通常由外回路加以稳定。

图 4.11 具有正反馈内环的系统结构图

正反馈回路的闭环系统传递函数为

$$\frac{C(s)}{R_1(s)} = \frac{G_2(s)}{1 - G_2(s)H_2(s)}$$

于是,得到正反馈系统的根轨迹方程

$$G_2(s)H_2(s) = 1$$

一般情况下正反馈内环的开环传递函数写成零、极点形式

$$G_2(s)H_2(s) = K^* \frac{\prod\limits_{j=1}^{m}(s - z_j)}{\prod\limits_{i=1}^{n}(s - p_i)}$$

上式可以等效为下列两个方程

$$\sum_{j=1}^{m}\angle(s - z_j) - \sum_{j=1}^{n}\angle(s - p_i) = 0° + 2k\pi$$

$$K^* \frac{\prod\limits_{j=1}^{m}|s - z_j|}{\prod\limits_{i=1}^{n}|s - p_i|} = 1$$

前者称为0°根轨迹的相角条件,后者称为0°根轨迹的模值条件。

与180°根轨迹的幅值条件和相角条件相比较,两者的幅值条件相同,而相角条件不同。因此,180°常规根轨迹的绘制规则,原则上可以应用于零度根轨迹的绘制,但在与相角条件相关的一些规则中,需作适当的调整。

需要调整的根轨迹的规则如下:

规则3中关于根轨迹在实轴上的分布应改为:若实轴上某一线段右边的所有开环零点、极点的总个数为偶数,则这一线段就是根轨迹。

规则4中渐近线的交角应改为

$$\varphi_a = \frac{2k\pi}{n - m} \quad (k = 0, 1, 2, \cdots, n - m - 1) \tag{4-29}$$

规则 7 中根轨迹的出射角和入射角应改为

$$\theta_{p_i} = 2k\pi + \left(\sum_{\substack{j=1}}^{m} \varphi_{z_j p_i} - \sum_{\substack{j=1 \\ (j \neq i)}}^{n} \theta_{p_j p_i} \right) \quad (k = 0, \pm 1, \pm 2, \cdots) \quad (4-30)$$

$$\varphi_{z_i} = 2k\pi - \left(\sum_{\substack{j=1 \\ (j \neq i)}}^{m} \varphi_{z_j z_i} - \sum_{j=1}^{n} \theta_{p_j z_i} \right) \quad (k = 0, \pm 1, \pm 2, \cdots) \quad (4-31)$$

除上述三个规则调整外，其他规则不变。

【例 4.6】 非最小相位系统如图 4.12 所示，试绘制该系统的根轨迹图。

解： 系统的开环传递函数为

$$G(s)H(s) = \frac{K(1-2s)}{s(s+1)} = K^* \frac{(s-0.5)}{s(s+1)}$$

式中：$K^* = -2K$。

以下根据 0° 根轨迹的绘制规则绘制根轨迹。

（规则 1）在图 4.13 中用"×"和"○"分别标识开环极点和开环零点。

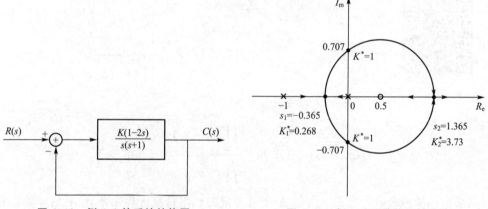

图 4.12 例 4.6 的系统结构图   图 4.13 例 4.6 系统的根轨迹图

（规则 2）根轨迹的分支数为 2；起始点为 $p_1 = 0$，$p_2 = -1$；终止点为 $z_1 = 0.5$ 和无限零点即无穷远处。

（规则 3）确定实轴上的根轨迹为 $[-1, 0]$ 和 $(0.5, +\infty)$。

（规则 4）根轨迹的渐近线为 $n - m = 1$ 条，其交角为

$$\varphi_a = \begin{cases} \dfrac{2k\pi}{n-m} = 0 & (k=0) \\[2mm] \dfrac{2k\pi}{n-m} = 2\pi & (k=1) \end{cases}$$

说明渐近线与实轴重合。

（规则 5）求根轨迹的分离点和汇合点，令 $A(s) = s - 0.5$，$B(s) = s(s+1) = s^2 + s$，则 $A'(s) = 1$，$B'(s) = 2s + 1$，代入 $A'(s)B(s) - A(s)B'(s) = 0$ 中，整理后得 $s^2 - s -$

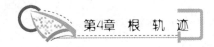

$0.5=0$，解出上式的根，即得 $s_1=-0.365$，$K_1^*=0.268$ 为分离点；$s_2=1.365$，$K_2^*=3.73$ 为汇合点。

（规则6）确定根轨迹与虚轴的交点。闭环系统特征方程为 $s^2+(1-K^*)s+0.5K^*=0$，将 $s=j\omega$ 代入该方程并整理得 $0.5K^*-\omega^2+j\omega(1-K^*)=0$，令实部、虚部分别为零，可得

$$\omega_1=0，K_1^*=0；\omega_{2,3}=\pm\sqrt{0.5}，K_{2,3}^*=1$$

即根轨迹与虚轴的交点为 $\pm\sqrt{0.5}j$，对应的临界根轨迹增益为 $K^*=1$。

系统的稳定范围为 $0<K^*<1$ 或 $0<K<0.5$。

例4.6的根轨迹图如图4.13所示。

4.2.3　参量根轨迹

上面两节介绍的根轨迹的基本绘制规则，是以根轨迹增益 K^* 作为参变量而得出的，这在实际中最常见，但有时需要研究根轨迹增益 K^* 以外的其他参数如开环零点、极点，时间常数和反馈系数等对系统性能的影响。这种对应的根轨迹称为参量根轨迹，又称广义根轨迹。

微课【参变量绘制规则】

系统的开环传递函数为

$$G(s)H(s)=K^*\frac{\prod\limits_{j=1}^{m}(s-z_j)}{\prod\limits_{i=1}^{n}(s-p_i)}$$

闭环系统的特征方程为

$$D(s)=1+G(s)H(s)=1+K^*\frac{\prod\limits_{j=1}^{m}(s-z_j)}{\prod\limits_{i=1}^{n}(s-p_i)}=1+K^*\frac{B(s)}{A(s)}=0$$

如果选择其他参数，如某一参数 A 为可变量时，用特征方程中不含 A 的项除以特征方程可得到如下形式

$$1+A\frac{P(s)}{Q(s)}=0$$

则 $A\dfrac{P(s)}{Q(s)}$ 为等效开环传递函数，即

$$G_1(s)H_1(s)=A\frac{P(s)}{Q(s)}$$

等效开环传递函数中 A 的位置与原开环传递函数中 K^* 的位置相当，这样就可按前述绘制以 K^* 为参变量的根轨迹的规则来绘制以 A 为参变量的根轨迹。

【例4.7】　已知系统开环传递函数为

$$G(s)H(s)=\frac{K(Ts+1)}{s(s+1)(s+2)}$$

试绘制 $K=6$，T 从零到无穷大变化时该系统的根轨迹。

解： 系统特征方程为

$$s^3+3s^2+2s+KTs+K=0$$

以 s^3+3s^2+2s+K 除以特征方程，得

$$1+\frac{KTs}{s^3+3s^2+2s+K}=0$$

等效开环传递函数为

$$G_1(s)H_1(s)=\frac{KTs}{s^3+3s^2+2s+K}$$

当 $K=6$ 时

$$G_1(s)H_1(s)=\frac{6Ts}{s^3+3s^2+2s+K}$$

$$=\frac{K'}{(s+3)(s^2+2)}$$

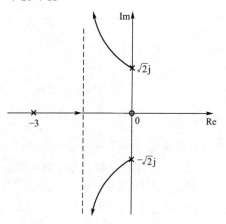

图 4.14　例 4.7 的系统的根轨迹

式中：$K'=6T$，由于 K' 所处的位置与 $G(s)H(s)$ 中 K^* 所处的位置相当，因而可以按以 K^* 为参变量绘制根轨迹的方法来绘制以 $K'=6T$ 为参变量的根轨迹。

根据前面介绍的绘制规则可得系统的根轨迹如图 4.14 所示。

4.3　用根轨迹法分析系统的性能

应用根轨迹法，可以迅速确定系统在根轨迹增益或某一其他参数变化时闭环极点的位置，从而得到相应的闭环传递函数，同时可以较为简便地计算（或估算）出系统的各项性能指标，包括系统的稳定性、瞬态和稳态性能指标。

闭环极点位于 s 平面左半平面是系统稳定的充分必要条件，据此可以根据根轨迹图来判定系统稳定的情况（根轨迹是否与虚轴相交、是否进入右半 s 平面可判定出系统的稳定性）。

系统的稳态性能即稳态误差，与系统的型别和开环增益有关，它们均可从根轨迹中得到。从而求出系统对给定输入的稳态误差。

关于系统的动态性能，通过下面几小节讨论。

4.3.1　增加开环零点、极点对根轨迹的影响

由于根轨迹是由系统的开环零、极点确定的，因此在系统中增加开环零点、极点或改变开环零点、极点在 s 平面上的位置，都可以改变根轨迹的形状，从而校正系统性能。

实际上，增加开环零点就是在系统中加入超前环节，产生微分作用，改变开环零点在 s 平面上的位置就是改变微分强度。同理，增加开环极点就是在系统中加入滞后环节，它产生积分作用，改变开环极点在 s 平面上的位置，就可以改变积分强弱。

1. 增加开环零点对根轨迹的影响

设开环传递函数为

$$G(s)H(s) = \frac{K^*}{s(s+0.8)}$$

其根轨迹如图 4.15(a)所示。

如果在系统中分别加入一对复数开环零点$-2\pm4j$ 或一个实数开环零点-4，则系统开环传递函数分别成为

$$G(s)H(s) = \frac{K^*(s+2+4j)(s+2-4j)}{s(s+0.8)}$$

和

$$G(s)H(s) = \frac{K^*(s+4)}{s(s+0.8)}$$

系统的闭环传递函数分别为

$$\frac{K^*(s^2+4s+20)}{(1+K^*)s^2+(0.8+4K^*)s+20K^*}$$

和

$$\frac{K^*(s+4)}{s^2+(0.8+K^*)s+4K^*}$$

对应的根轨迹分别如图 4.15(b)和图 4.15(c)所示的根轨迹，可以看出。加入开环零点后可以减少渐近线的条数，改变渐近线的倾角；随着 K^* 的增加，根轨迹的两个分支向 s 左半平面弯曲或移动，这相当于增大了系统阻尼，使系统的瞬态过程时间减小，提高了系统的相对稳定性。另外，加入的开环零点越接近虚轴，对系统的影响越大。上述结论可以从这三个系统的单位阶跃相应曲线上得到印证，如图 4.15(d)所示。图中绘出了当 K^* = 4 时三个系统的单位阶跃响应，曲线 1、2 和 3 分别为原系统，加入开环零点$-2\pm4j$ 和-4 以后系统的单位阶跃响应曲线。可见，增加合适的开环零点可以改善系统的性能。

增加极点根轨迹

2. 增加开环极点对根轨迹的影响

同样利用上例进行讨论。在原系统上分别增加一对复数开环极点$-2\pm4j$ 和一个实数开环极点-4，则系统的开环传递函数分别为

$$G(s)H(s) = \frac{K^*}{s(s+0.8)(s+2+4j)(s+2-4j)}$$

和

$$G(s)H(s) = \frac{K^*}{s(s+0.8)(s+4)}$$

系统的闭环传递函数分别为

$$\frac{K^*}{s^4+4.8s^3+23.2s^2+16s+K^*}$$

和

$$\frac{K^*}{s^3+4.8s^2+3.2s+K^*}$$

对应的根轨迹分别如图 4.15(a)所示。

将图 4.16(a)和图 4.16(b)与原始系统根轨迹图 4.15(a)相比较，可以看出，加入开环极点后增加了系统的阶数，改变了渐近线的倾角，增加了渐近线的条数。随着 K^* 的增加，根轨迹的两个分支向 s 右半平面弯曲或移动，这相当于减少了系统的阻尼，使系统的

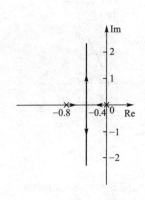

(a) 原系统的根轨迹图

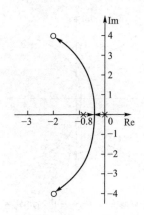

(b) 加开环零点-2±4j后系统的根轨迹图

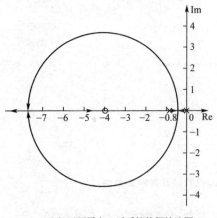

(c) 加开环零点-4后系统的根轨迹图

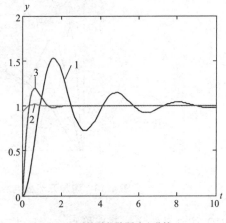

(d) 系统单位阶跃响应曲线

图 4.15　增加开环零点后系统的根轨迹及其响应曲线

稳定性变差。另外，由于加入的开环极点和 K^* 的不同，系统的闭环主导极点也将不同，系统的性能也会有所不同。对于稳定的系统，闭环主导极点离虚轴越近，即闭环主导极点的实部绝对值越小，系统振荡越严重，从而系统超调量增大，振荡次数增多，引起系统的调整时间增加。通过选择合适的 K^* 值，配置出合理的闭环主导极点，就可以获得满意的性能指标。原系统和上述两个闭环系统的单位阶跃响应曲线如图 4.16(c) 所示，图中绘制了当 $K^*=4$ 时各个系统的单位阶跃响应曲线，曲线 1、2 和 3 分别为原系统，增加开环极点 $-2\pm4j$ 和 -4 后系统的单位阶跃响应曲线。比较图 4.16(c) 中的曲线 1 和 3，可以明显看出系统 1 的超调量大，振荡激烈，而调整时间短。表明当 $K^*=4$ 时系统 1 的主导极点的实部绝对值大于系统 3 的实部绝对值，其虚部绝对值也大于系统 3 的虚部绝对值。

　　通过上面的讨论，可以得到如下结论：

　　(1) 控制系统增加开环零点，通常使根轨迹向左移动或弯曲，使系统更加稳定，系统的瞬态过程时间缩短，超调量减小。

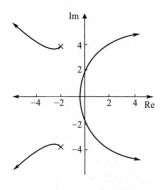

(a) 增加开环极点-2±4j后的根轨迹

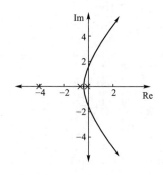

(b) 增加开环极点-4后系统的根轨迹

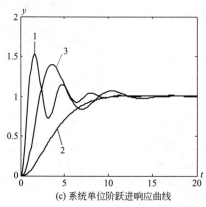

(c) 系统单位阶跃进响应曲线

图 4.16　增加开环极点后的系统的根轨迹及其响应曲线

（2）控制系统增加开环极点，通常使根轨迹向右移动或弯曲，使系统的稳定性降低。系统的瞬态过程时间增加，超调量以及振荡激烈程度由系统的主导极点决定。

4.3.2　利用根轨迹法分析参数调整对系统性能的影响

根轨迹分析法和时域分析法是一样的，都可以用来分析系统的性能。根轨迹分析法采用的是图解的方法，与时域相比，避免了烦琐的数学计算，而且直观。典型二阶系统的特征参数，闭环极点在复平面上的位置以及系统性能之间有着确定的对应关系。由根轨迹图可以清楚地看出参数变化对系统性能的影响，所以在有主导极点的高阶系统，使用根轨迹法对系统进行分析更加简便。一般先确定系统的主导极点，将系统简化为以主导极点为极点的二阶系统(或一阶系统)，然后再根据二阶系统(或一阶系统)的性能指标进行估算。闭环二阶系统的主要瞬态性能指标是超调量和调整时间。这些性能指标和闭环极点位置的关系如下：

$$\sigma\% = e^{-\frac{\pi\xi}{\sqrt{1-\xi^2}}} \times 100\% = e^{-\pi\cot\beta} \times 100\%$$

$$t_s = \frac{3}{\xi\omega_n} = \frac{3}{\delta}$$

式中：δ 为闭环极点实部绝对值的大小，即闭环极点离开虚轴的距离。

【例 4.8】 考虑导弹航向控制系统，其开环传递函数为

$$G(s)H(s)=\frac{K^*}{s(s+4)(s+6)}$$

试判断闭环极点 $s_{1,2}=-1.20\pm2.08\mathrm{j}$ 是不是系统的主导极点。若是，试估算该闭环系统的超调量和调整时间。

解：绘制系统的根轨迹如图 4.17 所示。

（1）判断闭环极点 $s_{1,2}=-1.20\pm2.08\mathrm{j}$ 是否为系统的主导极点。先判断该闭环极点是否为根轨迹上的点，由相角条件得

$$\angle G(s_1)H(s_1)=-\angle s_1-\angle(s_1+4)-\angle(s_1+6)$$

$$=-\left(180^\circ-\arctan\frac{2.08}{1.2}+\right.$$

$$\left.\arctan\frac{2.08}{4-1.2}+\arctan\frac{2.08}{6-1.2}\right)$$

$$=-180^\circ$$

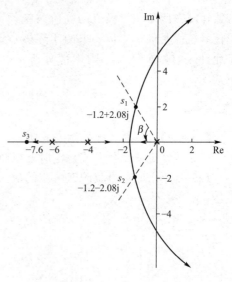

图 4.17 例 4.8 的根轨迹图

可知 $s_{1,2}=-1.20\pm2.08\mathrm{j}$ 是根轨迹上的点。

然后再判断 $s_{1,2}=-1.20\pm2.08\mathrm{j}$ 是否为闭环主导极点。根据根轨迹绘制规则"系统开环极点之和等于系统闭环极点之和"，令系统的另一个闭环极点为 s_3，则

$$-1.2+2.08\mathrm{j}-1.2-2.08\mathrm{j}+s_3=0-4-6$$

解得 $s_3=-7.6$。由 $\dfrac{7.6}{1.2}=6.333>5$，可知 $s_{1,2}=-1.20\pm2.08\mathrm{j}$ 是系统的复数主导极点。

闭环极点 s_1，s_2，s_3 分别如图 4.17 所示。

对应根轨迹增益由幅值条件 $\left|\dfrac{K^*}{s(s+4)(s+6)}\right|_{s=-7.6}=1$ 确定，解得 $K^*\approx44$。

（2）估算系统的性能指标。系统的闭环传递函数为

$$\Phi(s)=\frac{44/7.6}{(s+1.2+2.08\mathrm{j})(s+1.2-2.08\mathrm{j})\left(\dfrac{s}{7.6}+1\right)}$$

化简为

$$\Phi(s)=\frac{5.79}{(s+1.2+2.08\mathrm{j})(s+1.2-2.08\mathrm{j})}$$

由图 4.17 可知，$K^*\approx44$ 时系统的阻尼角为 $\beta=\arctan(2.08/1.2)\approx60^\circ$，则系统的超调量为 $\sigma\%\leqslant\mathrm{e}^{-\pi\cot\beta}\times100\%=\mathrm{e}^{-\pi\cot60^\circ}\times100\%\approx16.3\%$，调节时间为

$$t_s=\frac{3}{\delta}=\frac{3}{1.2}=2.5$$

4.3.3 根据对系统性能的要求估算可调参数的值

4.3.2节介绍了从根轨迹图了解参数变化对系统性能的影响。反过来，二阶系统或具有共轭复数闭环主导极点的高阶系统通常可以根据瞬态性能指标的要求，在复平面上画出使系统满足性能指标要求的闭环极点（或高阶系统的闭环主导极点）所处的区域，也就是允许区域，如图4.18阴影部分所示。位于该区域内的闭环主导极点使瞬态性能满足下式：

$$\sigma\% \leqslant \mathrm{e}^{-\pi\cot\beta} \times 100\%, \quad t_s \leqslant \frac{3}{\delta}$$

【例4.9】 控制系统如例4.8所示。

（1）试确定使闭环系统稳定时的根轨迹增益 K^* 的范围。

（2）若要求闭环单位阶跃响应的最大超调量 $\sigma\% \leqslant 16.3\%$，试确定根轨迹增益 K^* 的范围。

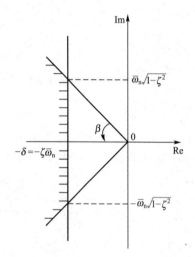

图4.18 主导极点允许区域分布图

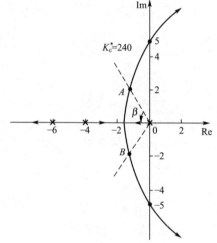

图4.19 例4.10的根轨迹图

解：系统的根轨迹如图4.19所示。

（1）根轨迹与虚轴的交点为 $\pm 5\mathrm{j}$，对应的根轨迹增益为 $K_c^* = 240$，要使系统稳定，根轨迹的增益范围应该为 $K^* \leqslant 240$。

（2）由于 $\sigma\% = \mathrm{e}^{-\pi\cot\beta} \times 100\%$，因而当 $\sigma\% \leqslant 16.3\%$ 时，可解得阻尼角 $\beta \leqslant 60°$。在根轨迹图4.19上画两条与负实轴夹角为 $\beta = 60°$ 的直线，与根轨迹交于 A、B 两点。由例4.8可知 A、B 两点是闭环共轭主导极点。这时系统的超调量等于 16.3%。通过求 A、B 两点的坐标，就可以确定这时的根轨迹增益 K^*。设 A 点的坐标为 $-\sigma + \mathrm{j}\omega_d$，则

$$\frac{\omega_d}{\sigma} = \tan 60° = \sqrt{3}$$

根据相角条件有

$$120°+\arctan\frac{\omega_d}{4-\sigma}+\arctan\frac{\omega_d}{6-\sigma}=180°$$

解上述两式得

$$\sigma=1.2，\omega_d=2.08$$

即 A 点坐标为 $s_A=1.2+2.08j$。由例 4.8 可知这时的根轨迹增益 $K^*=44$。若要求超调量 $\sigma\%\leqslant16.3\%$，则 K^* 的取值范围为 $0\leqslant K^*\leqslant44$。

通常，在对系统提出超调量要求的同时，又提出调整时间的要求。这时，应在如图 4.18 所示的阴影区域内寻找满足要求的参数。若在该区域内没有根轨迹，则不能满足提出的要求，应在系统中加入适当的校正环节，使根轨迹进入该区域，然后确定满足要求的闭环极点位置及相应的系统参数。

扩展题解答

扩展题解答（广义根轨迹）

4.4 习题精解及 MATLAB 工具和案例分析

4.4.1 习题精解

【例 4.10】 已知单位负反馈控制系统的闭环特征方程为
$$K^*+(s+14)(s^2+2s+2)=0$$
(1) 绘制系统的根轨迹图 $(0<K^*<\infty)$。
(2) 确定使复数闭环主导极点的阻尼系数 $\xi=0.5$ 的 K^* 值。

解：(1) 系统的闭环特征方程为
$$K^*+(s+14)(s^2+2s+2)=0\Rightarrow1+\frac{K^*}{(s+14)(s^2+2s+2)}=0$$
系统的等效开环传递函数为
$$G(s)H(s)=\frac{K^*}{(s+14)(s^2+2s+2)}$$

① 在图 4.20 中用"×"和"○"分别标志开环极点和开环零点。

② 根轨迹的分支数为 3；起点为 $p_1=-1+j$，$p_2=-1-j$，$p_3=-14$；无限零点即无穷远处。

③ 确定实轴上的根轨迹为 $(-\infty，-14]$。

④ 根轨迹的渐近线为 $n-m=3$ 条，其交点为 $\sigma_a=\dfrac{\sum\limits_{i=1}^{3}p_i}{2}=-\dfrac{16}{3}$

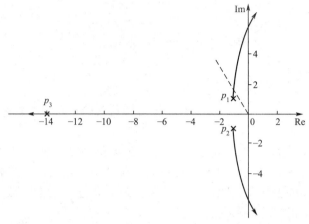

图 4.20 例 4.10 的系统的根轨迹

交角为

$$\varphi_a = \begin{cases} \dfrac{(2k+1)\pi}{n-m} = \dfrac{\pi}{3} & (k=0) \\[2mm] \dfrac{(2k+1)\pi}{n-m} = \pi & (k=1) \\[2mm] \dfrac{(2k+1)\pi}{n-m} = \dfrac{5\pi}{3} & (k=2) \end{cases}$$

⑤ 分离点为

$$\frac{1}{d+14} + \frac{1}{d+1+\mathrm{j}} + \frac{1}{d+1-\mathrm{j}} = 0$$

解之得 $d_1 = -9.63$(舍去),$d_2 = -1.04$(舍去)。

⑥ 与虚轴的交点:将 $s = \mathrm{j}\omega$ 代入系统的闭环特征方程,令其实部、虚部都为零,可得

$$\begin{cases} 30\omega - \omega^2 = 0 \\ 28 + K^* - 16\omega^2 = 0 \end{cases}$$

解之得 $\omega = 5.48$,$K^* = 452$。

(2) 设闭环主导极点为 $s_{1,2} = -\xi\omega_n \pm \mathrm{j}\omega_n\sqrt{1-\xi^2} = -0.5\omega_n \pm \mathrm{j}\omega_n\sqrt{0.75}$,由根之和可得

$$p_1 + p_2 + p_3 = s_1 + s_2 + s_3$$

即 $s_3 = \omega_n - 16$。

由 s_1、s_2、s_3 可得系统的闭环特征方程为

$$\begin{aligned} D(s) &= (s-s_1)(s-s_2)(s-s_3) \\ &= s^2 + (\omega_n - s_3)s^2 + (\omega_n^2 - s_3\omega_n)s - s_3\omega_n^2 \end{aligned}$$

根据例题条件可知系统的闭环传递函数为

$$D(s) = s^3 + 16s^2 + 30s + K^* + 28$$

比较上面两个方程式可得

$$\omega_n = \frac{15}{8}, \quad s_3 = -\frac{113}{8}, \quad K^* = 21.48$$

即:使复数闭环主导极点的阻尼系数 $\xi = 0.5$ 的 K^* 值为 $K^* = 21.48$。

利用 MATLAB 软件绘制根轨迹的程序如下：

```
num=1;den=conv([1,14],[1,2,2]);
rlocus(num,den),axis([-16,2,-8,8]);
```

根轨迹图如图 4.21 所示。

【评注】 将闭环传递函数化为开环传递函数的形式。对于高阶系统，应先确定系统的主导极点，再确定其余的闭环极点，从而求得要求的参数值。

【例 4.11】 已知反馈控制系统的开环传递函数为

$$G(s)H(s)=\frac{K^*(s+1)}{s^2(s+a)} \quad (a>0)$$

试分别画出 $a=10$、9、8、1 时的系统的根轨迹。

解： （1）根轨迹基本情况分析。开环传递函数的 3 个极点为 0、0 和 $-a$，1 个零点为 -1，所以实轴上的根轨迹在区间 $[-a，-1]$ 之内。根轨迹有 3 条，其中两支趋向无穷远处。因此在区间 $[-a，-1]$ 内可能有分离点和汇合点。

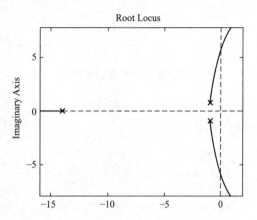

图 4.21 MATLAB 界面下的系统根轨迹图

（2）求分离点与汇合点的存在条件。特征方程可以改写成

$$K^*=-\frac{N(s)}{D(s)}=-\frac{s^2(s+a)}{s+1}$$

由 $\dfrac{\mathrm{d}K^*}{\mathrm{d}s}=0$，得 $s^2(s+a)=(3a^2+2as)(s+1)$。经整理得方程为

$$2s^2+(a+3)s+2a=0$$

解得

$$s=\frac{-(a+3)\pm\sqrt{a^2-10a+9}}{4}$$

所以分离点与汇合点存在的条件是 $a^2-10a+9\geq0$，即 $a\geq9$ 或 $a\leq1$。

（3）$a=10\geq9$ 的情况。此时的分离点、汇合点为 $s_1=-4$，$s_2=-2.5$。根轨迹如图 4.22 所示。

MATLAB 程序为

```
num=[1,1];den=conv([1,0],conv([1,0],[1,10]));
rlocus(num,den),axis([-10,2,-6,6]);
```

（4）$a=9$ 的情况。此时的分离点、汇合点为 $s_1=-4$，$s_2=-2$。根轨迹如图 4.23 所示。

MATLAB 程序为

```
num=[1,1];den=conv([1,0],conv([1,0],[1,9]));
rlocus(num,den),axis([-10,2,-6,6]);
```

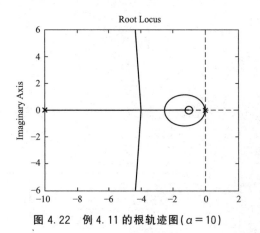

图 4.22　例 4.11 的根轨迹图($a=10$)

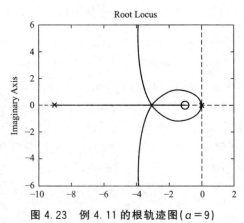

图 4.23　例 4.11 的根轨迹图($a=9$)

（5）$a=8$ 的情况。此时没有分离点、汇合点。根轨迹如图 4.24 所示。

MATLAB 程序为

```
num=[1,1];den=conv([1,0],conv([1,0],[1,8]));
rlocus(num,den),axis([-10,2,-6,6]);
```

（6）$a=1$ 的情况。此时极点和零点相消，开环传递函数化简为 $G(s)H(s)=\dfrac{K^*}{s^2}$。如图 4.25 所示，根轨迹是与虚轴重合的直线。不过需要注意的是，尽管位于 -1 的极点和零点相消，但并不意味着系统已经失去这些极点和零点。开环系统中可以相消的极点和零点永远是闭环系统的极点和零点，所以根轨迹的第 3 条退化成位于 -1 的一个点。

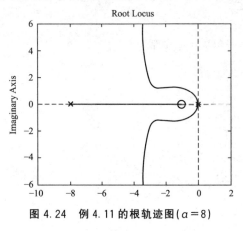

图 4.24　例 4.11 的根轨迹图($a=8$)

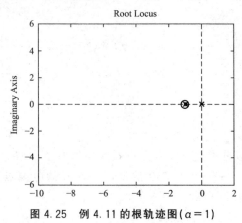

图 4.25　例 4.11 的根轨迹图($a=1$)

MATLAB 程序为

```
num=[1,1];den=conv([1,0],conv([1,0],[1,1]));
rlocus(num,den),axis([-10,2,-6,6]);
```

【评注】　在可变参数的某些变化区间，参数微小的变化可能导致根轨迹很大的变化。本例参数在 $a=9$ 附近变化时，根轨迹就有根本的不同。在徒手画概略根轨迹时，适当的时候需要代入几个试验点核实一下。

4.4.2 案例分析及 MATLAB 应用

在本章引言中提到的计算机磁盘读取控制系统，在第 3 章已经讨论了其对干扰和参数变化的响应特性，讨论调整放大器增益 K_a 时，系统对阶跃信号的瞬态响应和稳态误差，以及加入速度反馈传感器后，调整放大器增益 K_a 和速度传感器传递系数 K_1 时，系统对阶跃信号的瞬态响应和稳态误差。本章用 PID 控制器来代替原来的放大器，以便得到所期望的响应。PID 控制器参数的选取利用本章学习的根轨迹法来设计。图 1.1 所示为磁盘驱动器控制系统的示意图。

PID 控制器的传递函数为

$$G_c(s) = K_p + K_i \frac{1}{s} + K_d s$$

因为对象模型 $G_1(s)$ 中已经包含有积分环节，所以应取 $K_i = 0$，这样 PD 控制器的传递函数可写为

$$G_c(s) = K_p + K_d s$$

本例的设计目标是确定 K_p 和 K_d 的取值，以使系统满足设计规格要求。图 4.26 所示为带 PD 控制器的磁盘驱动器控制系统结构图。

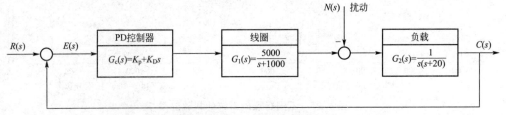

图 4.26 带 PD 控制器的磁盘驱动器控制系统结构图

当 $N(s) = 0$，$R(s) = 1$ 时，有

$$\frac{C(s)}{R(s)} = \frac{G_c(s)G_1(s)G_2(s)}{1 + G_c(s)G_1(s)G_2(s)}$$

系统的开环传递函数为

$$G_c(s)G_1(s)G_2(s) = \frac{5000(K_p + K_d s)}{s(s+20)(s+1000)} = \frac{5000K_d(s+z)}{s(s+20)(s+1000)}$$

式中：$z = \dfrac{K_p}{K_d}$。

先通过选择 K_p 来选择开环零点 z 的位置，再画出 K_d 变化时的根轨迹。通过观察系统的极点，以及根轨迹图的绘制规则可以得出，z 的取值有三个分布范围，$0 < z < 20$，$20 < z < 1000$，$z > 1000$。下面分别取 $z = 10$、$z = 500$、$z = 2000$ 这三种有代表性的特殊情况绘制系统的根轨迹，如图 4.27(a)、(b)、(c)所示。

通过图示可以看出，当 $z > 1000$ 时，系统是不稳定的，因此在设计时要保证 $z < 1000$。$z = 1000$ 是临界状态，其根轨迹如图 4.27(d)所示。

通过上面的分析，这里可取 $z = 40$，系统的开环传递函数为

$$G_c(s)G_1(s)G_2(s) = \frac{5000K_d(s+40)}{s(s+20)(s+1000)}$$

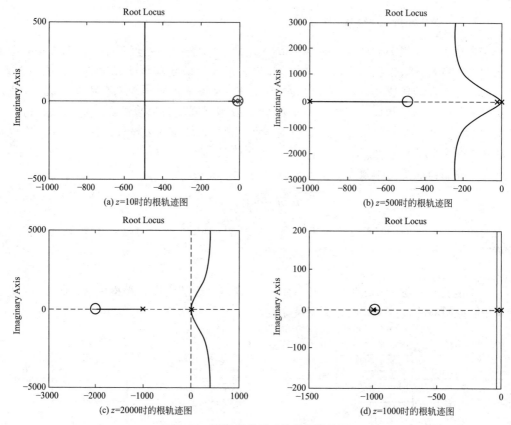

图 4.27　不同极点时系统的根轨迹图

用 MATLAB 语句输入程序如下：

```
num=5000*[1,40];den=conv([1,0],conv([1,20],[1,1000]));
rlocus(num,den),[K,poles]=rlocfind(num,den)
```

执行以上程序，并移动鼠标指针到根轨迹与虚轴的交点处，右击后可得到图 4.28 所示的根轨迹和如下程序执行结果。

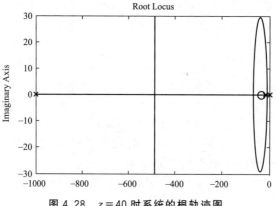

图 4.28　z＝40 时系统的根轨迹图

```
Select a point in the graphics window
selected_point=
    -8.5907e+002+7.1054e-0.15i
K=
    25.0000
poles=
    -857.7488
    -108.5510
    -53.7002
```

可知 $K_d = 25$ 对应的特征根为 $s_1 = -857.7488$，$s_2 = -108.5510$，$s_3 = -53.7002$。同样可以利用 MATLAB 来确定不同特征根对应的 K_d 值。

在 Simulink 窗口中建立系统的仿真结构图如图 4.29 所示。

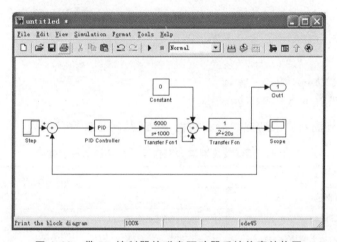

图 4.29 带 PD 控制器的磁盘驱动器系统仿真结构图

此时，系统的输入 $R(s) = 1$，$N(s) = 0$，选 $K_p = 1000$，$K_d = 25$ 时系统的响应曲线，如图 4.30 所示；当输入 $R(s) = 0$，$N(s) = 1$ 时，系统对单位扰动的响应曲线如图 4.31 所示。

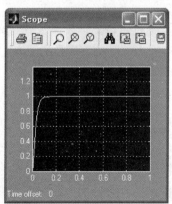

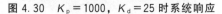

图 4.30 $K_p = 1000$，$K_d = 25$ 时系统响应

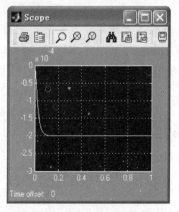

图 4.31 $K_p = 1000$，$K_d = 25$ 时系统对单位扰动的响应

当 $R(s)=1$，$N(s)=0$，运行 Simulink 模块后，在 MATLAB 命令窗口中输入程序如下：

```
M=((max(y)-1)/1)*100;
disp(['最大超调量 M='num2str(M) '%'])
a=length(y);while y(a)>0.98 & y(a)<1.02;a=a-1;end;
t=t(a);
disp(['上升时间 t='num2str(t) 's'])
```

执行以上程序得到系统的性能指标显示如下：

最大超调量 M=0.001982%
上升时间 t=0.087754s

注：在程序语句中，用"M"代表超调量"$\sigma\%$"。

当 $R(s)=0$，$N(s)=1$，运行 Simulink 模块后，在 MATLAB 命令窗口中输入程序并显示结果如下：

```
R=min(y);
disp(['单位扰动最大响应 R='num2str(R)])
单位扰动最大响应 R=-0.00020003。
```

由此可以得到满足要求的性能指标如表 4-1（误差带取 2%）所列。

表 4-1　带 PD 控制器的磁盘驱动器系统的性能指标

性能指标	要求值	实际值
超调量	$<5\%$	0.0019%
调节时间	<250ms	87.75ms
单位扰动最大响应	<0.005	-0.0002

学习指导及小结

根轨迹的基本思路是：在已知系统开环零点、极点分布的基础上，依据根轨迹规则，确定闭环零点、极点的分布，进而对系统阶跃响应进行定性分析和定量估算。

微课【小结】

（1）闭环极点随系统参数变化时的轨迹称为根轨迹。以系统根轨迹增益为变量的根轨迹增益称为常规根轨迹。而以其他系统参数作为可变参量的根轨迹称为参数根轨迹。

（2）当开环零点、极点已知时，根据绘制根轨迹的幅值条件和相角条件，可求出绘制常规根轨迹的基本规则。利用这些规则可绘出根轨迹的大致形状。

（3）对于正反馈回路，其特征方程和相角条件发生了变化，应按照相角条件来修改相应的规则。

（4）对参数根轨迹的绘制，应注意把特征方程化为与常规根轨迹特征方程类似的形

式,即求出等效的开环传递函数,此时,常规根轨迹的相角条件、幅值条件和基本规则仍然适用。

(5) 由根轨迹图可知开环参数变化对闭环系统特征根的影响。根轨迹位于左半 s 平面时,闭环系统是稳定的。闭环主导极点在复平面上的位置对系统性能起决定性的作用。没有零点,闭环主导极点为 $s_{1,2} = -\xi\omega_n \pm j\omega_n\sqrt{1-\xi^2}$ 的系统,其时域性能近似为

$$\sigma\% = e^{-\frac{\pi\xi}{\sqrt{1-\xi^2}}} \times 100\% = e^{-\pi\cot\beta} \times 100\%$$

$$t_s = \frac{3}{\xi\omega_n} = \frac{3}{\delta}$$

(6) 增加开环零点,根轨迹左移,系统稳定性提高,瞬态性能也变好。增加开环极点使根轨迹右移,系统稳定性降低,瞬态性能变差。

(7) 利用 MATLAB 绘制分析根轨迹是控制系统根轨迹分析法的重要辅助手段。

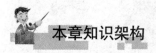

本章知识架构

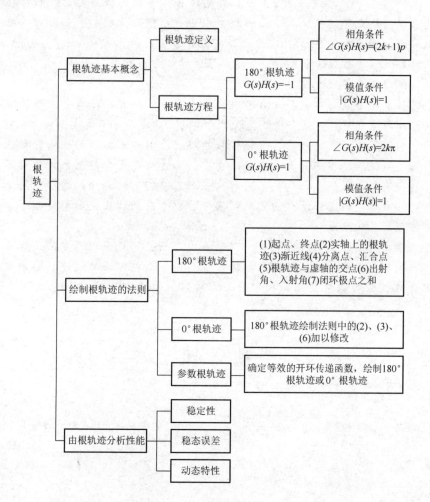

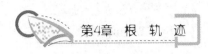

阅读材料

极点——控制系统的精灵

在实际的应用中，各种控制系统所完成的功能不同，被控制的物理量也未必相同。系统的输出会有许多的变化形式。有的逐渐逼近期望的输出值，有的会在期望值的附近振荡，有的会离期望值越来越远，达不到控制的目的。为什么会有这些不同呢？是什么决定了系统的特性呢？是否有一只神秘的上帝之手在操纵控制系统呢？

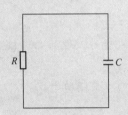

图 4.32 电容放电系统

要回答这个问题，首先得清楚在自然界中，各个物理量之间的变化关系都可以用函数的形式表示，而这些函数同时满足微分方程。让我们看一个简单的例子，图 4.32 所示为一个电容 C 通过电阻 R 放电的物理过程。根据物理学的知识，电容电压 U 满足下面的微分方程：$RC\dfrac{dU}{dt}+U=0$，用数学方法将该微分方程解出，就可以求出 U 按时间变化的过程。微分方程的解的形式，是由微分方程的特征方程的解所决定的，而特征方程的解就称为系统的极点。可以按照下面的规则求出一个微分方程的特征方程：把微分符号换成 X，几次微分就是 X 的几次方，保留微分方程的其他部分，就可以得到一个微分方程的特征方程。根据这个原则，上述例子的特征方程就是：$RCX+U=0$。解出 X 的值就是系统的极点。

系统的极点的形式有实数和复数两种。对于实数的极点，在微分方程的解中就会有一个指数项与它相对应。这个指数是以 e 为底的，它可以是不断减少的，也可以是不断增大的。对于复数形式的极点，微分方程的解就会有一个振荡的项同它对应，并且振幅会根据复数极点的实部的大小不停地变化。正是由于每个控制系统都有不同的微分方程，从而有不同的极点，这些不同的极点对应解的不同部分，这些不同变化特点的部分最终形成了我们能够看到的宏观结果即控制系统的输出，因而使各个控制系统有了千差万别的性能特点。

人们为了使控制系统的性能满足一定的要求，研究了很多控制方法。这些方法虽然采用不同的控制原理、不同的数学方法，但是所有这些方法的最终目的是使系统的极点分配合理，从而能得到好的控制效果。所以说极点是决定控制系统性能特点的精灵。

习 题

4-1 单项选择题

已知系统的开环传递函数 $G(s)=\dfrac{4(s+4)}{s(s^2+2s+2)(3s+1)}$，则系统的开环根轨迹增益 K^* 为（ ）。

A. 4   B. 8   C. $\dfrac{4}{3}$ D. 1

4-2　单项选择题

根轨迹的模值方程可用于(　　)。

A. 绘制根轨迹

B. 确定根轨迹上某点所对应的开环增益

C. 确定实轴上的根轨迹

D. 确定根轨迹的出射角与入射角

4-3　多项选择题

开环传递函数中，适当增加一个开环零点，会引起(　　)。

A. 根轨迹左移，改善系统的动态性能

B. 根轨迹左移，改善系统的稳态性能

C. 根轨迹右移，改善系统的动态性能

D. 系统的稳定性和快速性得到改善

4-4　已知系统开环零点、极点分布如图4.33所示，试绘制根轨迹图。

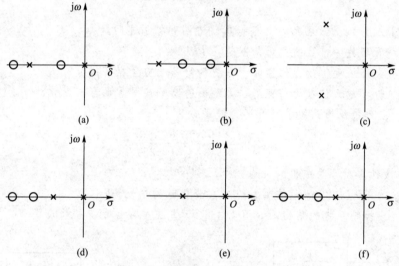

图 4.33　开环零点、极点分布图

4-5　设单位反馈系统的开环传递函数为

$$G(s)=\frac{K^*(s+2)}{s(s+1)}$$

试从数学上证明：复数根轨迹部分是以$(-2,0j)$为圆心，以$\sqrt{2}$为半径的一个圆。

4-6　设系统的特征方程为

$$s^3+as^2+Ks+K=0$$

K 由 $0\to\infty$ 变化时，分别确定使根轨迹有一个、两个和没有非零实数分离点的 a 值范围，并概略绘制根轨迹。

4-7　设控制系统的开环传递函数为

$$G(s)=\frac{K^*(s+1)}{s^2(s+2)(s+4)}$$

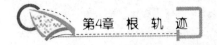

试分别画出正反馈系统和负反馈系统的根轨迹，并指出它们的稳定性能有何不同？

4-8　已知单位反馈系统的开环传递函数为

$$G(s) = \frac{K^*}{s(s+1)(0.5s+1)}$$

要求系统的闭环极点有一对共轭复极点，其阻尼比为 $\xi = 0.5$。试确定开环增益 K^*，并近似分析系统的时域性能。

4-9　系统结构图如图 4.34 所示。

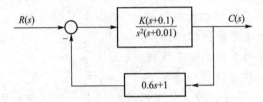

图 4.34　控制系统结构图

试绘制系统根轨迹的大致图形，并根据根轨迹图回答下述问题：

(1) 系统开环放大倍数的稳定范围是多少？

(2) 系统开环放大倍数为何值时，系统的阶跃响应含振荡成分？

(3) 系统开环放大倍数为何值时，系统的阶跃响应呈单调形式变化？

4-10　一单位反馈系统，其开环传递函数为

$$G(s) = \frac{6.9(s^2+6s+25)}{s(s^2+8s+25)}$$

试用根轨迹法计算闭环系统根的位置。

4-11　画出图 4.35 所示控制系统当 k 变化时的根轨迹。

4-12　设控制系统的结构图如图 4.36 所示，试概略绘制其根轨迹图。

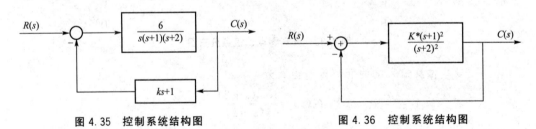

图 4.35　控制系统结构图　　　　　图 4.36　控制系统结构图

4-13　某单位负反馈系统的开环传递函数为

$$G(s) = \frac{3s+2}{s^2(Ts+1)}$$

试画出参数 T 由零变化到正无穷大时的闭环系统根轨迹(北京航空航天大学 2008 年考研题)。

4-14　已知单位负反馈系统的开环传递函数为

$$G(s) = \frac{4K(1-s)}{s[(K+1)s+4]}$$

（1）画出 K 从 $0 \to +\infty$ 变化时的根轨迹图（需标出绘图步骤）。

（2）能否通过选择 K 同时满足超调量为 $0 < \sigma\% < 4.32\%$ 及 $t_s \le 2s(\Delta = 2)$ 的要求？请说明理由。（西安交通大学 2008 年考研题）

4-15 反馈控制系统如图 4.37 所示。

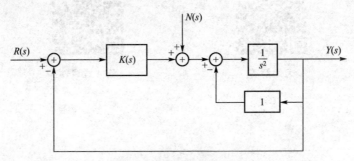

图 4.37　控制系统结构图

（1）试设计控制器 $K(s)$，使系统跟踪斜坡参考输入信号 $R(s)$ 时，具有常值稳态误差。

（2）在题（1）的条件下，若系统对干扰信号的稳态误差为零，问 $N(s)$ 为何种形式的信号？

（3）用根轨迹法确定题（1）所设计的控制器 $K(s)$ 的参数，使：

① 闭环系统稳定；

② 根轨迹的主要分支过闭环极点 $-5.85 \pm j4.34$。

（4）题（3）中的 2 个闭环极点是主导极点吗？若是，简化校正后的高阶系统，并求出它的闭环传递函数（中国科学院 2008 考研题）。

4-16 已知反馈系统的开环传递函数为

$$G(s)H(s) = \frac{K^*(s^2 + 2s + 4)}{s(s+4)(s+6)(s^2 + 1.4s + 1)}$$

请用 MATLAB 软件绘出系统的根轨迹，并分析系统的稳定性。

4-17 已知反馈系统的开环传递函数为

$$G(s)H(s) = \frac{K^*}{s(s+4)(s^2+4)(s^2+4s+8)(s^2+8s+20)}$$

请用 MATLAB 软件绘出系统的根轨迹和系统在 $K^* = 50$ 时的阶跃响应曲线，并求系统此时的最大超调量。

4-18 图 4.38 中有两个反馈控制系统，其中 $K = 10$。

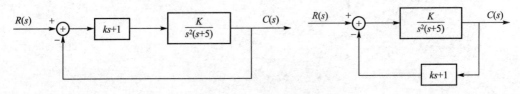

图 4.38　控制系统结构图

请用 MATLAB 软件完成：

（1）画出两个系统以 k 为参变量的根轨迹图。

（2）求 $k=1$ 时系统的闭环极点，绘出两个系统的单位阶跃响应，并进行比较。

习题解答

第 4 章课件

第5章
线性系统的频域分析

本章教学目标与要求

- 明确频率特性的基本概念，熟练掌握典型环节的频率特性。
- 掌握用频率特性分析系统稳定性的奈奎斯特稳定判据，掌握稳定裕度的概念及计算公式。
- 学会用频率特性的方法分析控制系统的性能，充分理解频率特性的实际意义，正确理解闭环频率特性的求取。
- 熟练掌握在不同坐标系下频率特性的表示方法，掌握幅相频率特性图(奈奎斯特图)和对数频率特性图(伯德图)的绘制方法。

引　言

　　时域分析法分析和研究系统的动态特性和稳态误差最为直观和准确，但是，求解高阶系统的时域响应往往十分困难。因为高阶系统的结构和参数与系统动态性能之间没有明确的函数关系，因此不易看出系统参数变化对系统动态性能的影响。当系统的动态性能不能满足生产上要求的性能指标时，很难提出改善系统性能的途径。

　　控制系统中的信号可以表示为不同频率正弦信号的合成。控制系统的频率特性反映正弦信号作用下系统响应的性能。频率特性可以由微分方程或传递函数求得，还可以用实验方法测定。应用频率特性研究线性系统的经典方法称为频域分析法。它是研究控制系统的一种经典方法，是在频域内应用图解分析法评价系统性能的一种工程方法。频域分析法不必直接求解系统的微分方程，而是间接地揭示系统的时域性能，它能方便地显示出系统参数对系统性能的影响，并可以进一步指明如何设计校正。

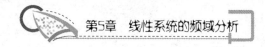

5.1　频率特性的基本概念

对于图 5.1 所示的 RC 电路，由电路理论中“运算阻抗”的概念和方法，可以得出其传递函数为

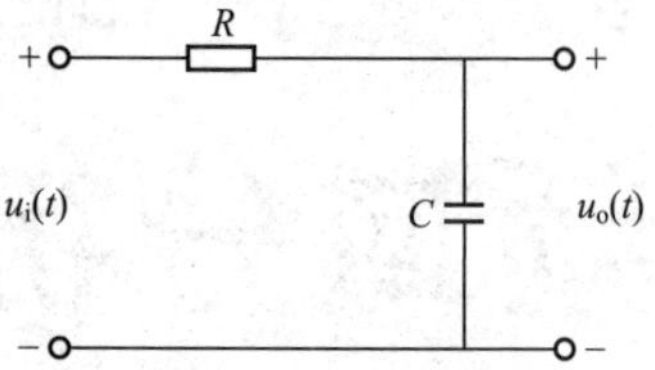

图 5.1　RC 电路

$$\frac{U_o(s)}{U_i(s)}=\frac{1/(Cs)}{R+1/(Cs)}=\frac{1}{Ts+1} \tag{5-1}$$

式中：$T=RC$。

对于线性定常系统，若输入端作用一个正弦信号 $u(t)=A\sin\omega t$，它的复数域表达式为

$$U_i(s)=\frac{A\omega}{s^2+\omega^2} \tag{5-2}$$

因此输出为

$$U_o(s)=\frac{1}{Ts+1}\cdot\frac{A\omega}{s^2+\omega^2} \tag{5-3}$$

将式(5-3)进行部分分式展开，然后进行拉普拉斯反变换得

$$u_o(t)=\frac{AT\omega}{T^2\omega^2+1}e^{-\frac{t}{T}}+\frac{A}{\sqrt{T^2\omega^2+1}}\sin[\omega t+\varphi(\omega)] \tag{5-4}$$

式中：$\varphi(\omega)=-\arctan T\omega$。由于 $T>0$，式(5-4)第一项会随着时间 t 的增大而趋近零，为暂态分量；第二项是正弦函数，为稳态分量。显然上述 RC 电路的稳态响应为

$$\begin{aligned}\lim_{t\to\infty}u_o(t)&=\frac{A}{\sqrt{1+T^2\omega^2}}\sin(\omega t+\varphi)\\&=A\left|\frac{1}{1+j\omega T}\right|\sin\left(\omega t+\angle\frac{1}{1+j\omega T}\right)\\&=AF(\omega)\sin[\omega t+\varphi(\omega)]\end{aligned} \tag{5-5}$$

式中：$F(\omega)=\dfrac{1}{\sqrt{1+\omega^2T^2}}$，它反映了当电路输入为正弦信号时，输出的稳态响应(频率响应)也是一个正弦信号，其频率和输入信号相同，但幅值和相角发生了变化。$F(\omega)$和 $\varphi(\omega)$ 皆为 ω 的函数，分别称为幅值比和相位差。

已知 RC 电路的传递函数为$G(s)=\dfrac{1}{Ts+1}$，令 $s=j\omega$，则

$$G(j\omega)=\frac{1}{Tj\omega+1}=\left|\frac{1}{\sqrt{1+T^2\omega^2}}\right|e^{j\angle\varphi(\omega)}=F(\omega)\angle\varphi(\omega)$$

$G(j\omega)$表达了上述 RC 电路的稳态响应与输入正弦信号的复数比，称为频率特性。$F(\omega)$反映了输出信号幅值与输入信号幅值之比，称为幅频特性。$\varphi(\omega)$是输出信号相角与输入信号相角之差，称为相频特性。

设 n 阶线性定常系统的传递函数为 $G(s)$，它可以写成如下形式：

$$G(s) = \frac{C(s)}{R(s)} = \frac{B(s)}{A(s)} = \frac{B(s)}{(s - p_1)(s - p_2)\cdots(s - p_n)} \tag{5-6}$$

式中：s 为复变量；$C(s)$ 和 $R(s)$ 分别为输出信号和输入信号的拉普拉斯变换；$B(s)$ 和 $A(s)$ 分别为传递函数 $G(s)$ 的 m 阶分子多项式和 n 阶分母多项式（$n \geqslant m$）；p_1，p_2，$\cdots$，p_n 为传递函数 $G(s)$ 的极点，这些极点可能是实数，也可能是复数，对稳定的控制系统，它们都应该有负的实部。

设输入为正弦信号，输出为

$$C(s) = R(s)G(s)$$

$$= \frac{A\omega}{s^2 + \omega^2} \cdot \frac{B(s)}{(s - p_1)(s - p_2)\cdots(s - p_n)}$$

若系统无重根，上式可写为

$$C(s) = \frac{A\omega}{(s + j\omega)(s - j\omega)} \cdot \frac{B(s)}{\prod\limits_{i=1}^{n}(s - p_i)}$$

$$= \frac{a}{s + j\omega} + \frac{\bar{a}}{s - j\omega} + \frac{b_1}{s - p_1} + \frac{b_2}{s - p_2} + \cdots + \frac{b_n}{s - p_n} \tag{5-7}$$

式中：a，b_1，b_2，$\cdots$，b_n 是待定系数，它们均可用留数定理求出。

将式（5-7）两边取拉普拉斯反变换，可得

$$c(t) = a\mathrm{e}^{-j\omega t} + \bar{a}\mathrm{e}^{j\omega t} + b_1\mathrm{e}^{p_1 t} + b_2\mathrm{e}^{p_2 t} + \cdots + b_n\mathrm{e}^{p_n t}$$

$$= (a\mathrm{e}^{-j\omega t} + \bar{a}\mathrm{e}^{j\omega t}) + \sum_{i=1}^{n} b_i\mathrm{e}^{p_i t} \tag{5-8}$$

对于稳定的系统，其极点均具有负实部，所以当 $t \to \infty$ 时，式（5-8）的第三项将衰减到零。这时输出信号 $c(t)$ 只由式（5-8）中的第一项和第二项决定，即系统稳态输出 $c(\infty)$ 为

$$c(t)\big|_{t \to \infty} = a\mathrm{e}^{-j\omega t} + \bar{a}\mathrm{e}^{j\omega t} \tag{5-9}$$

式（5-9）中的待定系数 a 和 $\bar{a}$ 可分别由留数定理求得：

$$\left. \begin{array}{l} a = G(s) \cdot \dfrac{A\omega}{s^2 + \omega^2} \cdot (s + j\omega)\big|_{s = -j\omega} = -\dfrac{AG(-j\omega)}{2j} \\[4mm] \bar{a} = G(s) \cdot \dfrac{A\omega}{s^2 + \omega^2} \cdot (s - j\omega)\big|_{s = j\omega} = \dfrac{AG(j\omega)}{2j} \end{array} \right\} \tag{5-10}$$

式中：$G(j\omega)$ 和 $G(-j\omega)$ 都是复数，可以用极坐标形式表示为

$$\left\{ \begin{array}{l} G(j\omega) = |G(j\omega)| \mathrm{e}^{j\angle G(j\omega)} \\[2mm] G(-j\omega) = |G(-j\omega)| \mathrm{e}^{j\angle G(-j\omega)} = |G(j\omega)| \mathrm{e}^{-j\angle G(j\omega)} \end{array} \right. \tag{5-11}$$

$$c(t)\big|_{t \to \infty} = a\mathrm{e}^{-j\omega t} + \bar{a}\mathrm{e}^{j\omega t}$$

$$= A|G(j\omega)| \frac{\mathrm{e}^{j[\omega t + \angle G(j\omega)]} - \mathrm{e}^{-j[\omega t + \angle G(j\omega)]}}{2j}$$

$$= A|G(j\omega)| \sin[\omega t + \angle G(j\omega)] \tag{5-12}$$

式(5-12)表明，线性定常系统在正弦输入信号的作用下，稳态输出信号 $c(t)$ 仍是与输入信号相同频率的正弦信号，只是振幅与相位不同，输出信号 $c(t)$ 的振幅是输入信号振幅 A 的 $|G(j\omega)|$ 倍，$c(t)$ 的相位移为 $\varphi = \angle G(j\omega)$，且都是角频率 ω 的函数。因此定义系统稳态输出信号幅值与输入信号幅值之比 $|G(j\omega)|$ 为幅频特性，系统稳态输出信号相角与输入信号相角之差 $\varphi(\omega)$ 为相频特性。$G(j\omega) = |G(j\omega)| \angle \varphi(\omega)$ 反映系统稳态响应与输入信号之间的关系，称为频率特性。

在零初始条件下，线性定常系统的传递函数表达式为

$$G(s) = \frac{C(s)}{R(s)}$$

上式的拉普拉斯反变换为

$$g(t) = \frac{1}{2\pi j} \int_{\sigma-j\infty}^{\sigma+j\infty} G(s) e^{st} ds \qquad (5-13)$$

式中：σ 位于 $G(s)$ 的收敛域。若系统稳定，则 σ 可以取为零。如果 $R(s)$ 存在，令 $s = j\omega$，式(5-13)可以写为

$$g(t) = \frac{1}{2\pi} \int_{-\infty}^{+\infty} G(j\omega) e^{j\omega t} d\omega = \frac{1}{2\pi} \int_{-\infty}^{+\infty} \frac{C(j\omega)}{R(j\omega)} e^{j\omega t} d\omega$$

因此 $G(j\omega) = \dfrac{C(j\omega)}{R(j\omega)} = G(s) \big|_{s=j\omega}$。

这个结论对于稳定的线性定常系统都是成立的。已知系统的传递函数，只要用 $j\omega$ 置换 $G(s)$ 中的 s，就可以得到该系统的频率特性。

稳定的线性定常系统能用实验方法获得系统的频率特性。在系统的输入端作用不同的正弦信号，在输出端测量输出信号的稳态响应，就可以根据频率特性的定义画出系统的频率特性曲线。相反，不稳定系统的频率特性无法用实验的方法确定。

系统频率特性的表示方法很多，其本质上都是一样的。因为图解法可方便、快速地获得问题的近似解，因此在工程分析和设计中，通常把线性系统的频率特性画成曲线，再运用图解法进行研究。常用的频率特性曲线有以下两种。

1. 幅相频率特性曲线

幅相频率特性曲线又称极坐标图或奈奎斯特(Nyquist)图。以横轴为实轴，纵轴为虚轴构成复数平面 $[s]$。令 $s = j\omega$，对任一给定频率 ω，系统频率特性 $G(j\omega)$ 为复数。若将 $G(j\omega)$ 表示成复指数形式，它可用复平面 $[s]$ 上的一个矢量来表示。矢量的长度为 $G(j\omega)$ 的幅频特性 $|G(j\omega)|$；矢量与正实轴间夹角为 $G(j\omega)$ 的相频特性 $\angle G(j\omega)$。由于 $|G(j\omega)|$ 是 ω 的偶函数，$\angle G(j\omega)$ 是 ω 的奇函数，因此当 ω 从 0 变化到 ∞ 和 ω 从 0 变化到 $-\infty$ 的频率特性曲线关于实轴对称，通常只绘制 ω 从 0 变化到 ∞ 的频率特性曲线。在幅相特性曲线中，一般将频率 ω 作为参变量，用小箭头表示 ω 增大时频率特性曲线的变化方向，规定逆时针旋转方向为正。

对于 RC 电路，$T = 2$，$G(j\omega) = \dfrac{1}{Tj\omega+1} = \dfrac{1 - Tj\omega}{\sqrt{1 + T^2\omega^2}}$。

用 MATLAB 绘制的 RC 电路频率特性曲线如图 5.2 所示。

可见 $G(\mathrm{j}\omega)$ 的频率特性曲线为一个半圆。

2. 对数频率特性曲线

对数频率特性曲线又称伯德（Bode）图，是工程中广泛使用的一组曲线。伯德图由对数幅频特性和对数相频特性组成，如图 5.3 所示。伯德图的横坐标按 $\lg\omega$（以 10 为底的常用对数）分度，即对数分度，单位为弧度/秒（rad/s）；对数幅频曲线的纵坐标按线性分度，单位为分贝（dB）；对数相频曲线纵坐标按 $\varphi(\omega)$ 线性分度，单位是度（°）。

由此构成的坐标系称为半对数坐标系。在线性分

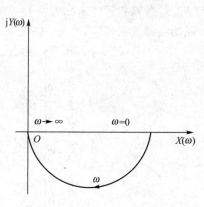

图 5.2 *RC* 电路频率特性曲线

度中，当变量增大或减少 1 倍时，坐标间距变化一个单位，而在对数分度中，每 10 倍频程（dec），即变量增大或减少 10 倍时，坐标间距变化一个单位。伯德图采用 ω 的对数分度，便于在 ω 的较大频率范围内分析频率特性，如图 5.4 所示。

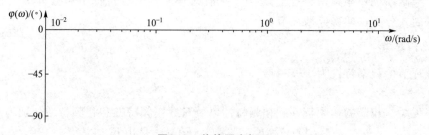

图 5.3 伯德图坐标系

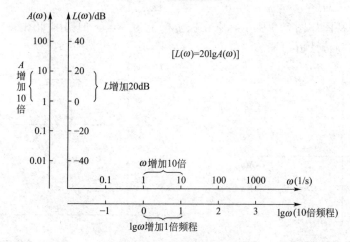

图 5.4 半对数坐标系

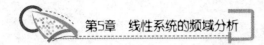

对数幅频特性采用 $L(\omega)=20\lg A(\omega)$，则将幅值的乘除运算变为加减运算，简化了曲线的绘制过程。RC 电路中 $T=2$，其对数频率特性曲线如图 5.5 所示。

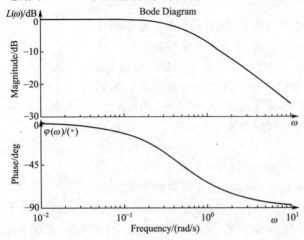

图 5.5　RC 电路对数频率特性曲线

5.2　典型环节的频率特性

用频域分析法研究控制系统的稳定性和动态响应，是根据系统的开环频率特性进行的。为了绘制系统开环频率特性曲线，就要根据开环零极点将分子和分母多项式进行分解，再将因式分类，即得典型环节。

1. 比例环节

比例环节的频率特性为

$$G(j\omega)=K$$

它与频率无关。相应的幅频特性和相频特性以及对数幅频特性和相频特性分别为

$$\begin{cases} A(\omega)=K \\ \varphi(\omega)=0° \end{cases} \qquad \begin{cases} L(\omega)=20\lg K \\ \varphi(\omega)=0° \end{cases}$$

该环节的奈奎斯特图如图 5.6 所示，它在极坐标上为一点。伯德图如图 5.7 所示，幅频特性为一常数，相频特性恒为零。

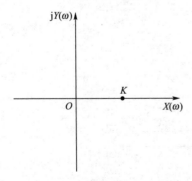

图 5.6　比例环节的奈奎斯特图

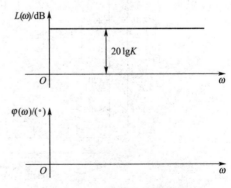

图 5.7　比例环节的伯德图

2. 积分环节

积分环节的频率特性为

$$G(\mathrm{j}\omega) = \frac{1}{\mathrm{j}\omega} = \frac{1}{\omega}\mathrm{e}^{-\mathrm{j}\frac{\pi}{2}}$$

其幅频特性和相频特性以及对数幅频特性和相频特性为

$$\begin{cases} A(\omega) = 1/\omega \\ \varphi(\omega) = -90° \end{cases} \quad \begin{cases} L(\omega) = -20\lg\omega \\ \varphi(\omega) = -90° \end{cases}$$

它的奈奎斯特图如图 5.8 所示，是一条与负虚轴重合的直线。图 5.9 所示为该环节的伯德图，由图可以看出，它的对数幅频特性是一条通过 $\omega = 1$，$L(\omega) = 0$ 的点，斜率为 $-20\mathrm{dB/dec}$ 的直线。该环节的相频特性恒为 $-90°$。

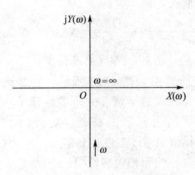

图 5.8　积分环节的奈奎斯特图

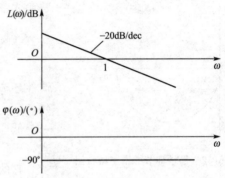

图 5.9　积分环节的伯德图

3. 微分环节

微分环节的频率特性为

$$G(\mathrm{j}\omega) = \mathrm{j}\omega = \omega\mathrm{e}^{\mathrm{j}\frac{\pi}{2}}$$

其幅频特性和相频特性以及对数幅频特性和相频特性分别为

$$\begin{cases} A(\omega) = \omega \\ \varphi(\omega) = 90° \end{cases} \quad \begin{cases} L(\omega) = 20\lg\omega \\ \varphi(\omega) = 90° \end{cases}$$

它的奈奎斯特图如图 5.10 所示，与正虚轴重合。图 5.11 所示为该环节的伯德图，可以看出，它的对数幅频特性是斜率为 $20\mathrm{dB/dec}$ 的一条直线，此线通过 $\omega = 1$，$L(\omega) = 0$ 的点，

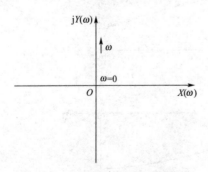

图 5.10　微分环节的奈奎斯特图

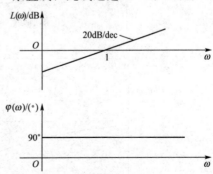

图 5.11　微分环节的伯德图

该环节的相频特性恒为 $90°$。因此该环节的奈奎斯特图和伯德图都与积分环节分别关于实轴对称。

4. 惯性环节

惯性环节的频率特性为

$$G(j\omega) = \frac{1}{1+j\omega T}$$

幅频特性和相频特性为

$$\begin{cases} A(\omega) = \dfrac{1}{\sqrt{1+\omega^2 T^2}} \\ \varphi(\omega) = -\arctan\omega T \end{cases}$$

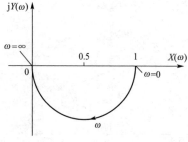

写成实部和虚部形式，即

$$G(j\omega) = \frac{1}{1+\omega^2 T^2} - j\,\frac{\omega T}{1+\omega^2 T^2} = X(\omega) + jY(\omega)$$

$$[X(\omega)-0.5]^2 + Y^2(\omega) = 0.5^2$$

惯性环节的奈奎斯特图如图 5.12 所示。它是圆心在 $(0.5, 0)$，半径为 0.5 的半圆。一阶惯性环节可视为一个低通滤波器，因为频率 ω 越高，则 $A(\omega)$ 越小，当 $\omega > 5/T$ 时，幅值 $A(\omega)$ 已趋近于零。

图 5.12 惯性环节的奈奎斯特图

它的对数幅频特性和相频特性为

$$\begin{cases} L(\omega) = 20\lg\dfrac{1}{\sqrt{1+\omega^2 T^2}} = -20\lg\sqrt{1+\omega^2 T^2} \\ \varphi(\omega) = -\arctan\omega T \end{cases}$$

低频段：$\omega T \ll 1$，$L(\omega) = 0\text{dB}$；

高频段：$\omega T \gg 1$，$L(\omega) = -20\lg(\omega T)\text{dB}$。

惯性环节对数幅频特性曲线为图 5.13 所示的渐近线。一阶惯性环节是一个相位滞后环节，其最大滞后相角为 $90°$。

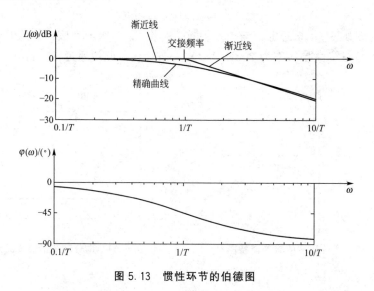

图 5.13 惯性环节的伯德图

在 $\omega=0$ 时，$\varphi(\omega)=0°$；在 $\omega=\infty$ 时，$\varphi(\omega)=-90°$；在 $\omega=\dfrac{1}{T}$ 时，$\varphi(\omega)=-45°$。因此惯性环节对数相频特性曲线关于 $\left(\dfrac{1}{T},\ -45°\right)$ 对称。

5. 一阶微分环节

$$G(j\omega)=1+jT\omega=\sqrt{1+T^2\omega^2}\,e^{j\varphi(\omega)}$$

式中，$\varphi(\omega)=\arctan T\omega$。

阶微分环节的奈奎斯特图如图 5.14 所示。

由于 $1+jT\omega$ 与 $\dfrac{1}{1+jT\omega}$ 互为倒数，因此它们的对数幅频特性和相频特性只差一个符号，即有

$$L(\omega)=20\lg|1+j\omega T|=-20\lg\left|\dfrac{1}{j T\omega+1}\right|$$

$$\angle\,(1+j\omega T)=-\angle\,\dfrac{1}{1+j\omega T}$$

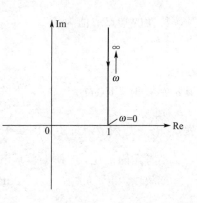

图 5.14　一阶微分环节的奈奎斯特图

因此，$1+jT\omega$ 的对数幅频特性和相频特性曲线与惯性环节的对数幅频特性和对数相频特性曲线分别以 0dB 线和 0°线对称，分别如图 5.14 和图 5.15 所示。

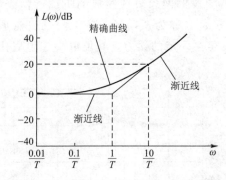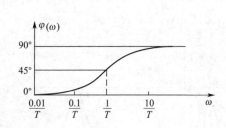

图 5.15　一阶微分环节的伯德图

6. 二阶振荡环节

频率特性

$$G(j\omega)=\dfrac{1}{\left(j\,\dfrac{\omega}{\omega_n}\right)^2+2\xi\left(j\,\dfrac{\omega}{\omega_n}\right)+1}$$

微课【振荡环节】

幅频特性和相频特性为

$$A(\omega)=\dfrac{1}{\sqrt{\left(1-\dfrac{\omega^2}{\omega_n^2}\right)^2+4\xi^2\,\dfrac{\omega^2}{\omega_n^2}}}$$
(5−14)

$$\varphi(\omega) = -\arctan\frac{2\xi\dfrac{\omega}{\omega_n}}{1-\dfrac{\omega^2}{\omega_n^2}} = \begin{cases} -\arctan\dfrac{2\xi\dfrac{\omega}{\omega_n}}{1-\dfrac{\omega^2}{\omega_n^2}} & \omega \leqslant \omega_n \\[6mm] -180° + \arctan\dfrac{2\xi\dfrac{\omega}{\omega_n}}{\dfrac{\omega^2}{\omega_n^2}-1} & \omega \geqslant \omega_n \end{cases}$$

频率特性的端点取值为

$$G(j\omega) = \begin{cases} 1\angle 0° & (\omega = 0) \\ 0\angle -180° & (\omega \to +\infty) \end{cases}$$

当 $\omega = \omega_n$ 时，$\varphi(\omega) = -90°$，由式(5-14)可得，$A(\omega) = \dfrac{1}{2\xi}$，表明振荡环节与虚轴的交点为 $-j\dfrac{1}{2\xi}$。其奈奎斯特图如图 5.16 所示。

不考虑阻尼比，二阶振荡环节的对数幅频特性可作如下简化：

低频段：$\omega \ll \omega_n$，$L(\omega) = 0\text{dB}$

高频段：$\omega \gg \omega_n$，$L(\omega) = -20\lg\left(\dfrac{\omega}{\omega n}\right)^2 = -40\lg\left(\dfrac{\omega}{\omega n}\right)$

二阶振荡环节伯德图可用上述低频段和高频段的两条直线组成的折线近似表示，如图 5.17所示。这两条直线相交处的交接频率是 ω_n，称为振荡环节的无阻尼自然振荡频率。在交接频率附近，对数幅频特性与渐近线存在一定的误差，其值取决于阻尼比 ξ 的值，阻尼比越小，则误差越大。

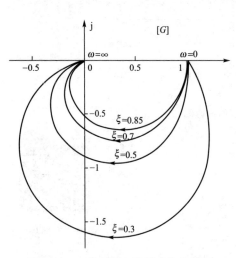

图 5.16 二阶振荡环节的奈奎斯特图

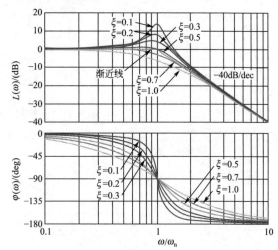

图 5.17 二阶振荡环节的伯德图

分析 $A(\omega)$ 的变化，求 $A(\omega)$ 的极值，为此可以令式(5-14)中

$$g(\omega) = \left(1-\frac{\omega^2}{\omega_n^2}\right)^2 + \left(2\xi\frac{\omega}{\omega_n}\right)^2$$

对 $g(\omega)$ 求导得

$$\frac{\mathrm{d}}{\mathrm{d}\omega}g(\omega)=2\left(1-\frac{\omega^2}{\omega_n^2}\right)\left(-2\frac{\omega}{\omega_n^2}\right)+2\left(2\xi\frac{\omega}{\omega_n}\right)2\xi\frac{1}{\omega_n}=0$$

解得

$$\omega_r=\omega_n\sqrt{1-2\xi^2}$$

ω_r 称为谐振角频率，此时 $g(\omega)$ 有最小值，$A(\omega)$ 有最大值，这个最大值称为谐振峰值，用 M_r 表示。

$$M_r=\frac{1}{2\xi\sqrt{1-\xi^2}},\quad 0<\xi\leqslant\frac{\sqrt2}{2}$$

7. 二阶微分环节

二阶微分环节的传递函数为振荡环节传递函数的倒数，按对称性可得其对数频率曲线，即伯德图。并有

$$G(\mathrm{j}0)=1\underline{/0°}$$
$$G(\mathrm{j}\infty)=\infty\underline{/180°}$$
$$G(\mathrm{j}\omega_n)=2\xi\underline{/90°}$$

当阻尼比 $\frac{\sqrt2}{2}<\xi<1$ 时，$A(\omega)$ 从 1 单调增至无穷大，当阻尼比时 $0<\xi\leqslant\frac{\sqrt2}{2}$，$A(\omega)$ 有极小值：

$$A(\omega_r)=2\xi\sqrt{1-\xi^2}$$

其中：$\omega_r=\omega_n\sqrt{1-2\xi^2}$。

如图 5.18 所示是二阶微分环节的奈奎斯特图。

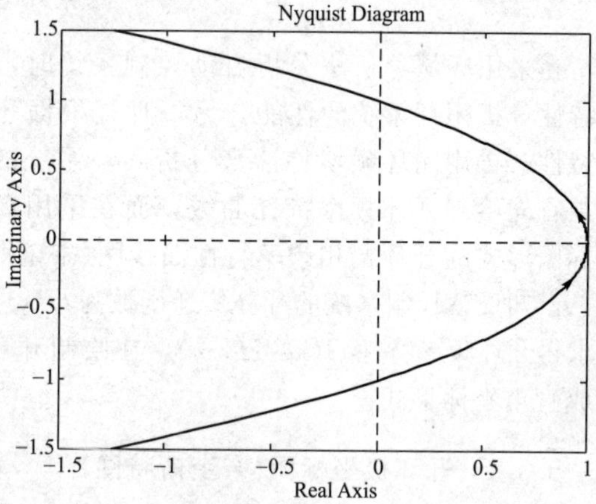

图 5.18 二阶微分环节的奈奎斯特图

8. 延迟环节

延迟环节的传递函数为

$$G(s)=\mathrm{e}^{-\tau s}$$

其频率特性为

$$G(\mathrm{j}\omega)=\mathrm{e}^{-\mathrm{j}\tau\omega} \tag{5-15}$$

相应的幅频特性和相频特性为

$$\begin{cases}A(\omega)=1\\\varphi(\omega)=-\omega\tau\end{cases}\quad\begin{cases}L(\omega)=0\\\varphi(\omega)=-\omega\tau\end{cases}$$

延迟环节的奈奎斯特图如图 5.19(a) 所示，当 ω 从 $0\to+\infty$ 变化时，幅值 $A(\omega)$ 总是等于 1，它是一个半径为 1，以原点为圆心的一个圆。如果在线性坐标系下，相角 $\varphi(\omega)$ 与 ω 成线性比例关系变化。延迟环节的伯德图如图 5.19(b) 所示，它的幅频特性恒为零，相频特

性随着 ω 的增大而减少。

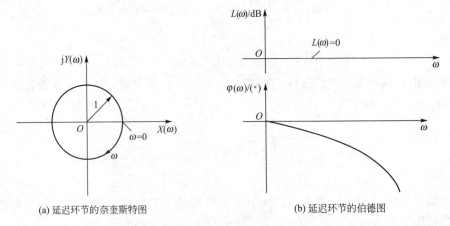

(a) 延迟环节的奈奎斯特图　　　　　　　　(b) 延迟环节的伯德图

图 5.19　延迟环节的奈奎斯特图和伯德图

5.3　控制系统的开环频率特性

在采用频域分析法分析自动控制系统时,一般有两种方法,一种是用系统的开环频率特性分析闭环系统的性能,另一种是根据开环频率特性和已有的标准线图求得闭环频率特性,再用闭环频率特性来分析闭环系统的性能。不论是前一种还是后一种方法,都必须首先绘制开环频率特性曲线,而在采用极坐标图进行图解分析时,首先要求绘制极坐标图形式的开环幅相频率特性曲线图(奈奎斯特图)。

已知反馈控制系统的开环传递函数为 $G(s)H(s)$,将 $G(s)H(s)$ 中的 s 用 $j\omega$ 来代替,便可求得开环频率特性 $G(j\omega)H(j\omega)$,在绘制开环幅相频率特性曲线时,可将 $G(j\omega)H(j\omega)$ 写成直角坐标形式。

5.3.1　开环极坐标图(奈奎斯特图)

绘制奈奎斯特图并不需要绘制得十分准确,只需要画出奈奎斯特图的几个关键点的准确位置和大致形状就可以了。关键点包括开环幅相曲线的起点($\omega=0^+$)和终点($\omega=\infty$),开环幅相曲线与实轴的交点。与实轴交点可利用 $G(j\omega)$ 的虚部 $\mathrm{Im}[G(j\omega)]=0$ 的关系式求出,也可利用 $\angle G(j\omega)=n\cdot 90°$(其中 n 为正整数)求出;与虚轴的交点坐标可利用 $G(j\omega)$ 的实部 $\mathrm{Re}[G(j\omega)]=0$ 的关系式求出。幅相曲线大致形状是指曲线的变化范围,如象限和单调性等。

奈奎斯特图绘制方法大致归纳如下:

(1) 写出 $A(\omega)$ 和 $\varphi(\omega)$ 的表达式;

(2) 分别求出 $\omega=0$ 和 $\omega=+\infty$ 时的 $A(\omega)$ 和 $\varphi(\omega)$ 的值;

(3) 如果有必要,画出奈奎斯特图中间几点,求出奈奎斯特图与实轴的交点或与虚轴的交点;

(4) 光滑连接这些点,画出大致曲线。

开环系统典型环节分解和典型环节幅相曲线的特点是绘制概略开环幅相曲线的基础。

如第 3 章所述，根据开环系统传递函数中积分环节的数目 ν 的不同($\nu=0，1，2，\cdots$)，控制系统可以分为 0 型系统、Ⅰ型系统、Ⅱ型系统、Ⅲ型系统等，下面将分别给出 0 型系统、Ⅰ型系统和Ⅱ型系统的开环频率特性极坐标图(奈奎斯特图)。这些典型系统的奈奎斯特图的特性将有助于以后用奈奎斯特图方法分析和设计控制系统。

【例 5.1】 已知系统的开环传递函数 $G(s)=\dfrac{K\prod\limits_{i=1}^{m}(\tau_i s+1)}{s^{\nu}\prod\limits_{j=1}^{n}(T_j s+1)}$，试绘制系统开环奈奎斯特图。

解：1. 0 型系统的开环奈奎斯特曲线

0 型系统的开环传递函数为

$$G(s)=\frac{K\prod\limits_{i=1}^{m}(\tau_i s+1)}{\prod\limits_{j=1}^{n}(T_j s+1)}$$

系统开环频率特性为

$$G(\mathrm{j}\omega)=\frac{K\prod\limits_{i=1}^{m}(\tau_i \mathrm{j}\omega+1)}{\prod\limits_{j=1}^{n}(T_j \mathrm{j}\omega+1)}$$

$$A(\omega)=\frac{K\prod\limits_{i=1}^{m}\sqrt{\tau_i^2\omega^2+1}}{\prod\limits_{j=1}^{n}\sqrt{1+T_j^2\omega^2}}$$

$$\varphi(\omega)=\sum_{i=1}^{m}\arctan\tau_i\omega-\sum_{j=1}^{n}\arctan T_j\omega$$

给出不同的 ω，计算相应的 $A(\omega)$ 和 $\varphi(\omega)$，即可得出奈奎斯特曲线中对应的点。光滑连接这些点，就可以得到系统的奈奎斯特曲线。

2. 开环传递函数中含有积分环节

Ⅰ型系统的开环传递函数为

$$G(s)=\frac{K\prod\limits_{i=1}^{m}(\tau_i s+1)}{s\prod\limits_{j=1}^{n-1}(T_j s+1)}\quad(m<n)$$

$$A(\omega)=\frac{K\prod\limits_{i=1}^{m}\sqrt{\tau_i^2\omega^2+1}}{\omega\prod\limits_{j=1}^{n}\sqrt{\tau_i^2\omega^2+1}},\quad \varphi(\omega)=-90°-\sum_{i=1}^{m}\arctan\tau\omega-\sum_{j=1}^{n-1}\arctan T\omega\quad(5-16)$$

由式(5-16)，当 $\omega=0$ 时，$A(0)=\infty$，$\varphi(0)=-90°$。当 $\omega\rightarrow\infty$ 时，$m<n$，所以 $A(\infty)=0$，同样由于分子、分母中每一个因子的相角都是 90°，故 $\varphi(\infty)=(n-m)(-90°)$。

当 $n-m=2$ 时，$\varphi(\infty)=-180°$，奈奎斯特曲线从 $-180°$ 进入坐标原点，在原点处与负实轴相切。当 $n-m=3$ 时，$\varphi(\infty)=-270°$，奈奎斯特曲线从 $-270°$ 进入坐标原点，在原点处与正虚轴相切。图 5.20 是 0 型，Ⅰ型及Ⅱ型系统的奈奎斯特图，其中 0 型系统的 $n-m=2$，Ⅰ型及Ⅱ型系统的 $n-m=3$。这些规律只适用于最小相位系统。

通过以上的分析可以得出，当开环传递函数含有积分环节时，零频时的幅值为无穷大。当 $\omega=\infty$ 时，若 $n>m$，其 $G(j\omega)$ 的模为零，相角为 $(m-n)90°$，即

$$G(j\infty)=0\angle(m-n)90°$$

【例 5.2】 已知系统的开环传递函数 $G(s)=\dfrac{5}{(s+2)(s+10)}$，试绘制系统开环奈奎斯特图。

解： $A(j\omega)=\dfrac{5}{\sqrt{\omega^2+4}\ \sqrt{\omega^2+100}}$，$\varphi(j\omega)=-\arctan\left(\dfrac{\omega}{2}\right)-\arctan\left(\dfrac{\omega}{10}\right)$

微课【极坐标
图绘制例题】

当 ω 由 $0\rightarrow+\infty$ 变化时，找几个关键点：

$\omega=0$ 时，$A(j\omega)=1/4$，$\varphi(\omega)=0°$；$\omega=+\infty$ 时，$A(j\omega)=0$，$\varphi(\omega)=-180°$。奈奎斯特曲线与虚轴的交点可由 $\varphi(j\omega)=-90°$ 得到。$\omega=2\sqrt{5}$，与虚轴的交点为 $\left(0,-\dfrac{\sqrt{5}}{24}j\right)$。用 MATLAB 绘制的奈奎斯特曲线如图 5.21 所示。

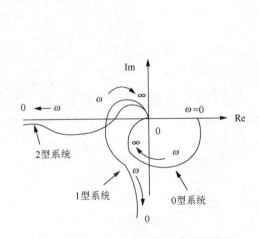

图 5.20　Ⅰ型及Ⅱ型系统的奈奎斯特图

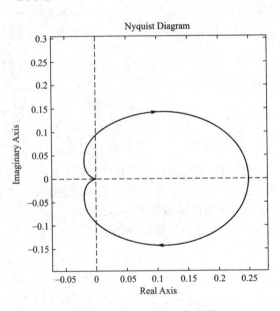

图 5.21　例 5.2 的奈奎斯特图

5.3.2　开环对数频率特性图

1. 基本概念

频率特性极坐标图，计算与绘制都比较麻烦。频率特性的对数坐标图是频率特性的另一

种重要图示方式。与极坐标图相比，对数坐标图更为优越，用对数坐标图不但计算简单，绘图容易，而且能直观地表现时间常数等参数变化对系统性能的影响。

频率特性对数坐标图是将开环频率特性 $G(j\omega)H(j\omega)$ 写成

$$G(\omega) = A(\omega)e^{j\varphi(\omega)} \qquad (5-17)$$

式中：$A(\omega)$ 为幅频特性；$\varphi(\omega)$ 为相频特性。

将幅频特性 $A(\omega)$ 取以 10 为底的对数，并乘以 20 得 $L(\omega)$，单位为分贝（dB），即

$$L(\omega) = 20\lg A(\omega) \qquad (5-18)$$

$L(\omega)$ 与 ω 的函数关系称为对数幅频特性，如图 5.4 所示。图中是以 $L(\omega)$ 为纵坐标，以频率 ω 为横坐标，但是横坐标用对数坐标分度，这是因为系统的低频特性比较重要，ω 轴采用对数刻度对于扩展频率特性的低频段、压缩高频段十分方便，$L(\omega)$ 则用线性分度（等刻度），这样就形成了一种半对数坐标系。

由于

$$G(j\omega) = G_1(j\omega)G_2(j\omega)\cdots G_n(j\omega)$$

因此

$$\begin{cases} L(\omega) = L_1(\omega) + L_2(\omega) + \cdots + L_n(\omega) \\ \varphi(\omega) = \varphi_1(\omega) + \varphi_2(\omega) + \cdots + \varphi_n(\omega) \end{cases}$$

【例 5.3】 开环传递函数为

$$G(s) = \frac{K}{(1+0.2s)(1+s)}$$

试绘制其 0 型系统的伯德图。

解： 从系统的开环传递函数 $G(s)$ 可知，系统由比例环节 K、惯性环节 $\dfrac{1}{(1+0.2s)}$ 和惯性环节 $\dfrac{1}{(1+s)}$ 三个典型环节所组成，比例环节没有转折频率，两个惯性环节的转折频率分别为 $\omega_1 = 5$ 和 $\omega_2 = 1$。

将开环传递函数分成三个典型环节相乘后，可得开环对数幅频特性和相频特性分别为

$$L(\omega) = L_1(\omega) + L_2(\omega) + L_3(\omega)$$
$$= 20\lg K - 20\lg\sqrt{1+(0.2\omega)^2} - 20\lg\sqrt{1+\omega^2}$$
$$\varphi(\omega) = \varphi_1(\omega) + \varphi_2(\omega) + \varphi_3(\omega)$$
$$= -\arctan 0.2\omega - \arctan\omega$$

将各环节的 $L_1(\omega) \sim L_3(\omega)$ 表示在图 5.22 所示的伯德图半对数坐标系上，然后将其叠加，即可求得开环对数幅频特性曲线 $L(\omega)$。将各环节的相频特性曲线 $\varphi_1(\omega) \sim \varphi_3(\omega)$ 也进行标示，然后进行代数相加，即可求得开环对数相频特性曲线 $\varphi(\omega)$，如图 5.22 所示。

由图可知，0 型系统开环对数幅频特性的低频段为 $20\lg K$ 的水平线，随着 ω 的增加，每遇到一个交接（转折）频率，对数幅频特性就改变一次斜率。

实际上在熟悉了典型环节的对数幅频特性后，不必先画出各个典型环节的对数幅频特性，然后相加得出系统开环传递函数的对数幅频特性，而可以采用更简便的方法。

从典型环节的对数幅频特性可见，系统开环传递函数的对数幅频特性有以下特点：在低频段，惯性、振荡、二阶微分和一阶微分等环节的低频渐近线，均为 0dB/dec。因此，

对数幅频特性 $L(\omega)$ 在低频段主要取决于比例环节和积分环节。而在 $\omega=1$ 处，积分环节为 0dB/dec，因此在 $\omega=1$ 处，对数幅频特性的大小仅取决于比例环节，即 $L(\omega)|_{\omega=1}=$ $20\lg K$。此时的斜率为 -20νdB/dec，ν 是积分环节的数目。在确定了低频段以后，在典型环节的交接频率处，每遇到 $G(s)=(1+Ts)^{\pm1}$ 的环节，交接频率处的斜率就改变 ±20dB/dec，若遇到二阶振荡环节，在交接频率处，斜率便降低 -40dB/dec，二阶微分环节，斜率就改变 $+40$dB/dec。掌握了以上规律，就可以直接画出开环传递函数的对数幅频特性。

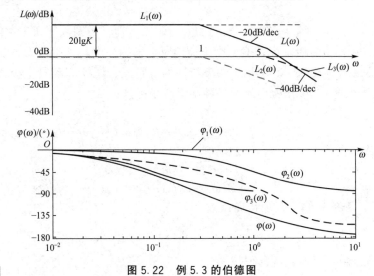

图 5.22　例 5.3 的伯德图

2. 绘制对数幅频特性的步骤

（1）将开环频率特性分解为典型环节相乘形式（时间常数形式），将这些典型环节的传递函数都化成标准形式，即开环传递函数的形式为 $G(s)=\dfrac{K\prod\limits_{i=1}^{m}(\tau_i+1)}{s^{\nu}\prod\limits_{i=1}^{n}(T_i+1)}$。

（2）求出各典型环节的交接频率（各环节时间常数的倒数），将其从小到大排列为 ω_1，ω_2，ω_3，…，并标注在 ω 轴上。

（3）绘制第一个转折频率 ω_1 左边的部分，它是伯德图的低频段。它的斜率为 -20νdB/dec 的直线，为获得这条直线还需确定该直线上的一点，可采用以下三种方法：

① 在 $\omega<\omega_1$ 范围内，任选一点 ω_0，计算

$$L_a(\omega_0)=20\lg K-20\nu\lg\omega_0$$

② 取频率为特定估 $\omega_0=1$，则

$$L_a(1)=20\lg K$$

③ 取 $L_a(\omega_0)$ 为特殊值 0，则有 $\dfrac{K}{\omega_0^{\nu}}=1$

$$\omega_0=K^{\frac{1}{\nu}}$$

于是，过 $(\omega_0,L_a(\omega_0))$ 在 $\omega<\omega_1$ 范围内可作斜率为 -20νdB/dec 的直线。显然，若

有 $\omega_0 > \omega_1$，则点 $(\omega_0,\ L_a(w_0))$ 位于该直线的延长线上。

（4）随着 ω 的增加，每遇到一个典型环节的交接频率，就按上述方法改变一次斜率。

（5）必要时可用误差曲线进行修正，以求得更精确曲线。

（6）对数相频特性可以由各个典型环节的相频特性相加而得，也可以利用相频特性函数 $\varphi(\omega)$ 直接计算。

【例 5.4】 设系统的开环传递函数为

$$G(s) = \frac{10(s+1)}{s(1+0.2s)(1+0.5s+(0.25s)^2)}$$

试绘制开环对数频率特性图（伯德图）。

解： 从系统的开环传递函数 $G(s)$ 可知，系统由比例环节（10）、积分环节 $1/s$、惯性环节 $\left(\dfrac{1}{1+0.2s}\right)$、比例-微分环节 $(1+s)$ 和二阶振荡环节 $\left[\dfrac{1}{1+0.5s+(0.25s)^2}\right]$ 所组成，且 $\omega_1=1$，$\omega_2=4$，$\omega_3=5$。

$$20\lg K = 20\lg 10 = 20$$

确定了交接 $20\lg K$ 后，就可以按下面的步骤绘制伯德图：

（1）通过点 $(1,\ 20)$ 绘制一条斜率为 $-20\mathrm{dB/dec}$ 的直线，这是考虑积分环节和比例环节的影响。

（2）从 $\omega_1=1$ 起，由于 $1+s$ 环节的影响，斜率应该增加 $20\mathrm{dB/dec}$，即斜率变为 $0\mathrm{dB/dec}$。

（3）从 $\omega_2=4$ 起，由于 $\dfrac{1}{1+0.5s+(0.25s)^2}$ 环节的影响，斜率应该减少 $40\mathrm{dB/dec}$，即斜率由 $0\mathrm{dB/dec}$ 变为 $-40\mathrm{dB/dec}$。

（4）从 $\omega_3=5$ 起，由于 $\dfrac{1}{1+0.2s}$ 环节的影响，斜率应该减少 $20\mathrm{dB/dec}$，即斜率变为 $-60\mathrm{dB/dec}$。

开环对数相频曲线的绘制，一般由典型环节分解下的相频特性表达式，取若干个点计算它们的相频特性，然后再光滑连接。开环系统的伯德图如图 5.23 所示。

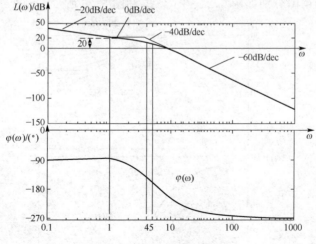

图 5.23　例 5.3 的伯德图

用 MATLAB 绘制伯德图的程序如下：

```
bode(conv([10],[ 1 1]), conv([1 0], conv([0.2 1],[0.25² 0.5 1])))
```

5.3.3 最小相位系统与非最小相位系统

如果系统的开环传递函数在右半 s 平面上没有极点和零点，则称为最小相位传递函数。具有最小相位传递函数的系统，称为最小相位系统。当系统单回路中只包含比例、积分、微分、惯性、一阶微分、振荡环节和二阶微分时，系统一定是最小相位系统。例如，具有下列开环传递函数的系统就是最小相位系统：

$$G_1(s) = \frac{K(1+T_1 s)}{(1+T_2 s)} \quad (0 < T_1 < T_2)$$

如果开环传递函数在右半 s 平面上有一个（或多个）极点和零点，则称为非最小相位传递函数。具有非最小相位传递函数的系统称为非最小相位系统。如果系统中存在迟后环节或不稳定的环节时，系统就是非最小相位系统。例如，具有下列开环传递函数的系统即为非最小相位系统：

$$G_2(s) = \frac{K(1-T_1 s)}{(1+T_2 s)} \quad (0 < T_1 < T_2)$$

$$G_3(s) = \frac{K(1+T_1 s)}{(1+T_2 s)} e^{-\tau s} \quad (0 < \tau, \ = 1)$$

$G_1(s)$、$G_2(s)$ 和 $G_3(s)$ 的幅频特性都相同，其表达式是

$$G(s) = \frac{K\sqrt{1+T_1^2 \omega^2}}{\sqrt{1+T_2^2 \omega^2}}$$

但它们的相频特性却不同，设 $G_1(s)$、$G_2(s)$ 和 $G_3(s)$ 的相频特性分别为 φ_1、φ_2 和 φ_3，则

$$\varphi_1 = \arctan(T_1 \omega) - \arctan(T_2 \omega)$$

$$\varphi_2 = \arctan(-T_1 \omega) - \arctan(T_2 \omega)$$

$$\varphi_3 = \arctan(T_1 \omega) - \arctan(T_2 \omega) - \tau \omega$$

三个系统的伯德图分别如图 5.24、图 5.25 和图 5.26 所示。显然，最小相位系统 G_1

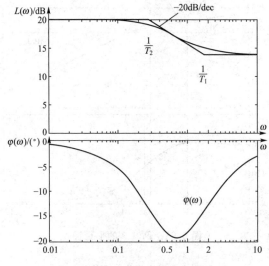

图 5.24 $G_1(s)$ 系统的伯德图

的相角变化为最小，系统 G_2 的相角变化范围是 $0°\sim-180°$，第三个系统 G_3 由于含有延迟环节，相角增加很快。对控制系统来说，相位纯滞后越大，对系统的稳定性越不利，因此要尽量减小延迟环节的影响和尽可能避免有非最小相位特性的元件。

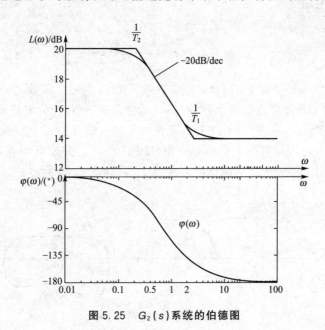

图 5.25　$G_2(s)$ 系统的伯德图

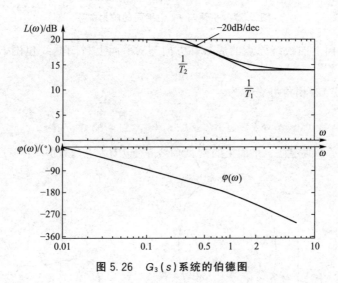

图 5.26　$G_3(s)$ 系统的伯德图

5.4　映射定理与奈奎斯特稳定判据

　　控制系统的闭环稳定性是分析和设计系统所需要解决的首要问题。频域稳定判据是从代数判据发展而来，可以说是一种几何判据。它是根据开环系统频率特性曲线来判定闭环系统的稳定性，并能确定系统的相对稳定性。常用的两种频域稳定判据包括奈奎斯

特(Nyquist)稳定判据(简称奈奎斯特判据)和对数频率稳定判据。奈奎斯特稳定判据由奈奎斯特于1932年提出,它的理论基础是复变函数理论中的映射定理,又称幅角原理。

5.4.1 映射定理

设有一复变函数为

$$F(s) = \frac{K(s-z_1)(s-z_2)(s-z_3)}{(s-p_1)(s-p_2)\cdots(s-p_3)}$$

s 为复变量,以 s 复平面上的 $s=\sigma+j\omega$ 表示。$F(s)$ 为复变函数,记 $F(s)=U+jV$。假设 s 平面上对除了有限奇点之外的任一点 s,复变函数 $F(s)$ 均为解析函数,那么,对于 s 平面上的每一解析点,在 $F(s)$ 平面上必定有一个对应的映射点 [s 平面和 $F(s)$ 平面之间的对应关系]。因此,如果在 s 平面画一条封闭曲线 T_s,并使其不通过 $F(s)$ 的任一奇点,则在 $F(s)$ 平面上必有一条对应的映射曲线 T_F,如图 5.27 所示。

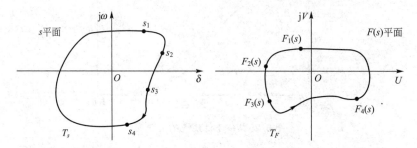

图 5.27 平面与 $F(s)$ 平面的映射关系

可见,F 平面上曲线绕原点的周数和方向与 s 平面上封闭曲线包围 $F(s)$ 的零极点数目有关。

复变函数 $F(s)$ 的相角可表示为

$$\angle F(s) = \sum_{i=1}^{m} \angle(s-z_i) - \sum_{j-1}^{n} \angle(s-p_j)$$

如图 5.28 所示,假定在 s 平面上的封闭曲线 T_s 包围了 $F(s)$ 的一个零点 z_1,而其他零

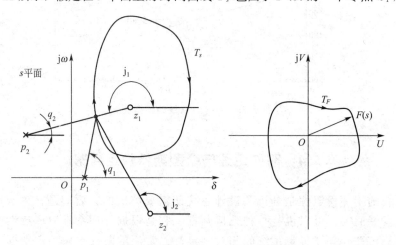

图 5.28 s 平面与 $F(s)$ 平面的映射关系

极点都位于封闭曲线之外。当 s 沿着封闭曲线 T_s 顺时针方向移动一周时，向量 $(s-z_1)$ 的相角变化 -2π 弧度，而其他各相量的相角变化为零；这意味着在 $F(s)$ 平面上的映射曲线 T_F 沿顺时针方向围绕着原点旋转一周，也就是向量 $F(s)$ 的相角变化了 -2π 弧度，如图 5.28 所示。

若 s 平面上的封闭曲线 T_s 包围着 $F(s)$ 的 Z 个零点，则在 $F(s)$ 平面上的映射曲线 T_F 将按顺时针方向围绕着坐标原点旋转 Z 周。

用类似分析方法可以推论，若 s 平面上的封闭曲线 T_s 包围了 $F(s)$ 的 P 个极点，则当 s 沿着 T_s 顺时针移动一周时，在 $F(s)$ 平面上的映射曲线 T_F 将按逆时针方向围绕着原点旋转 P 周。

所以矢量 $F(s)$ 的幅角改变量为

$$\angle F(s) = \sum_{i=1}^{m} \angle(s-z_i) - \sum_{j=1}^{n} \angle(s-p_j)$$
$$= Z(360°) - P(360°) = (Z-P) \times 360°$$

映射定理：设 s 平面上的封闭曲线 T_s 包围了复变函数 $F(s)$ 的 P 个极点和 Z 个零点，并且此曲线不经过 $F(s)$ 的任一零点和极点，则当复变量 s 沿封闭曲线 T_s 顺时针方向移动一周时，在 $F(s)$ 平面上的映射曲线 T_F 按逆时针方向围绕坐标原点 $P-Z$ 周。

可见，F 平面上曲线绕原点的周数和方向与 s 平面上封闭曲线包围 $F(s)$ 的零极点数目有关。

5.4.2 奈奎斯特稳定判据

设系统的开环传递函数为

$$G(s)H(s) = \frac{K(s-z_1)(s-z_2)\cdots(s-z_m)}{(s-p_1)(s-p_2)\cdots(s-p_n)} \quad (m \leqslant n)$$

又设负反馈控制系统的闭环传递函数为

$$\frac{Y(s)}{U(s)} = \frac{G(s)}{1+G(s)H(s)} \tag{5-19}$$

将式 (5-19) 等号右边的分母 $1+G(s)H(s)$ 定义为系统的特征函数 $F(s)$，即

$$F(s) = 1 + G(s)H(s)$$

令 $F(s) = 0$，即

$$F(s) = 1 + G(s)H(s) = 0 \tag{5-20}$$

式 (5-21) 即为闭环系统的特征方程。

式 (5-19)、式 (5-20)、式 (5-21) 中的 $G(s)H(s)$ 是反馈控制系统的开环传递函数，设

$$G(s)H(s) = \frac{B(s)}{A(s)} \tag{5-21}$$

式中：$A(s)$ 为 s 的 n 阶多项式；$B(s)$ 为 s 的 m 阶多项式。则特征函数 $F(s)$ 可以写成

$$F(s) = 1 + G(s)H(s) = 1 + \frac{B(s)}{A(s)} = \frac{A(s)+B(s)}{A(s)} = \frac{(s-s_1)(s-s_2)\cdots(s-s_n)}{(s-p_1)(s-p_2)\cdots(s-p_n)} \tag{5-22}$$

式中：p_j 为 $F(s)$ 的极点 $(j=1,2,\cdots,n)$；s_i 为 $F(s)$ 的零点 $(i=1,2,\cdots,n)$。

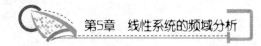

由式(5-23)可知，$F(s)$ 的分母和分子均为 s 的 n 阶多项式，也就是说，特征函数 $F(s)$ 的零点和极点的个数是相等的。

对照式(5-19)、式(5-20)、式(5-22)可以看出，特征函数 $F(s)$ 的极点就是系统开环传递函数的极点，特征函数 $F(s)$ 的零点则是系统闭环传递函数的极点。因此根据前述闭环系统稳定的条件，要使闭环控制系统稳定，特征函数 $F(s)$ 的全部零点都必须位于 s 平面的左半部分。

1. 奈奎斯特回线的选择

当系统是 $\nu=0$ 的 0 型系统时，为了使特征函数 $F(s)$ 在 s 平面上的零点、极点分布及在 F 平面上的映射情况与控制系统稳定性分析联系起来，必须适当选择 s 平面上的封闭曲线 C。为此，选择这样的封闭曲线 C（称为奈奎斯特回线）：使封闭曲线 C 包围整个右半 s 平面。封闭曲线 C 如图 5.29 所示，它是由整个虚轴和半径为 ∞ 的右半圆组成。当 s 按顺时针方向移动一圈时，映射在 $F(s)$ 平面上也是一条封闭曲线，如图 5.30 所示。

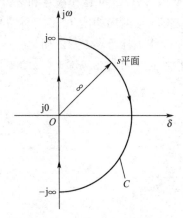

图 5.29　s 平面的奈奎斯特回线

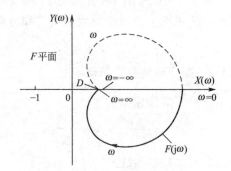

图 5.30　F 平面的 $F(s)$ 曲线

因为一般开环传递函数 $G(s)$ 的分子阶数 m 小于分母阶数 $n(m\leqslant n)$，所以 $G(\infty)H(\infty)$ 常为零或常数，所以 $F(\infty)=1$ 或常数。这表明，s 平面上半径为 ∞ 的右半圆，包括虚轴上坐标为 $j\infty$ 和 $-j\infty$ 的点，它们在 F 平面上的映射都是同一个点，即图 5.30 所示的点 D。

当系统开环传递函数中含有积分环节时，往往有极点位于 s 平面的虚轴上，尤其是位于原点上，设形式为

$$G(S)H(S)=\frac{K\displaystyle\prod_{j=1}^{m}(T_js+1)}{S^{\nu}\displaystyle\prod_{i=0}^{n-\nu}(T_js+1)} \tag{5-23}$$

这样，由图 5.29 描述的奈奎斯特回线将通过开环传递函数的极点。我们规定奈奎斯特回线不能通过开环传递函数 $G(s)$ 的极点和零点，所以如果开环传递函数 $G(s)$ 有极点或零点位于原点上或者位于虚轴上，则 s 平面上的封闭曲线形状必须把这些点排除在封闭曲线之外，但封闭曲线仍包围右半 s 平面内的所有零点和极点，为此，以原点为圆心，做一

个半径为无限小 ε 的右半圆，使奈奎斯特回线沿着这个无限小的半圆绕过原点，如图 5.31 所示。由图可以看出，修改后的奈奎斯特回线，将由负虚轴、原点附近的无限小半径的右半圆、正虚轴和无限大半圆所组成，位于无限小半圆上的变点 s 可表示为

$$s = \varepsilon\, e^{j\varphi} \qquad (5-24)$$

φ 从 $-90°$ 经 0 变至 $90°$，将式(5-24)代入式(5-23)，并考虑到 s 是无限小的矢量，可得

$$G(s)H(s) = \frac{K}{\varepsilon^\nu e^{j\nu\varphi}} = \infty e^{j(-\nu\varphi)} \qquad (\varphi \text{ 从} -90° \rightarrow 0 \rightarrow 90°)$$

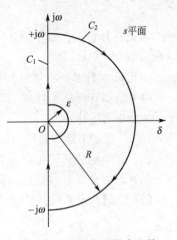

图 5.31 绕过位于原点上的极点的奈奎斯特回线

从式可知：s 平面上原点附近的无限小右半圆在 $G(s)H(s)$ 平面上的映射，为无限大半径的圆弧，该圆弧的角度从 $\omega = 0^-$ 开始，顺时针方向转过 $\nu \times 180°$ 到 $\omega = 0^+$ 终止。

2. 奈奎斯特稳定判据

第一种表述方法：如果在 s 平面上，s 沿着奈奎斯特回线顺时针方向移动一周时，在 $F(s)$ 平面上的映射曲线 T_F 围绕坐标原点按逆时针方向旋转 $N = P$ 周，则系统是稳定的（P 为不稳定开环极点的数目）。如果 $N \neq P$，则说明闭环系统不稳定。闭环系统分布在右半 s 平面的极点数 $Z = P - N$。如果开环稳定，即 $P = 0$，则闭环系统稳定的条件是：映射曲线 T_F 围绕坐标原点的圈数为 $N = 0$。

由于系统闭环特征方程为 $G(s)H(s) = F(s) - 1$，因此 $F(s)$ 的映射曲线 T_F 围绕原点运动情况，相当于 $G(s)H(s)$ 的封闭曲线 T_{GH} 围绕 $(-1, j0)$ 点的运动情况，如图 5.32 所示。

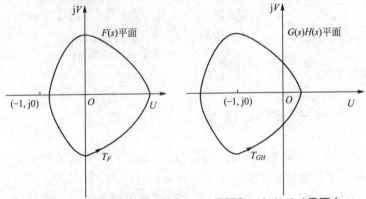

奈奎斯特判据

图 5.32 奈奎斯特回线映射在 $F(s)$ 平面和 $G(s)H(s)$ 平面上

由于 $F(s)$ 图形无法绘制，一般用第二种表述方法来判定系统的稳定性。

第二种表述方法：闭环控制系统稳定的充分必要条件是，当 ω 从 $-\infty$ 变化到 $+\infty$ 时，系统的开环频率特性 $G(j\omega)H(j\omega)$ 按逆时针方向包围 $(-1, j0)$ 点 $N = P$ 周，P 为位于 s 平面右半部的开环极点数目。如果 $N \neq P$，则说明闭环系统不稳定。闭环系统分布在右半 s 平面的极点数

$$Z = P - N \tag{5-25}$$

如果开环稳定，即 $P=0$，则闭环系统稳定的条件是：映射曲线 T_{GH} 围绕 $(-1, j0)$ 的圈数为 $N=0$。

应用以上奈奎斯特稳定判据判别闭环系统稳定性的一般步骤如下：

（1）绘制开环频率特性 $G(j\omega)H(j\omega)$ 的奈奎斯特图。然后以实轴为对称轴，画出对应于 $-\infty \to 0$ 的另外一半。

（2）计算奈奎斯特曲线 $G(j\omega)H(j\omega)$ 对点 $(-1, j0)$ 的包围次数 N。

（3）由给定的开环传递函数 $G(s)H(s)$ 确定位于 s 平面右半部分的开环极点数 P。

（4）应用奈奎斯特稳定判据判别闭环系统的稳定性。

【例 5.5】　设系统开环传递函数为

$$G(s) = \frac{50}{(s+2)(s^2+2s+5)}$$

试用奈奎斯特稳定判据判定闭环系统的稳定性。

解：绘出系统的开环幅相特性曲线如图 5.33 所示。$A(\omega) = \dfrac{50}{\sqrt{\omega^2+4}\ \sqrt{(5-\omega^2)^2+4\omega^2}}$，

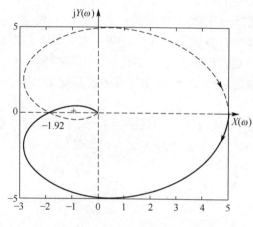

$$\varphi(\omega) = \arctan\left(\frac{\omega}{2}\right) - \arctan\left(\frac{2\omega}{5-\omega^2}\right).$$

当 $\omega=0$ 时，曲线起点在实轴上 $X(\omega)=5$。当 $\omega=\infty$ 时，曲线终点在原点。当 $\omega=3$ 时曲线和负实轴相交，交点为 -1.92。

在右半 s 平面上，系统的开环极点数为 0。开环频率特性 $G(j\omega)$ 随着 ω 从 0 变化到 $+\infty$ 时，顺时针方向围绕 $(-1, j0)$ 点两圈，即 $N=-2$。用式（5-25）可求得闭环系统在右半 s 平面的极点数为

$$Z = P - N = 0 - (-2) = 2$$

所以该闭环系统不稳定。

图 5.33　例 5.5 的奈奎斯特图

5.5　稳定裕度

根据奈奎斯特判据可知，若系统开环传递函数 $G(s)H(s)$ 没有右半平面的极点，即 $P=0$，则闭环系统稳定性取决于 T_{GH} 包围 $(-1, j0)$ 点的情况。当奈奎斯特曲线 $G(j\omega)H(j\omega)$ 离 $(-1, j0)$ 点越远，则闭环系统的稳定程度越高；反之，$G(j\omega)H(j\omega)$ 离 $(-1, j0)$ 点越近，则闭环系统的稳定程度越低；如果 $G(j\omega)H(j\omega)$ 穿过 $(-1, j0)$ 点，则闭环系统处于临界稳定状态。通常所说的相对稳定性就是用 T_{GH} 偏离 $(-1, j0)$ 点的程度来度量，它可以表示为相角裕度 γ 和增益裕量 K_g。

动画【稳定裕度】

1. 相角裕度(相位裕度)γ

在频率特性上对应于幅值 $A(\omega)=1(L(\omega)=0)$ 的角频率称为剪切频率(截止频率),以 ω_c 表示。在剪切频率处,相频特性距 $-180°$ 线的相位差 γ 称为相角裕度。如图 5.34 所示,设一稳定系统的奈奎斯特曲线 $[G(j\omega)H(j\omega)$ 曲线] 与负实轴相交于 g 点,与单位圆相交于 c 点,c 点处的频率 ω_c 称为剪切频率。ω_c 处的相角 $\varphi(\omega_c)$ 与 $-180°$(负实轴)的相角差 γ 称为相位裕量,即

$$\gamma = \varphi(\omega_c) - (-180°) = 180° + \varphi(\omega_c) \qquad (5-25)$$

当 $\gamma > 0$ 时,表示相角裕度是正的,即允许相角再滞后 γ 度,系统处于临界稳定状态。$\gamma < 0$ 时,表示相角裕度是负的。为了使闭环系统稳定,要求相角裕度是正的,如图 5.34 所示。图 5.35 描述了稳定系统的伯德图。

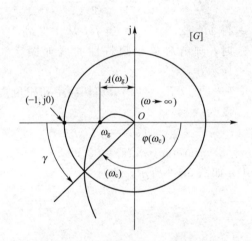

图 5.34　相角裕度和幅值裕度的定义

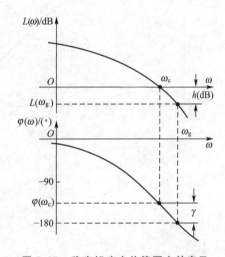

图 5.35　稳定裕度在伯德图上的表示

2. 增益裕度 K_g

在相频特性等于 $-180°$ 的频率 ω_g(穿越频率)处,开环幅频特性 $A(\omega_g)$ 的倒数,称为增益裕度,记作 K_g,如图 5.34 所示,即

$$K_g = \frac{1}{A(\omega_g)} = \frac{1}{|G(j\omega_g)H(j\omega_g)|} \qquad (5-26)$$

稳定裕度

在伯德图上,增益裕度改以分贝(dB)表示为 $K_g = 20\lg \dfrac{1}{A(\omega_g)} = -20\lg A(\omega_g)$

在奈奎斯特图中,奈奎斯特曲线与负实轴的交点到原点的距离即为 $1/K_g$,它代表在频率 ω_g 处开环频率特性的模。显然,对于稳定系统,$A(\omega_g) < 1$,即 $1/K_g < 1$;对于不稳定系统则有 $1/K_g > 1$。

在稳定系统的伯德图中,$L(\omega_g)$ 必在伯德图 0dB 线以下,这时称为正增益裕度,如图 5.36 所示。表明对数幅频特性还可上移 K_g,即开环系统的增益增加 K_g 倍,则闭环

系统达到稳定的临界状态。对于不稳定系统，$L(\omega_g)$必在0dB线以上，这时称为负增益裕度。

对于最小相位系统，当$\gamma>0$，$K_g>0$dB时系统稳定，当$\gamma<0$时系统不稳定。相角裕度和增益裕度通常都作为设计和分析控制系统稳定性的指标。

【例5.6】　单位反馈系统开环传递函数为

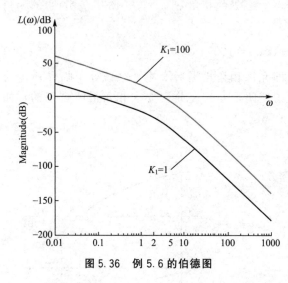

$$G(s)=\frac{K_1}{s(s+2)(s+5)}$$

试分别求取$K_1=1$及$K_1=100$时的相角裕度。

解：相角裕度可通过对数幅频特性用图解法求出。当$K_1=1$时，由

$$G(s)=\frac{K_1}{10s(1+s/2)(1+s/5)}$$

得$\omega_1=2$，$\omega_2=5$。当K_1从1变到100时，画出对数幅频特性曲线如图5.36所示。

所以$K_1=1$时，剪切频率和相角裕度为

$$\omega_{c1}=0.1$$

图5.36　例5.6的伯德图

$$\gamma=180°+\varphi(\omega_c)=180°-90°-\arctan(\omega_{c1}/2)-\arctan(\omega_{c1}/5)=85.992°$$

当K_1从1变到100时，幅频特性上移40dB，如图5.36所示，此时

$$20\lg\frac{100}{10\omega_{c2}\cdot\dfrac{\omega_{c2}}{2}}=0$$

$$\omega_{c2}=2\sqrt{5}=4.472$$

$$\gamma=180°+\varphi(\omega'_c)=180°-90°-\arctan(\omega_{c2}/2)-\arctan(\omega_{c2}/5)=-17.7°$$

例5.6表明K减小，可以增大系统的相角裕度，但是系统的稳态误差会变大，而且系统响应速度通常会变慢。在工程实践中，当K_g和γ在下列范围内取值时，控制系统一般可以得到较为满意的动态性能：

$$\gamma=30°\sim60°$$

$$K_g>6\text{dB} \tag{5-27}$$

5.6　用闭环频率特性分析系统的性能

1. 控制系统频带宽度

前面已经给出了开环频率特性$G(j\omega)$与闭环频率特性$M(j\omega)$的关系，对单位负反馈系统为

$$M(j\omega)=\frac{G(j\omega)}{1+G(j\omega)} \tag{5-28}$$

已知开环频率特性，就可求得系统的闭环频率特性。

图 5.37 所示为闭环幅频特性的典型形状。由图可见，闭环幅频特性的低频部分变化缓慢，较为平滑，随着 ω 增大，幅频特性出现最大值，继而以较大的陡度衰减至零，这种典型的闭环幅频特性可用下面几个特征量来描述。

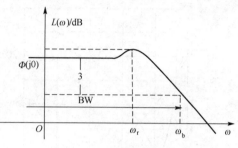

图 5.37　典型闭环幅频特性

（1）谐振峰值 M_r：闭环频率特性幅频特性的极大值，称为谐振峰值 M_r。通常希望系统的谐振峰值为 1.1～1.4，对应二阶系统 $0.4 < \xi < 0.7$。

（2）谐振频率 ω_r：出现谐振峰值时的频率。它在一定程度上反映了系统暂态响应的速度。ω_r 越大，则暂态响应越快。

（3）系统频带宽：当闭环频率响应的幅值下降到零频率值以下 3dB 时，对应的频率称为带宽频率，用 ω_b 表示。0 到 ω_b 的频率范围称为系统的带宽。如图 5.36 所示，当 $\omega > \omega_b$ 时 $20\lg|\Phi(j\omega)| < 20\lg|\Phi(j0)| - 3$。带宽反映了系统对噪声的滤波特性，同时也反映了系统的响应速度。频带越宽，表明系统能通过较高频率的输入信号。因此 ω_b 高的系统，一方面重现输入信号的能力强，另一方面抑制输入端高频噪声的能力弱。带宽愈大，响应速度愈快。反之带宽愈小，只有较低频率的信号才易通过，则时域响应往往比较缓慢。

2. 闭环频域指标与时域指标的关系

用闭环频率特性分析系统的动态性能，一般用谐振峰值 M_r 和频带宽 ω_b（或谐振频率 ω_r）作为闭环频域指标。

1）二阶系统

由上节可知，典型二阶系统闭环传递函数为

$$M(s) = \frac{\omega_n^2}{s^2 + 2\xi\omega_n s + \omega_n^2} \quad (0 < \xi < 1) \tag{5-29}$$

对应式（5-29）写出二阶典型系统的闭环频率特性 $M(j\omega)$ 为

$$M(j\omega) = \frac{\omega_n^2}{(j\omega)^2 + 2\xi\omega_n(j\omega) + \omega_n^2} = \frac{\omega_n^2}{(\omega_n^2 - \omega^2) + j2\xi\omega_n\omega} \tag{5-30}$$

式（5-30）也是振荡环节的频率特性。

典型二阶系统的闭环幅频特性为

$$M(\omega) = \frac{\omega_n^2}{\sqrt{(\omega_n^2 - \omega^2)^2 + (2\xi\omega_n\omega)^2}} \tag{5-31}$$

则谐振频率为

$$\omega_r = \omega_n \sqrt{1 - 2\xi^2} \quad (0 < \xi \leqslant 0.707) \tag{5-32}$$

谐振峰值为

$$M_r = \frac{1}{2\xi\sqrt{1 - \xi^2}} \quad (0 < \xi \leqslant 0.707) \tag{5-33}$$

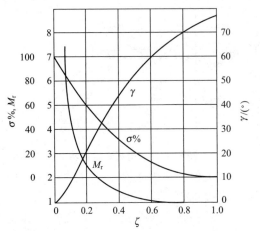

图 5.38　二阶系统 $\sigma\%$、γ、M_r 与 ξ 的关系曲线

将式(5-33)所表示的 M_r 与 ξ 的关系绘于图 5.38 中。由图明显看出，M_r 越小，系统阻尼性能越好。如果谐振峰值较高，系统动态过程超调大，收敛慢，平稳性及快速性都差。从图 5.38 可知，$M_r = 1.2 \sim 1.5$ 对应 $\sigma\% = 20\% \sim 30\%$，这时可获得适度的振荡性能。若出现 $M_r > 2$，则与此对应的超调量可高达 40% 以上。

在频率 ω_b 处，典型二阶系统闭环频率特性的幅值为

$$M(\omega_b) = \frac{\omega_n^2}{\sqrt{(\omega_n^2 - \omega_b^2)^2 + (2\xi\omega_n\omega_b)^2}}$$

解出 ω_b 与 ω_n、ξ 的关系为

$$\omega_b = \omega_n \sqrt{1 - 2\xi^2 + \sqrt{2 - 4\xi^2 + 4\xi^4}} \tag{5-34}$$

由 $t_s \approx \dfrac{3}{\xi\omega_n}$ 求得 ω_n，代入式(5-34)中，可得

$$\omega_b t_s = \frac{3}{\xi} \sqrt{1 - 2\xi^2 + \sqrt{2 - 4\xi^2 + 4\xi^4}} \tag{5-35}$$

对于给定的谐振峰值 M_r，调节时间与频带宽呈反比。如果系统有较宽的频带，则说明系统自身的惯性很小，动作过程迅速，系统的快速性好。

2) 高阶系统

对于高阶系统，难以找出闭环频域指标和时域指标之间的确切关系。但如果高阶系统存在一对共轭复数闭环主导极点，可近似采用针对二阶系统建立的关系。通过对大量系统的研究表明，高阶系统时域指标和频域指标的关系，可以采用如下近似经验公式：

$$\sigma\% = 0.16 + 0.4(M_r - 1) \quad (1 \leqslant M_r \leqslant 1.8) \tag{5-36}$$

$$t_s = \frac{K\pi}{\omega_c} \quad (\text{s}) \tag{5-37}$$

式中

$$K = 2 + 1.5(M_r - 1) + 2.5(M_r - 1)^2 \quad (1 \leqslant M_r \leqslant 1.8) \tag{5-38}$$

式(5-36)表明，高阶系统的超调量 $\sigma\%$ 随 M_r 增大而增大。式(5-37)则表明，调节时间 t_s 随 M_r 增大而增大，且随 ω_c 增大而减小。

3. 开环频域指标和闭环频域指标的关系

相角裕度 γ 和谐振峰值 M_r 都可以反映系统超调量的大小，表征系统的平稳性。对于二阶系统，通过图 5.39 中的曲线可以看到 γ 与 M_r 之间的关系。

以典型二阶系统为例，它的开环频率特性为

$$G(j\omega) = \frac{\omega_n^2}{j\omega(j\omega + 2\xi\omega_n)}$$

$$= \frac{\omega_n^2}{\omega\sqrt{\omega^2 + 4\xi^2\omega_n^2}} \angle -90 - \arctan\frac{\omega}{2\xi\omega_n}$$

$$\gamma = 180° + \varphi(\omega_c) = \arctan\left(\frac{2\xi\omega_n}{\omega_c}\right)$$

$$= \arctan\left(\frac{2\xi}{\sqrt{\sqrt{1+4\xi^4} - 2\xi^2}}\right)$$

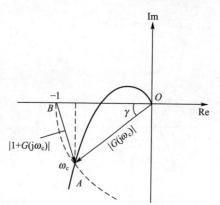

图 5.39　求取 M_r 和 γ 之间的近似关系

因此，ξ 与 γ 存在一一对应的关系。

对于高阶系统，可通过图 5.39 找出它们之间的近似关系。假设 M_r 出现在 ω_c 附近（即 ω_r 接近 ω_c），就是说用 ω_c 代替 ω_r 来计算谐振峰值，并且 γ 较小，可以近似认为 $|AB| = |1 + G(j\omega)|$，于是有

$$M_r \approx \frac{|G(j\omega_c)|}{|1+G(j\omega_c)|} \approx \frac{|G(j\omega_c)|}{|AB|} = \frac{|G(j\omega_c)|}{|G(j\omega_c)|\sin\gamma} = \frac{1}{\sin\gamma} \qquad (5-39)$$

当 γ 较小时，式(5-39)的准确度较高。

5.7　习题精解及 MATLAB 工具和案例分析

扩展题解答 1

扩展题解答 2

扩展题解答 3

5.7.1　习题精解

【例 5.7】　一个单位负反馈系统的开环传递函数为 $G(s) = \dfrac{1}{s(0.5s+1)(0.1s+1)}$，请绘制奈奎斯特图，并判断其稳定性。

解：

$$A(\omega) = \frac{1}{\omega\sqrt{(0.5\omega)^2+1}\sqrt{(0.1\omega)^2+1}}, \quad \varphi(\omega) = -90° - \arctan(0.5\omega) - \arctan(0.1\omega)$$

该系统是 I 型系统，它的奈奎斯特曲线的起点是在相角为 $-90°$ 的无限远处。$n=3$，这样终点相角为 $\varphi(\infty) = (n-m)(-90°) = -270°$。下面分析奈奎斯特曲线与负实轴是否有交点。由 $\varphi(\omega) = -180°$ 得

$$-90° - \arctan(0.5\omega) - \arctan(0.1\omega) = -180°$$

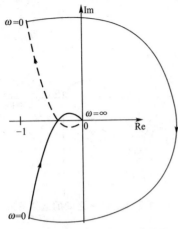

图 5.40 例 5.7 的奈奎斯特图

即

$$\arctan(0.5\omega)=90°-\arctan(0.1\omega)$$

上式两边取正切，得 $0.5\omega=1/(0.1\omega)$，即 $\omega=2\sqrt{5}$。此时，$A(\omega)=0.08$。因此奈奎斯特曲线与实轴的交点为 $(-0.08,j0)$。系统开环传递函数有一个极点在 s 平面的原点处，因此奈奎斯特回线中半径为无穷小量 ε 的半圆弧所对应的映射曲线是一个半径为无穷大的圆弧：

$$\omega:\quad 0\rightarrow 0+$$
$$\theta:\quad -90°\rightarrow 0°\rightarrow +90°$$
$$\varphi(\omega):\quad +90°\rightarrow 0°\rightarrow -90°$$

因为 s 平面右半部开环极点数 $P=0$，且奈奎斯特曲线顺时针包围 $(-1,j0)$ 点 0 次，即 $N=0$，则 $Z=P-N=0$，所以系统稳定，没有闭环极点在 s 平面右半部。

用 MATLAB 绘制 $(-1,j0)$ 点附近的奈奎斯特曲线如图 5.40 所示。

【评注】 I 型系统的奈奎斯特曲线的起点是在相角为 $-90°$ 的无限远处。当 $\omega\rightarrow\infty$ 时，$\varphi(\infty)=(n-m)(-90°)$，与 0 型系统类似。当 $n-m=3$ 时，$\varphi(\infty)=-270°$，奈奎斯特曲线从 $-180°$ 进入坐标原点，在原点处与负实轴相切。

【例 5.8】 一个单位负反馈系统的开环传递函数为 $G(s)=\dfrac{2}{s(s+1)(0.1s+1)}$，请绘制其伯德图，并判断系统稳定性。

解：$\omega_1=1$，$\omega_2=10$，$20\lg K=20\lg 2=6(\mathrm{dB})$。画出对数幅频特性曲线如图 5.41 所示。

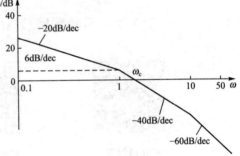

图 5.41 例 5.8 的伯德图

由图 5.41 可知对数幅频特性表达式为

$$L=20\lg\frac{2}{\omega}\quad(\omega\leqslant 1)$$

$$L=20\lg\frac{2}{\omega\cdot\omega}\quad(1<\omega\leqslant 10)$$

$$L=20\lg\frac{2}{\omega\cdot\omega\cdot 0.1\omega}\quad(\omega>10)$$

因此

$$-40(\lg\omega_c-\lg\omega_1)=0-20\lg K$$

$$40\lg(\omega_c/\omega_1)=20\lg K=20\lg 2$$

所以剪切频率 $\omega_c = \sqrt{2} = 1.414$。相角裕度为

$$\gamma = 180° + \varphi(\omega_c) = 180° - 90° - \arctan\omega_c - \arctan(0.1\omega_c) = 27.2°$$

欲求增益裕度，则须先求出 ω_g。

由 $-90° - \arctan(\omega_g) - \arctan(0.1\omega_g) = -180°$，有

$$\arctan(\omega_g) + \arctan(\omega_g/10) = 90°$$

解得

$$\omega_g = \sqrt{10}$$

$$K_g = \frac{1}{|A(\omega_g)|} = \frac{\omega_g\sqrt{\omega_g^2 + 1}\sqrt{(0.1\omega_g)^2 + 1}}{2} = 5.5 = 14.8\,(\text{dB})$$

在此给出用 MATLAB 计算的值，如图 5.42 所示。其程序如下：

```
margin([2], conv([1 0], conv([11], [0.11])))
```

计算得出相角裕度大于 0，$K_g > 0$，因此该系统是稳定的。

【评注】首先求出剪切频率 ω_c，然后利用公式 $\gamma = \varphi(\omega_c) - (-180°) = 180° + \varphi(\omega_c)$，求出相角裕度。

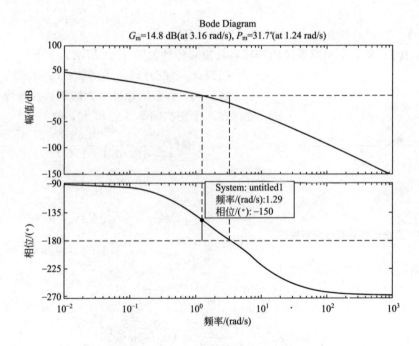

图 5.42 MATLAB 绘制的例 5.8 的图

【例 5.9】 若传递函数为

$$G(s) = \frac{K}{s^\nu} G_0(s)$$

式中：$G_0(s)$ 为 $G(s)$ 中除比例和积分两种环节之外的部分。试证明

$$\omega_1 = K^{\frac{1}{\nu}}$$

式中：ω_1 为近似对数幅频特性曲线最左端直线（或其延长线）与 0dB 线交点的频率，如图 5.43 所示。

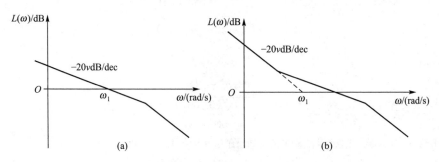

图 5.43 例 5.9 的图

证明： 依题意，$G(s)$ 近似对数频率曲线最左端直线（或其延长线）所对应的传递函数为 $\dfrac{K}{s^\nu}$，它决定了 $G(s)$ 最左端的幅频特性。因此，令 $20\lg\left|\dfrac{K}{(j\omega)^\nu}\right| = 0$，可得 $\dfrac{K}{\omega_1^\nu} = 1$，故 $\omega_1^\nu = K$，即 $\omega_1 = K^{\frac{1}{\nu}}$。

【评注】 $G(s)$ 的低频段（或其延长线）经过 $(K^{\frac{1}{\nu}}, 0)$ 点。

【例 5.10】 某最小相位系统的开环对数幅频特性如图 5.44 所示。要求：

(1)写出系统开环传递函数；(2)求相位裕度。

解：(1)由系统开环对数幅频特性曲线可知，系统存在两个交接频率 0.1 和 20，故

$$G(s) = \frac{k}{s(s/0.1+1)(s/20+1)}$$

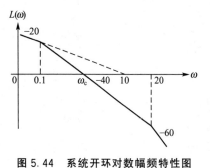

图 5.44 系统开环对数幅频特性图

且

$$20\lg\frac{k}{10} = 0$$

得

$$k = 10$$

所以

$$G(s) = \frac{10}{s(s/0.1+1)(s/20+1)}$$

(2)系统开环对数幅频特性为

$$L(\omega) = \begin{cases} 20\lg\dfrac{10}{\omega} & (\omega \leqslant 0.1) \\[2mm] 20\lg\dfrac{10}{\omega \cdot \omega/0.1} & (0.1 < \omega \leqslant 20) \\[2mm] 20\lg\dfrac{10}{\omega \cdot \omega/0.1 \cdot \omega/20} & (\omega > 20) \end{cases}$$

从而解得

$$\omega_c = 1$$

系统开环对数相频特性为

$$\varphi(\omega) = -90° - \arctan \frac{\omega}{0.1} - \arctan \frac{\omega}{20}$$

$$\varphi(\omega_c) = -177.15°$$

$$\gamma = 180° + \varphi(\omega_c) = 2.85°$$

【评注】 由最小相位系统近似的对数幅频特性图，可以写出每个频率段的幅频特性表达式，由此求出截止频率 ω_c。

5.7.2 案例分析及 MATLAB 应用

在第 3 章引言中提到的计算机磁盘读取控制系统，在第 2 章已经建立了它的数学模型。磁盘驱动器必须保证磁头的精确位置，并减小参数变化和外部振动对磁头定位造成的影响。作用在磁盘驱动器的扰动包括物理振动、磁盘转轴轴承的磨损和摆动，以及元器件老化引起的参数变化等。

现在用频率分析法讨论放大器增益 k_a 值的选取对系统稳定性的影响。

图 5.45 所示为 k_a 分别取 8、80、200 时系统的稳定裕度曲线，可以看出，当 k_a 增大时，系统的稳定性会变差。

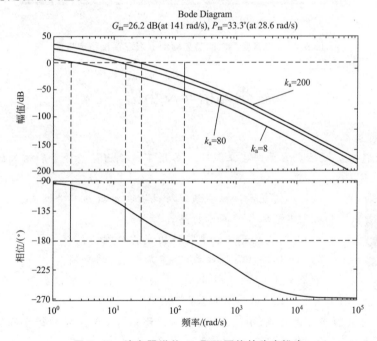

图 5.45 放大器增益 k_a 取不同值的稳定裕度

为使磁头控制系统的性能满足第 3 章表 3-1 所列的设计指标要求，可以加入速度反馈传感器，适当选择放大器 k_a 和速度传感器传递系数 k_1 的数值，可以使系统的性能得到改善。

选 $k_a = 100$，$k_1 = 0.035$，MATLAB 程序为

```
g5=tf([5000*ka],[1 1002 5000*ka*k1+2000]);margin(g5)
```

系统稳定裕度关系如图 5.46 所示，相位稳定裕度 $\gamma = 67°$，增益稳定裕度 $K_g = \infty$。因此加入速度反馈传感器后，系统的性能得到很大的提高。

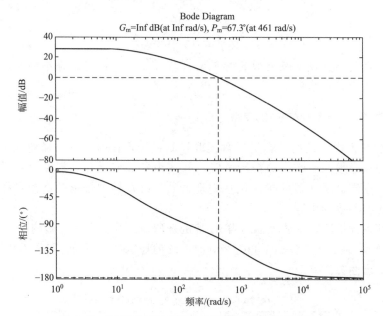

图 5.46　带速度反馈的磁盘驱动器读取系统稳定裕度

学习指导及小结

1. 频率特性

（1）频率特性。线性定常系统在正弦输入作用下，输出稳态分量和输入的复数比称为系统的频率特性。

第5章总结

（2）几何表示：幅相频率特性图、对数频率特性图。

（3）典型环节的频率特性。

2. 控制系统开环频率特性曲线的绘制

（1）开环幅相特性曲线（奈奎斯特图）的绘制。

分别求出 $\omega = 0$ 和 $\omega = +\infty$ 时的 $G(j\omega)$；求出奈奎斯特图与实轴（或虚轴）的交点；勾画出大致曲线。

（2）开环对数频率特性曲线（伯德图）的绘制。开环对数幅频特性等于各环节对数幅频特性之和；系统开环相频等于各环节相频特性之和。

系统开环对数幅频特性的低频段为 $20\lg K$ 的直线，随着 ω 的增加，每遇到一个交接（转折）频率，对数幅频特性就改变一次斜率。

3. 频域稳定判据和系统的相对稳定性

奈奎斯特稳定判据（第二种表述方法）：闭环控制系统稳定的充分必要条件是，当 ω 从 $-\infty$ 变化到 $+\infty$ 时，系统的开环频率特性 $G(j\omega)H(j\omega)$ 按逆时针方向包围 $(-1, j0)$ 点 P 周，P 为位于 s 平面右半部分的开环极点数目。

如果 $N \neq P$，则说明闭环系统不稳定。闭环系统分布在右半 s 平面的极点数 $Z = P - N$。

如果开环稳定，即 $P = 0$，则闭环系统稳定的条件是：映射曲线 T_{GH} 围绕 $(-1, j0)$ 的圈数为 $N = 0$。

4. 系统的相对稳定性和稳定裕度

相对稳定性：若系统开环传递函数没有右半平面的极点，且闭环系统是稳定的，那么奈奎斯特曲线 $G(j\omega)H(j\omega)$ 离 $(-1, j0)$ 点越远，越稳定。

稳定裕度：衡量闭环稳定系统稳定程度的指标，常用的有相角裕度 γ 和幅值裕度 K_g。

(1) 相角裕度 γ：在剪切频率 ω_c 处，$A(\omega_c) = 1$，相频特性距 $-180°$ 线的相位差 γ 称为相角裕度。

(2) 增益裕度 K_g：开环幅频特性 $A(\omega_g)$ 的倒数，称为增益裕度，记做 K_g。在伯德图上，增益裕度改以分贝(dB)表示。在 ω_g 处的相角是 $-180°$。

5. 最小相位系统

复平面右半平面既无零点也无极点的传递函数所表示的系统称为最小相位系统，否则称为非最小相位系统。最小相位系统的相角变化为最小。

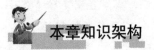**本章知识架构**

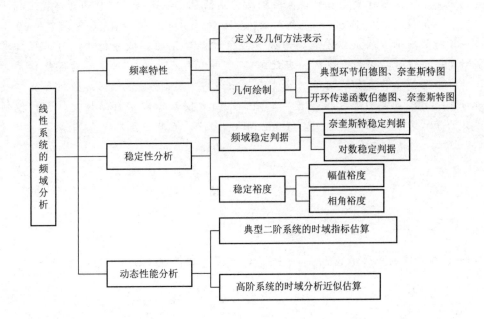

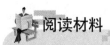

频域稳定判据及其控制理论的发展

　　自动控制理论随着社会生产和科学技术的进步而不断发展、完善。1868 年，英国物理学家麦克斯韦(J. C. Maxwell)通过对调速系统线性常微分方程的建立和分析，解释了瓦特速度控制系统中出现的不稳定问题，开辟了用数学方法研究控制系统的途径。此后，英国数学家劳斯(E. J. Routh)和德国数学家古尔维茨(A. Hurwitz)分别在 1877年和 1895 年独立地建立了直接根据代数方程的系数判别系统稳定性的准则。

　　1932 年，美国物理学家奈奎斯特(H. Nyquist)研究了长距离电话线信号传输中出现的失真问题，运用复变函数理论建立了以频率特性为基础的稳定性判据，奠定了频率响应法的基础。同一时期，苏联科学家也在控制系统稳定性的频域分析方面取得了很大的进展。1938 年和 1939 年，全苏电工研究所的米哈依洛夫以柯西幅角原理为基础，发表的论文给出了闭环控制系统稳定性的频域判别法。米哈依洛夫还提出了把自动调整系统环节按动态特性加以典型化来进行结构分析的问题。

　　米哈依洛夫有关稳定性频域判据的论文虽然正式发表较晚，但他的研究成果在 1936年由苏联列宁共产主义青年团中央召开的青年学者科学家工作成果竞赛会上曾荣膺奖金。米哈依洛夫的方法现被称为"米哈依洛夫稳定判据"。有些学者又将"奈奎斯特判据"称为"奈奎斯特-米哈依洛夫判据"。客观地讲，在频域稳定性判别研究中，奈奎斯特不仅在时间上领先，其工作也更完备。现在我们所使用的也主要是奈奎斯特的开环稳定判据。

　　随后，伯德(H. W. Bode)和尼柯尔斯(N. B. Nichols)在 20 世纪 30 年代末和 40 年代初进一步将频率响应法加以发展，形成了经典控制理论的频域分析法，为工程技术人员提供了一个设计反馈控制系统的有效工具。1940 年，Bode 引入了半对数坐标系，使频率特性的绘制工作更加适用于工程设计。1945 年，Bode 写了"网络分析和反馈放大器设计"一文，奠定了经典控制理论基础，在西方国家形成了自动控制学科。控制系统设计的频域方法之一"伯德图"(Bode plots)方法，至此已基本建立了。

习　　题

5-1　选择题

(1) 已知系统的传递函数为 $\dfrac{K_1}{T_1 s+1}\mathrm{e}^{-\tau s}$，其幅频特性 $|G(\mathrm{j}\omega)|$ 应为(　　　)。

　　A. $\dfrac{K_1}{T_1\omega+1}\mathrm{e}^{-\tau}$ 　　　　　　　　　　　　B. $\dfrac{K_1}{\sqrt{T_1{}^2\omega^2+1}}$

(2) 函数 $G(s)=\dfrac{2}{20s+1}$ 的实频特性为(　　　)。

　　A. $\dfrac{2}{\sqrt{20^2\omega^2+1}}$ 　　　　　　　　　　　　B. $\dfrac{2}{20^2\omega^2+1}$

（3）开环对数幅频特性的中频段决定（　　）。

  A. 系统的型别　　　　　　　　　　B. 系统的抗干扰能力

  C. 系统的稳态误差　　　　　　　　D. 系统的动态性能

5 - 2　求下列函数的幅频特性和相频特性：

  （1）$G(s) = \dfrac{4}{20s + 1}$

  （2）$G(s) = \dfrac{2}{s(10s + 1)}$

5 - 3　试确定下列传递函数能否在图 5.47 中找出相应的奈奎斯特图。

  （1）$G(s) = \dfrac{2}{10s + 1}$ （2）$G(s) = \dfrac{2}{s(10s + 1)}$

  （3）$G(s) = \dfrac{2}{s^2(10s + 1)}$ （4）$G(s) = \dfrac{2}{(10s + 1)(5s + 2)}$

  （5）$G(s) = \dfrac{2(s + 1)}{s^2}$ （6）$G(s) = \dfrac{2}{(s + 2)(5s + 2)(s + 3)}$

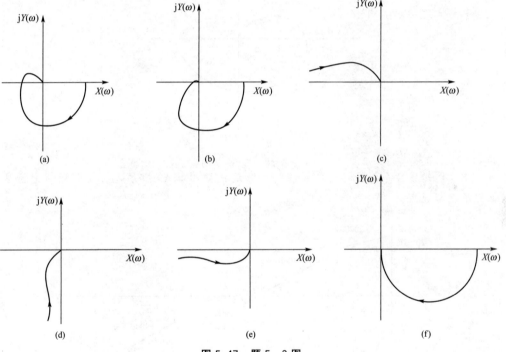

图 5.47　题 5 - 3 图

5 - 4　绘制以下单位负反馈系统的奈奎斯特图，并用 MATLAB 程序进行验证（或用配套软件验证）。

  （1）$G(s) = \dfrac{1}{(0.1s + 1)(0.2s + 1)}$

  （2）$G(s) = \dfrac{2}{s(0.2s + 1)}$

(3) $G(s) = \dfrac{2}{s^2(0.2s+1)}$

5-5 绘制上题中各个系统的伯德图。

5-6 已知单位负反馈系统开环传递函数如下,试绘制其开环频率特性的伯德图和奈奎斯特图。

(1) $G(s) = \dfrac{1}{s(2s+1)}$

(2) $G(s) = \dfrac{1}{s(2s+1)(10s+1)}$

5-7 图5.48表示开环传递函数 $G(s)$ 的奈奎斯特图的正频部分。P 为不稳定极点个数,试将奈奎斯特曲线补画完整并判断其闭环系统的稳定性。

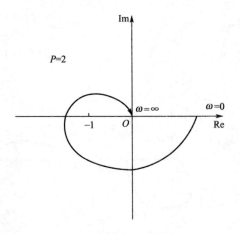

图5.48 题5-7图

5-8 已知线性系统开环对数幅频特性渐近线如图5.49所示,且知开环传递函数没有正的零点与极点。

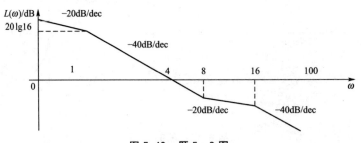

图5.49 题5-8图

试写出其开环传递函数。

5-9 设两个控制系统的开环传递函数分别为

(1) $G(s) = \dfrac{K}{s(s+2)(s+3)}$

(2) $G(s) = \dfrac{K(s+1)}{s^2(s+4)(s+5)}$

试分别画出其开环频率特性极坐标图；求出极坐标曲线与负实轴的交点坐标；并用 Nyquist 判据求出使闭环系统稳定的 K 值范围。

5－10 控制系统的开环传递函数为

$$G(s)=\frac{100}{s(0.5s+1)(0.1s+1)}$$

(1) 试绘制系统的对数幅频特性图，并求相角裕度。

(2) 用 MATLAB 程序进行验证（或用配套软件验证）。

5－11 已知单位负反馈系统开环传递函数为 $G(s)=\dfrac{K}{s(T_1s+1)(T_2s+1)}$，试概略绘制系统的开环幅相频率特性曲线。

5－12 已知单位负反馈系统的开环传递函数为

$$G(s)=\frac{240000(s+3)^2}{s(s+1)(s+2)(s+100)(s+200)}$$

(1) 求系统的相位裕度。

(2) 当系统有一延迟环节 e^{-Ts} 时，T 取何值时才能使系统稳定？

5－13 设控制系统的开环传递函数为

$$G(s)H(s)=\frac{K_1}{s(1+T_1s)(1+T_2s)}$$

(1) 试分析不同 K_1 值时系统的稳定性。

(2) 确定当 $T_1=1$，$T_2=0.2$ 和 $K_1=1$ 时系统的幅值裕度。

5－14 系统结构图如图 5.50 所示，试用奈奎斯特判据判别其稳定性。

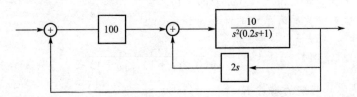

图 5.50 题 5－14 图

5－15 单位反馈系统的开环传递函数为

$$G(s)=\frac{\left(\dfrac{s}{5}+1\right)\left(\dfrac{s}{10}+1\right)}{\left(\dfrac{s}{0.5}+1\right)\left(\dfrac{s}{100}+1\right)}$$

(1) 试求相角裕度 γ。

(2) 用 MATLAB 程序进行验证（或用配套软件验证）。

5－16 图 5.51 所示为最小相位系统的开环对数幅频特性曲线，试写出这些系统的传递函数。

5－17 绘制下列开环传递函数的奈奎斯特图，并判断系统的稳定性，用 MATLAB 程序进行验证。

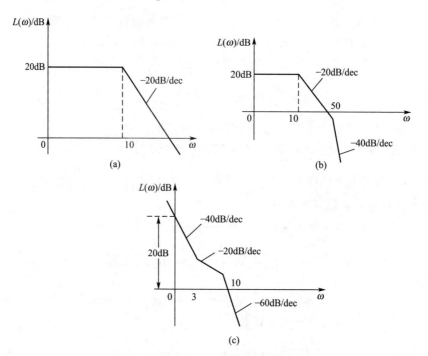

图 5.51　题 5 - 16 图

(1) $G(\mathrm{j}\omega)=\dfrac{20}{\mathrm{j}\omega(0.2\mathrm{j}\omega+1)(0.02\mathrm{j}\omega+1)}$

(2) $G(\mathrm{j}\omega)=\dfrac{40}{(\mathrm{j}\omega)^{2}(0.2\mathrm{j}\omega+1)(0.02\mathrm{j}\omega+1)}$

5 - 18　已知单位负反馈系统的开环传递函数为

$$G(\mathrm{j}\omega)=\dfrac{K}{\mathrm{j}\omega(0.2\mathrm{j}\omega+1)(2\mathrm{j}\omega+1)}$$

试判断系统临界稳定的增益 K 值。

5 - 19　已知某二阶系统的阻尼 $\xi=0.4$，求该系统的超调量 $\sigma\%$，谐振峰值 M_{r} 和谐振频率 ω_{r}。

5 - 20　（华南理工大学 2005 年考研题。本题 13 分）

某系统开环传递函数为 $G(s)=\dfrac{K}{s(s+1)(0.1s+1)}$，当 $K=10$ 时，试绘制系统开环对数幅频特性。

5 - 21　（上海交通大学 2003 年考研题。本题 15 分）

已知某单位负反馈系统开环传递函数为 $G(s)=\dfrac{4(s+0.5)}{s^{2}(s+02)}$。

(1) 试绘制系统开环频率响应的极坐标图，$\omega：0\rightarrow+\infty$。

(2) 应用 Nyquist 稳定判据判断该系统的闭环稳定性。

5 - 22　（上海交通大学 2003 年考研题。本题 20 分）

已知某单位负反馈系统开环传递函数为 $G(s)=\dfrac{400(s+4)}{s(s+1)(s+40)}$。

（1）试分析该系统相角裕度和幅值裕度的情况。

（2）试绘制该系统的开环渐近幅频特性和粗略的开环相频特性。

第 5 章课件　　　　　　第 5 章习题解答

第**6**章
控制系统的校正

 本章教学目标与要求

- 了解滞后和超前校正方法。
- 理解 PID 串联校正对系统的影响及其作用。
- 掌握复合校正减小稳态误差的计算方法。
- 熟练掌握超前校正和滞后校正网络的特点及其对系统的作用以及校正设计方法。
- 正确理解反馈校正特点及其作用。

引　言

　　我们在前面几章中介绍了几种分析控制系统的基本方法，其最终目的就是为了能够设计控制系统。设计一个控制系统一般包括以下三步：

　　(1) 确定系统应该做什么以及应该怎么做(设计要求)。

　　(2) 根据控制器或校正器在受控过程中的连接方式，确定其结构配置。

　　(3) 确定控制器的参数使得系统达到设计目的。

　　下面将详细介绍控制系统的设计问题。

6.1　系统的设计及校正问题

1. 设计要求

　　进行控制系统设计校正，除了知道系统不可变部分的特性与参数外，还需要知道对系统的设计要求（即全部的性能指标）。系统的设计要求对于不同的应用是不同的，但通常包括相对稳定性、稳态精度、瞬态响应和频率响应等特性。线性控制系统设计可以采用多种方法，本章我们介绍频域设计方法，其性能指标是稳态误差、相位裕量、增益裕量等，通常用 Bode 图来表示，再运用图解法进行研究。但是一般人很难理解这些指标与实际控制系统特性之间的真正联系。例如，相位裕量 $60°$ 能否保证最大超调量小于 10% 呢？人们容易理解控制系统的最大超调量小于 5%、调节时间小于 $0.01s$ 这类指标，而对于相位裕量、增益裕量这些指标却感到不直观。下面我们就给出这些指标之间的关系。

一般我们把性能指标分成时域指标和频域指标两大类。时域指标的稳态指标为稳态误差，动态指标主要包括超调量、调节时间等。频域指标分成开环频率特性的指标和闭环频域指标，开环指截止角频率、增益穿越频率、相位裕量、增益裕量等，闭环则指谐振峰值、谐振频率等。

通常可以用近似公式进行频域指标和时域指标的互换。

1) 二阶系统频域指标与时域指标的关系

谐振峰值

$$M_r = \frac{1}{2\xi\sqrt{1-\xi^2}} \quad \left(0 < \xi \leqslant \frac{\sqrt{2}}{2}\right) \tag{6-1}$$

谐振频率

$$\omega_r = \omega_n\sqrt{1-2\xi^2} \tag{6-2}$$

带宽频率

$$\omega_b = \omega_n\sqrt{1-2\xi^2+\sqrt{(1-2\xi^2)^2+1}} \tag{6-3}$$

截止频率

$$\omega_c = \omega_n\sqrt{\sqrt{4\xi^4+1}-2\xi^2} \tag{6-4}$$

相位裕度

$$\gamma = \arctan\frac{2\xi}{\sqrt{\sqrt{4\xi^4+1}-2\xi^2}} \tag{6-5}$$

超调量

$$\sigma\% = e^{-\frac{\pi\xi}{\sqrt{1-\xi^2}}} \times 100\% \tag{6-6}$$

调节时间

$$t_S = \frac{3.5}{\xi\omega_n} \tag{6-7}$$

$$\omega_c t_S = \frac{7}{\tan\gamma} \tag{6-8}$$

2) 高阶系统频域指标与时域指标的关系

谐振峰值

$$M_r = \frac{1}{\sin\gamma} \tag{6-9}$$

超调量

$$\sigma\% = 0.16 + 0.4(M_r - 1) \quad (1 \leqslant M_r \leqslant 1.8) \tag{6-10}$$

调节时间

$$t_s = \frac{K\pi}{\omega_c} \tag{6-11}$$

$$K = 2 + 1.5(M_r - 1) + 2.5(M_r - 1)^2 \quad (1 \leqslant M_r \leqslant 1.8)$$

2. 控制器结构

在控制系统中，传统的设计方法大多数是按照所谓固定结构设计的：首先确定整个控制系统的基本结构和控制器在受控过程中的位置，然后设计控制器参数。

基于一个控制系统可视为由控制器和被控对象两大部分组成，当被控对象确定后，对系统的设计实际上归结为对控制器的设计，这项工作称为控制系统的校正。在实际过程中，既要重视理论指导，也要重视实践经验，往往还要配合许多局部和整体的试验。所谓校正，就是在系统中加入一些其参数可以根据需要而改变的机构或装置，使系统整个特性发生变化，从而满足给定的各项性能指标。最简单的方法是调整开环放大倍数。例如，开环放大倍数增加，可使稳态性能得到改善，但控制系统的稳定性却随之变差，甚至有可能造成系统不稳定。因此，要让控制系统全面满足稳态性能和动态性能的要求，还需引入其他元件来校正控制系统的特性。为保证系统的控制性能达到预期的性能指标要求，而有目的地增添的元件，称为控制系统的校正元件。根据校正元件与不可变部分的连接方式，校正方案分为串联校正、反馈校正、复合校正等。

串联校正一般接在系统误差测量点之后和放大器之前，串联接于系统前向通路之中，如图 6.1 所示。

反馈校正指校正元件在局部反馈回路，与不可变部分组成内反馈环，如图 6.2 所示。

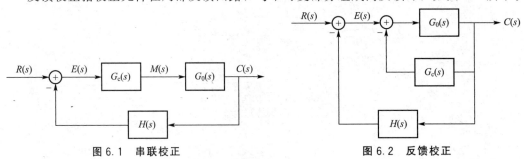

图 6.1 串联校正　　　　　　　　　　图 6.2 反馈校正

前馈校正又称顺馈校正，其单独作用于开环控制系统，也可作为反馈控制系统的附加校正而组成复合控制系统。

复合校正是在反馈控制回路中，加入前馈校正通路组成的有机整体，如图 6.3(a)和图 6.3(b)所示。

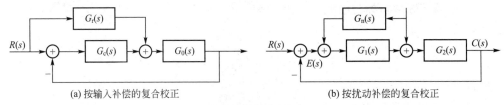

(a) 按输入补偿的复合校正　　　　　　　　(b) 按扰动补偿的复合校正

图 6.3 复合校正

串联校正又分为超前校正、滞后校正、滞后-超前校正，这些串联校正装置实现的控制规律常采用比例、微分、积分等基本控制规律或这些基本规律的组合，如比例加微分控制规律(PD)、比例加积分控制规律(PI)、比例加积分加微分控制规律(PID)等。古典控制理论是用试探法研究单输入-单输出的线性定常系统的设计问题，其设计方案不是唯一的。

6.2 基本控制规律

微课【PID】

线性系统可以用微分方程来描述其运动特性，而系统中增加了校正装置后，就相当于改变了描述系统运动过程的微分方程。在串联校正中，校正装置中最常用的是 PID 控制规律，PID 控制是比例-积分-微分控制的简称。下面对各种控制规律分别加以介绍。

1. 比例(P)控制规律

比例控制器是一个放大倍数可调整的放大器，如图 6.1 所示。控制器的输出信号 $m(t)$ 成比例地反映输入信号 $e(t)$，即

$$m(t) = K_{\mathrm{p}} e(t) \tag{6-12}$$

比例控制器的传递函数为

$$G_{\mathrm{c}}(s) = K_{\mathrm{P}}$$

由第 3 章得知，提高比例控制器的增益，可以减小系统的稳态误差但也会降低系统的相对稳定性，甚至可能造成闭环系统不稳定，因此，在控制系统中，常将比例控制规律与其他控制规律结合使用，以便使控制系统的稳态性能和动态性能都得到改善。

2. 比例-微分(PD)控制规律

这种规律为

$$m(t) = K_{\mathrm{p}} e(t) + K_{\mathrm{p}} \tau \frac{\mathrm{d}e(t)}{\mathrm{d}t} \tag{6-13}$$

传递函数为 $G_{\mathrm{c}}(s) = K_{\mathrm{p}}(1+\tau s)$。

PD 控制规律中的微分控制规律能反映输入信号的变化趋势，产生有效的早期修正信号，以增加系统的阻尼程度，从而改善系统的稳定性。在串联校正时，可使系统增加一个 $-\dfrac{1}{\tau}$ 的开环零点，使系统的相角裕度提高，因此有助于系统动态性能的改善。

PD 作用下系统的频率特性如图 6.4 所示。

在比例-微分作用下，系统的截止角频率增大，则调节时间减小，系统的快速性提高；同时，系统的相角裕度增大，系统的稳定性提高，超调量减小；但是，高频段增益上升，可能降低系统的抗干扰能力。

注意，微分控制规律不能单独使用，因为它只在暂态过程中起作用，当系统进入稳态时，偏差信号 $e(t)$ 不变化，微分控制不起作用。若单独使用微分控制规律，此时相当于信号断路，控制系统将无法正常工作。另外，微分控制规律虽具有预见信号变化趋势的优点，也有易于放大噪声的缺点。对此在控制系统设计中，同样需要给予足够的重视。

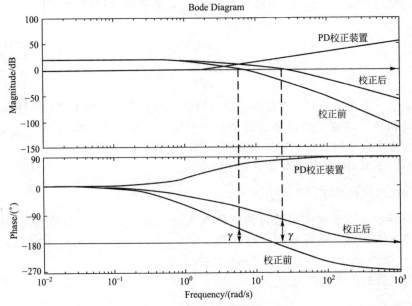

图 6.4   PD 作用下系统的频率特性

3. 积分(Ⅰ)控制规律

具有积分(Ⅰ)控制规律的控制器,称为Ⅰ控制器。其控制规律为

$$m(t) = K_i \int_0^t e(t)\,\mathrm{d}t \tag{6-14}$$

传递函数为

$$G_c(s) = \frac{K_i}{s}$$

输出信号 $m(t)$ 与其输入信号的积分成比例。K_i 为可调比例系数。当 $e(t)$ 消失后,输出信号 $m(t)$ 有可能是一个不为零的常量。在串联校正中,采用积分控制器可以提高系统的型别,有利于提高系统的稳态性能,但积分控制增加了一个位于原点的开环极点,使信号产生 90° 的相角滞后,对系统的稳定不利。所以在系统中不宜单独采用积分控制器。

4. 比例-积分(PI)控制规律

具有比例-积分控制规律的控制器,称为 PI 控制器。其控制规律为

$$m(t) = K_p e(t) + \frac{K_p}{T_i} \int_0^t e(t)\,\mathrm{d}t \tag{6-15}$$

输出信号 $m(t)$ 同时与其输入信号及输入信号的积分成比例。K_p 为可调比例系数,T_i 为可调积分时间系数。另外原点处的开环极点可以提高系统型别,减小稳态误差。左半平面的开环零点,提高系统的阻尼程度,缓和 PI 极点对系统产生的不利影响。只要积分时间常数 T_i 足够大,PI 控制器对系统的不利影响可大为减小。PI 控制器主要用来改善控制系统的稳态性能。

【例 6.1】 已知某一单位反馈控制系统如图 6.5 所示。设计一串联校正装置 $G_c(s)$,使校正后的系统同时满足下列性能指标要求:(1)跟踪输入 $r(t) = \frac{1}{2}t^2$ 时的稳态误差为

0.1;(2)相角裕度为 $\gamma = 45°$。

解：由于Ⅱ型系统才能跟踪加速度信号，为此假设校正装置为 PI 控制器，其传递函数为

$$G_c(s) = K_p\left(1 + \frac{1}{T_i s}\right)$$

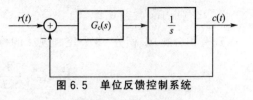

图 6.5　单位反馈控制系统

校正后系统的开环传递函数为

$$G_c(s)G(s) = K_p\left(1 + \frac{1}{T_i s}\right)\frac{1}{s} = \frac{K_p}{T_i}\frac{T_i s + 1}{s^2} = \frac{K(T_i s + 1)}{s^2}$$

根据稳态误差的要求：

$$K_a = K = \frac{1}{e_{ss}} = 10$$

要求相角裕度为

$$\gamma = 180° + \arctan T_i \omega_c'' - 180° = 45°$$
$$T_i \omega_c'' = 1$$

在截止角频率 ω_c'' 处，有

$$\frac{10\sqrt{1 + (T_i \omega_c'')^2}}{(\omega_c'')^2} = 1$$

$$\omega_c'' = 3.76\text{rad/s}, \quad T_i = 0.266\text{s}$$

所以 PI 控制器传递函数为

$$G_c(s) = \frac{10(0.266s + 1)}{s}$$

校正后系统的 Bode 图及其相角裕量和增益裕量如图 6.6 所示。

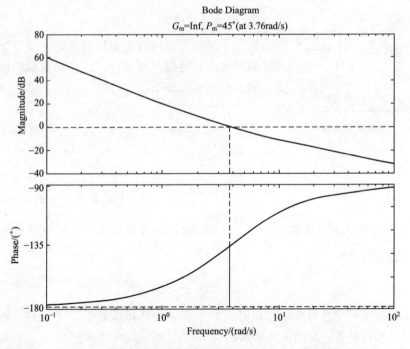

图 6.6　校正后系统的 Bode 图及其相角裕量和增益裕量

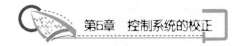

5. 比例(PID)控制规律

具有积分比例-积分-微分控制规律的控制器，称为 PID 控制器。其控制规律为

$$m(t) = K_p e(t) + \frac{K_p}{T_i} \int_0^t e(t) \mathrm{d}t + K_p \tau \frac{\mathrm{d}e(t)}{\mathrm{d}t} \qquad (6-16)$$

传递函数为

$$G_c(s) = K_p\left(1 + \frac{1}{T_i s} + \tau s\right) = \frac{K_p}{T_i}\left(\frac{T_i \tau s^2 + T_i s + 1}{s}\right) = \frac{K_p}{T_i}\frac{(\tau_1 s+1)(\tau_2 s+1)}{s} \qquad (6-17)$$

如果 $4\tau/T_i < 1$，则式中

$$\tau_1 = \frac{1}{2}T_i\left(1 + \sqrt{1 - \frac{4\tau}{T_i}}\right), \quad \tau_2 = \frac{1}{2}T_i\left(1 - \sqrt{1 - \frac{4\tau}{T_i}}\right)$$

由式(6-17)可知，利用 PID 控制器进行串联校正时，可提高系统的型别，使稳态性能提高；除增加了一个极点外，还增加了两个负实零点，动态性能比 PI 更具优越性。

微课【超前校正】

6.3 超前校正

一般而言，当控制系统的开环增益增大到满足其稳态性能所要求的数值时，系统有可能变得不稳定，或者即使能稳定，其动态性能一般也不会理想。在这种情况下，需在系统的前向通路中增加超前校正装置，以实现在开环增益不变的前提下，系统的动态性能亦能满足设计的要求。本节先讨论超前校正网络的特性，而后介绍基于频率响应法的超前校正装置的设计过程。

1. 无源超前校正

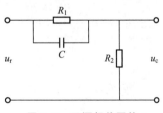

图 6.7 无源超前网络

图 6.7 所示为常用的无源超前网络。假设该网络信号源的阻抗很小，可以忽略不计，而输出负载的阻抗为无穷大，则其传递函数如下：

$$G'_c(s) = \frac{U_c(s)}{U_r(s)} = \frac{R_2}{R_2 + \dfrac{1}{\dfrac{1}{R_1} + sC}}$$

$$= \frac{R_2(1 + R_1 Cs)/(R_1 + R_2)}{(R_1 + R_2 + R_1 R_2 Cs)/(R_1 + R_2)}$$

令 $T = \dfrac{R_1 R_2 C}{R_1 + R_2}$，称为时间常数，$a = \dfrac{R_1 + R_2}{R_2} > 1$，称为分度系数，可以看出 $aT = R_1 C$，所以传递函数可以写为

$$G'_c(s) = \frac{1}{a}\frac{1 + aTs}{1 + Ts} \qquad (6-18)$$

采用无源超前网络进行串联校正时，整个系统的开环增益要下降 a 倍，因此需要提高放大器增益加以补偿，如图 6.8 所示。

超前校正网络的传递函数为

$$G_c(s) = aG_c'(s) = \frac{1+aTs}{1+Ts} \qquad (6-19)$$

下面分析超前校正网络的特性。

超前校正网络的频率特性为

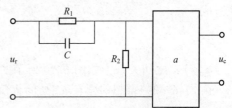

$$G_c(j\omega) = \frac{1+aT\omega j}{1+T\omega j}$$

图 6.8　带有附加放大器的无源超前校正网络

幅频特性为

$$20\lg |G_c(j\omega)| = 20\lg \sqrt{1+(aT\omega)^2} - 20\lg \sqrt{1+(T\omega)^2} \qquad (6-20)$$

相频特性为

$$\varphi_c(\omega) = \arctan(aT\omega) - \arctan(T\omega) \qquad (6-21)$$

对数频率特性如图 6.9 所示。在该频率范围内输出信号相角比输入信号相角超前，超前网络的名称由此而得。

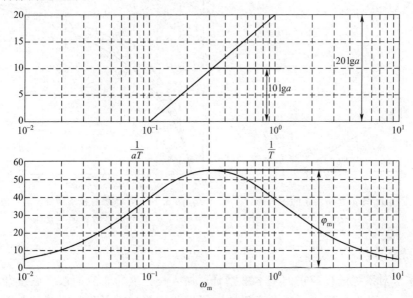

图 6.9　对数频率特性图

由式(6-21)知

$$\varphi_c(\omega) = \arctan(aT\omega) - \arctan(T\omega)$$
$$= \arctan \frac{(a-1)T\omega}{1+a(T\omega)^2} \qquad (6-22)$$

将式（6-22）对 ω 求导并令导数为零，可得最大超前角频率为

$$\omega_m = \frac{1}{T\sqrt{a}} \qquad (6-23)$$

将式(6-23)代入式(6-22)，得最大超前角为

$$\varphi_m = \arctan \frac{a-1}{2\sqrt{a}} = \arcsin \frac{a-1}{a+1} \qquad (6-24)$$

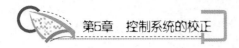

或写成

$$a = \frac{1 + \sin\varphi_m}{1 - \sin\varphi_m} \quad\quad\quad (6-25)$$

φ_m 与 a 之间关系为如图 6.10 所示的三角形。

由式(6-20)得超前角在 ω_m 处的幅值为

$$L_c(\omega_m) = 20\lg\sqrt{a} = 10\lg a \quad\quad\quad (6-26)$$

由式(6-24)和式(6-26)可画出最大超前相角 φ_m 及 $10\lg a$ 与分度系数 a 的关系曲线，如图 6.11 所示。a 大，则 φ_m 大，$10\lg a$ 也大，但 a 不能取得太大(为了保证较高的信噪比)，一般不超过 20。由图 6.11 可知，这种超前校正网络的最大相位超前角一般不大于 65°。如果需要大于 65° 的相位超前角，则要通过两个超前网络相串联来实现，并在所串联的两个网络之间加一隔离放大器，以消除它们之间的负载效应。

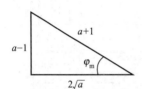

图 6.10　反映 φ_m 与 a 之间关系的三角形

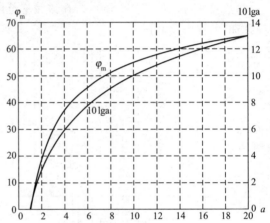

图 6.11　有源超前校正网络 φ_m 及 $10\lg a$ 与分度系数 a 的关系曲线

2. 超前校正

用频率法对系统进行校正的基本思路是：加入校正装置，从而改变系统开环频率特性的形状，以达到所期望的开环频率特性，所以我们要讨论开环频率特性与系统性能指标的关系。一般来说，用频率法设计系统，应分频段考虑问题，即要求校正后系统的开环频率特性在低频、中频和高频段具有以下特点。

(1) 低频段应满足稳态精度的要求，因为低频段由开环传递函数含有的积分环个数即型别和开环增益来决定。

(2) 中频段应满足系统的动态性能，因为中频段的截止角频率 ω_c、相位稳定裕量 γ 与闭环系统的调节时间 t_s 和超调量 $\sigma\%$ 有关 [见式(6-9)、式(6-10)和式(6-11)]，一般让中频段的幅频特性的斜率为 $-20\mathrm{dB/dec}$，并具有较宽的频带，使相位裕量 γ 较大。

(3) 高频段要求幅值迅速衰减，以较少噪声的影响。

用频率法对系统进行超前校正的基本原理，是利用超前校正网络的相位超前特性来增大系统的相位裕量，以达到改善系统瞬态响应的目的。为此，要求校正网络最大的相位超前角出现在系统的截止频率处。

对截止频率没有特别要求时，用频率法对系统进行串联超前校正的一般步骤可归纳为：

(1) 根据稳态误差的要求，确定开环增益 K。

(2) 根据所确定的开环增益 K，画出未校正系统的伯德图，计算未校正系统的相位裕度 γ。

(3) 由给定的相位裕量值 γ''，计算超前校正装置提供的相位超前量 φ

$$\varphi = \varphi_\mathrm{m} = \gamma'' - \gamma + \varepsilon$$

式中：ε 是用于补偿因超前校正装置的引入，使系统截止频率增大而增加的相角滞后量。ε 值通常是这样估计的：如果未校正系统的开环对数幅频特性在截止频率处的斜率为 $-40\mathrm{dB/dec}$，一般取 $\varepsilon = 5° \sim 10°$，如果斜体为 $-60\mathrm{dB/dec}$，则取 $\varepsilon = 15° \sim 20°$。

(4) 根据所确定的最大相位超前角 $a = \dfrac{1 + \sin\varphi_\mathrm{m}}{1 - \sin\varphi_\mathrm{m}}$ 算出 a 的值。

(5) 计算校正装置在 ω_m 处的幅值 $10\lg a$，由未校正系统的对数幅频特性曲线，求得其幅值为 $-10\lg a$ 处对应的频率，该频率 ω_m 就是校正后系统的开环截止频率 ω_c''，即 $\omega_\mathrm{c}'' = \omega_\mathrm{m}$ 成立的条件为 $-L'(\omega_\mathrm{c}'') = L_\mathrm{c}(\omega_\mathrm{m}) = 10\lg a$（$L'(\omega_\mathrm{c}'')$ 为校正前系统在 ω_c'' 处的幅值）。

(6) 确定校正网络的参数 T 和 aT：

$$T = \frac{1}{\omega_\mathrm{m}\sqrt{a}}$$

可得到校正装置传递函数为

$$G_\mathrm{c}(s) = \frac{1 + aTs}{1 + Ts}$$

(7) 画出校正后系统的伯德图，并演算相位裕度是否满足要求。如果不满足，则需增大 ε 并从第(3)步开始重新进行计算。

【例 6.2】 某一单位反馈系统的开环传递函数为 $G(s) = \dfrac{4K}{s(s+2)}$，设计一个超前校正装置，使校正后系统的静态速度误差系数 $K_\mathrm{v} = 20\mathrm{s}^{-1}$，相位裕度 $\gamma \geqslant 50°$，增益裕度 $20\lg h$ 不小于 $10\mathrm{dB}$。

解：(1) 根据对静态速度误差系数的要求，确定系统的开环增益 K。

$$K_\mathrm{v} = \lim_{s \to 0} s \frac{4K}{s(s+2)} = 2K = 20 \quad K = 10$$

当 $K = 10$ 时，未校正系统的开环频率特性为

$$G(\mathrm{j}\omega) = \frac{40}{\mathrm{j}\omega(\mathrm{j}\omega + 2)} = \frac{20}{\omega\sqrt{1 + \left(\dfrac{\omega}{2}\right)^2}} \quad \underline{/\!-90° - \arctan\dfrac{\omega}{2}}$$

(2) 绘制未校正系统的伯德图，如图 6.12 所示。由该图可知未校正系统的相位裕度为 $\gamma = 18°$。也可计算该值如下：

$$\frac{20}{\omega\sqrt{1 + \left(\dfrac{\omega}{2}\right)^2}} = 1$$

$$\omega_\mathrm{c} = 6.17, \quad \gamma = 17.96°$$

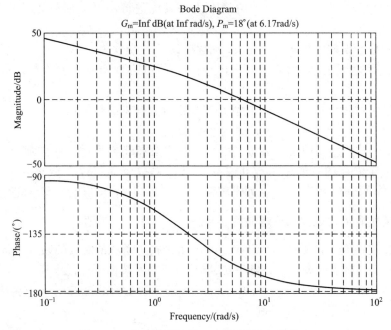

图 6.12　校正前系统的 Bode 图及其相位裕度

MATLAB 程序如下：`y1=tf(20,[0.5 1 0]);margin(y1)`

（3）根据相位裕度的要求确定超前校正网络的相位超前角

$$\varphi_m = \gamma'' - \gamma + \varepsilon = 50° - 18° + 6° = 38°$$

（4）由式（6-25）可知

$$a = \frac{1 + \sin\varphi_m}{1 - \sin\varphi_m} = \frac{1 + \sin38°}{1 - \sin38°} = 4.2$$

（5）超前校正装置在 ω_m 处的幅值为 $10\lg a = 10\lg4.2 = 6.2(\text{dB})$，据此，在未校正系统的开环对数幅值为 -6.2dB 处对应的频率就是校正后系统的截止频率 ω''_c 即 $\omega''_c = \omega_m$，其值计算如下：

$$20\lg20 - 20\lg\omega_m - 20\lg\sqrt{1 + \frac{\omega_m^2}{4}} = -6.2$$

或

$$20\lg\frac{20}{\omega_m \dfrac{\omega_m}{2}} \approx -6.2$$

$$\omega''_c = \omega_m = 9$$

（6）计算超前校正网络的转折频率

$$T = \frac{1}{\omega_m\sqrt{a}} = \frac{1}{9\sqrt{4.2}} = \frac{1}{18.2} = 0.0542$$

$$G_c(s) = \frac{1 + 0.227s}{1 + 0.054s} = \frac{s/4.4 + 1}{s/18.4 + 1}$$

为了补偿因超前校正网络的引入而造成系统开环增益的衰减，必须使附加放大器的

放大倍数为 $a=4.2$。校正后系统的伯德图如图 6.13 所示。由图可见，校正后系统的相位裕度为 $\gamma \geqslant 50°$，增益裕度为 $Kg = -20 \lg A(\omega_g) = \infty dB$，均已满足系统设计要求。

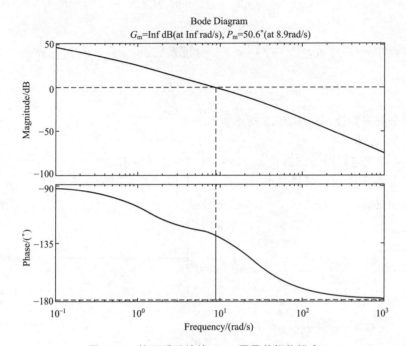

图 6.13　校正后系统的 Bode 图及其相位裕度

MATLAB 程序如下：`y1=tf(20,[0.5 1 0]);y2=tf([0.2271],[0.0542 1]);y3=y1*y2;margin(y3)`

基于上述分析，可知串联超前校正有以下特点。

(1) 这种校正主要对未校正系统中频段进行校正，使校正后中频段幅值的斜率为 $-20dB/dec$，且有足够大的相位裕度。

(2) 超前校正会使系统瞬态响应的速度变快。由例 6.2 可知，校正后系统的截止频率由未校正前的 6.17 增大到 9。这表明校正后，系统的频带变宽，瞬态响应速度变快，但系统抗高频噪声的能力同时变差。对此，在校正装置设计时必须注意。

(3) 超前校正一般虽能较有效地改善动态性能，但未校正系统的相频特性在截止频率附近急剧下降时，若用单级超前校正网络去校正，收效不大。因为校正后系统的截止频率向高频段移动。在新的截止频率处，由于未校正系统的相角滞后量过大，因而用单级的超前校正网络难以获得较大的相位裕度。

6.4　滞后校正

微课【滞后校正】

1. 无源滞后网络

无源带后网络如图 6.14 所示，假设信号源的内部阻抗为零，负载阻抗为无穷大，则滞后网络的传递函数为

$$\frac{U_{\mathrm{c}}(s)}{U_{\mathrm{r}}(s)}=G_{\mathrm{c}}(s)=\frac{R_2+\dfrac{1}{sC}}{R_2+R_1+\dfrac{1}{sC}}=\frac{R_2Cs+1}{(R_1+R_2)Cs+1}=\frac{\dfrac{R_1+R_2}{R_1+R_2}R_2Cs+1}{(R_1+R_2)Cs+1}$$

时间常数 $T=(R_1+R_2)C$，$bT=R_2C$，分度系数 $b=\dfrac{R_2}{R_1+R_2}<1$，故

$$G_{\mathrm{c}}(s)=\frac{1+bTs}{1+Ts} \tag{6-27}$$

滞后网络频率特性图如图 6.15 所示。

由图 6.15 可知：

（1）同超前网络，滞后网络在 $\omega<1/T$ 时，对信号没有衰减作用；$1/T<\omega<1/(bT)$ 时，对信号有积分作用，呈滞后特性；$\omega>1/T$ 时，对信号衰减作用为 $20\lg b$，b 越小，这种衰减作用越强。

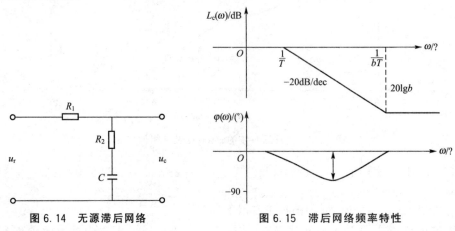

图 6.14　无源滞后网络　　　　图 6.15　滞后网络频率特性

（2）同超前网络，最大滞后角发生在 $1/T$ 与 $1/(bT)$ 几何中心，对应频率称为最大滞后角频率，计算公式为

$$\omega_{\mathrm{m}}=\frac{1}{T\sqrt{b}} \tag{6-28}$$

$$\varphi_{\mathrm{m}}=\arcsin\frac{1-b}{1+b} \tag{6-29}$$

（3）采用无源滞后网络进行串联校正时，主要利用其高频幅值衰减的特性，以降低系统的开环截止频率，提高系统的相位裕度。

2. 串联滞后校正

由于滞后校正网络具有低通滤波器的特性，因而当它与系统的不可变部分串联相连时，会使系统开环频率特性的中频和高频段增益降低和使截止频率 ω_{c} 减小，从而有可能使系统获得足够大的相位裕度，它不影响频率特性的低频段。由此可见，滞后校正在一定的条件下，也能使系统同时满足动态和静态的要求。

不难看出，滞后校正的不足之处是：校正后系统的截止频率会减小，瞬态响应的速

度要变慢；在截止频率 ω_c 处，滞后校正网络会产生一定的相角滞后量。为了使这个滞后角尽可能地小，理论上总希望 $G_c(s)$ 的两个转折频率 ω_1、ω_2 比 ω_c 越小越好，但考虑物理实现上的可行性，一般取 $\omega_2 = \dfrac{1}{bT} = (0.25 \sim 0.1)\omega_c$ 为宜。

在什么情况下应用滞后校正呢？

（1）在系统响应速度要求不高而抑制噪声电平性能要求较高的情况下，可考虑采用串联滞后校正。

（2）保持原有的已满足要求的动态性能不变，而用以提高系统的开环增益，减小系统的稳态误差。

如果所研究的系统为单位反馈最小相位系统，则应用频率法设计串联滞后校正网络的步骤如下：

（1）根据稳态性能要求，确定开环增益 K。

（2）利用已确定的开环增益，画出未校正系统对数频率特性曲线，确定未校正系统的截止频率 ω_c、相位裕度 γ 和幅值裕度 h(dB)。

（3）根据相位裕度 γ'' 要求，选择已校正系统的截止频率 ω_c''；考虑到滞后网络在新的截止频率 ω_c'' 处会产生一定的相角滞后 $\varphi_c(\omega_c'')$，因此，下列等式成立：

$$\gamma'' = \gamma(\omega_c'') + \varphi(\omega_c'') \tag{6-30}$$

γ'' 是指标要求值，$\gamma(\omega_c'')$ 是原系统在 ω_c'' 处的相位裕量，$\varphi_c(\omega_c'')$ 是用于补偿由于滞后校正装置的引入所带来的 ω_c'' 附近的相角滞后，一般取 $-5° \sim -15°$。根据式(6-30)可以确定相应的 ω_c'' 值。

（4）根据下述关系确定滞后网络参数 b 和 T：

$$20\lg b + L'(\omega_c'') = 0 \tag{6-31}$$

$$\frac{1}{bT} = 0.1\omega_c'' \tag{6-32}$$

式(6-31)成立的原因是显然的，因为要保证已校正系统的截止频率为上一步所选的 ω_c'' 值，就必须使滞后网络的衰减量 $20\lg b$ 在数值上等于未校正系统在新截止频率 ω_c'' 上的对数幅频值 $L'(\omega_c'')$，该值在未校正系统的对数幅频曲线上可以查出或算出，于是，通过式(6-31)可以算出 b 值。

根据式(6-32)，由已确定的 b 值，可以算出滞后网络的 T 值。如果求得的 T 值过大难以实现，则可将式(6-32)中的系数 0.1 适当增大，例如在 0.1～0.25 范围内选取，而 $\varphi_c(\omega_c'')$ 的估计值应在 $-5° \sim -15°$ 范围内确定。

（5）验算已校正系统的相位裕度和幅值裕度。

【例 6.3】 控制系统如图 6.16 所示。若要求校正后的静态速度误差系数等于 $30s^{-1}$，相位裕度不低于 $40°$，幅值裕度不小于 10dB，截止频率不小于 2.3rad/s，试设计串联校正装置。

解：（1）首先确定开环增益 K

$$K_v = \lim_{s \to 0} sG(s) = K = 30$$

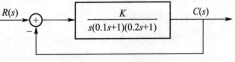

图 6.16 控制系统

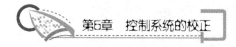
（2）未校正系统开环传递函数应取为

$$G(s) = \frac{30}{s(0.1s+1)(0.2s+1)}$$

（3）画出未校正系统的对数幅频渐近特性曲线，如图 6.17 所示。

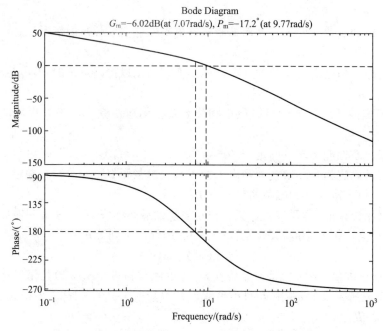

图 6.17　系统校正前的 Bode 图及其相角裕度和增益裕度

近似计算可得 ω_c、γ、ω_g 和 K_g

$$\frac{30}{\omega_c \cdot 0.2\omega_c \cdot 0.1\omega_c} = 1, \quad \omega_c = 11.5$$

$$\gamma = 180° - 90° - \arctan\omega_c' \times 0.1 - \arctan\omega_c' \times 0.2 = -27°$$

或直接由图 6.17 得

$$\omega_c = 9.77 \text{rad/s}, \quad \gamma = -17.2°, \quad \omega_g = 7.07, \quad K_g = -6.02 \text{dB}$$

　特别提示

注意：截止角频率 ω_c 的误差大，主要是因为转折频率 10 和 ω_c 相差太小。

绘制图 6.17 所用 MATLAB 程序如下：`y1=tf(30,[0.1 1 0]);y2=tf(1,[0.2 1]);y=y1*y2;margin(y)`

以上结果说明未校正系统不稳定，且截止频率远大于要求值。在这种情况下，采用串联超前校正是无效的。本例题对系统截止频率值要求不大，故选用串联滞后校正，可以满足需要的性能指标。

（4）计算相关参数如下：

$$\gamma(\omega_c'') = 90° - \arctan(0.1\omega_c'') - \arctan(0.2\omega_c'')$$

$$\gamma'' = \gamma(\omega_c'') + \varphi(\omega_c'')$$

$$\gamma(\omega''_c)=\gamma''-\varphi(\omega''_c)=40°-(-6°)=46°$$
$$\gamma(\omega''_c)=90°-\arctan(0.1\omega''_c)-\arctan(0.2\omega''_c)=46°$$
$$\arctan(0.1\omega''_c)+\arctan(0.2\omega''_c)=44°$$
$$\frac{0.1\omega''_c+0.2\omega''_c}{1-0.1\omega''_c0.2\omega''_c}=\tan44°$$
$$\omega''_c=2.7$$

（5）计算滞后网络参数。利用式(6-31)可得

$$20\lg b+20\lg\frac{30}{\omega''_c}=0$$

$$b=0.09$$

再利用式(6-32)可得

$$\frac{1}{bT}=0.1\omega''_c,\quad T=\frac{1}{0.1\omega''_c b}=41.1s,\quad bT=3.7s$$

则滞后网络的传递函数为

$$G_c(s)=\frac{1+bTs}{1+Ts}=\frac{1+3.7s}{1+41s}$$

（6）验算指标（相位裕度和幅值裕度）如下：

$$\gamma''=\gamma(\omega''_c)+\varphi(\omega''_c)=46.5°-5.2°=41.3°>40°$$

所以满足要求。校正后的相位穿越频率为$\omega'_g=6.8$rad/s（估算值）。则幅值裕度$K_g=-20\lg|G_c(j\omega'_g)G_o(j\omega'_g)|=10.5dB>10$dB。

系统校正后的伯德图如图 6.18 所示，可知 $\omega''_c=2.39$，$\nu=45.1°$，$\omega_y=6.81$，$K_g=14.2$dB。

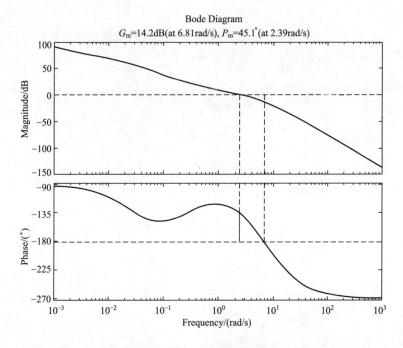

图 6.18　系统校正后的 Bode 图及其相角裕度和增益裕度

MATLAB 程序如下：`y1=tf(30,[0.1 1 0]);y2=tf(1,[0.2 1]);y=y1*y2;y3=tf([3.7 1],[41 1]);yh=y3*y;margin(yh);`

串联超前校正和串联滞后校正方法的适用范围和特点：

(1) 超前校正是利用超前网络的相角超前特性对系统进行校正，而滞后校正则是利用滞后网络的幅值在高频衰减的特性对系统进行校正。

(2) 用频率法进行超前校正，旨在提高开环对数幅频渐进线在截止频率处的斜率（从 -40dB/dec 提高到 -20dB/dec）和相位裕度，并增大系统的频带宽度。频带的变宽意味着校正后的系统响应变快，调整时间缩短。

(3) 对同一系统，超前校正系统的频带宽度一般总大于滞后校正系统，因此，如果要求校正后的系统具有宽的频带和良好的瞬态响应，则应采用超前校正。当噪声电平较高时，显然频带越宽的系统抗噪声干扰的能力也越差，对于这种情况，宜对系统采用滞后校正。

(4) 超前校正需要增加一个附加的放大器，以补偿超前校正网络对系统增益的衰减。

(5) 滞后校正虽然能改善系统的稳态精度，但它使系统的频带变窄，瞬态响应速度变慢。如果要求校正后的系统既有快速的瞬态响应，又有高的稳态精度，则应采用滞后-超前校正。

有些应用方面，采用滞后校正可能得出时间常数大到不能实现的结果。

当单纯用超前校正和滞后校正不能完成设计时，可考虑用下面讲到的滞后-超前校正。

6.5 滞后-超前校正

1. 无源滞后-超前网络

图 6.19 所示为常用的无源滞后-超前网络。假设该网络信号源的阻抗很小，可以忽略不计，而输出负载的阻抗为无穷大，则其传递函数如下：

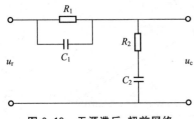

图 6.19 无源滞后-超前网络

$$G_c(s)=\frac{U_c(s)}{U_r(s)}=\frac{R_2+\dfrac{1}{sC_2}}{\dfrac{1}{\dfrac{1}{R_1}+sC_1}+R_2+\dfrac{1}{sC_2}}$$

$$=\frac{(R_1C_1s+1)(R_2C_2s+1)}{R_1C_1R_2C_2s^2+(R_1C_1+R_2C_2+R_1C_2)s+1}$$

$$=\frac{(T_as+1)(T_bs+1)}{(T_1s+1)(T_2s+1)} \qquad (6-33)$$

令

$$T_a=R_1C_1 \quad T_b=R_2C_2$$

设

$$T_1>T_a$$

$$\frac{T_a}{T_1}=\frac{T_2}{T_b}=\frac{1}{a} \quad (a>1)$$

则有

$$T_1 = aT_a, \quad T_2 = \frac{T_b}{a}$$

式(6-33)可表示为

$$G_c(s) = \frac{(T_a s + 1)(T_b s + 1)}{(aT_a s + 1)\left(\dfrac{T_b}{a}s + 1\right)} \tag{6-34}$$

将式(6-34)写成频率特性为

$$G_c(j\omega) = \frac{(T_a j\omega + 1)(T_b j\omega + 1)}{(aT_a j\omega + 1)\left(\dfrac{T_b}{a}j\omega + 1\right)} = \frac{\left(1 + \dfrac{s}{\omega_a}\right)\left(1 + \dfrac{s}{\omega_b}\right)}{\left(1 + \dfrac{s}{\dfrac{\omega_a}{a}}\right)\left(1 + \dfrac{s}{a\omega_b}\right)}$$

其中：$\omega_a = \dfrac{1}{T_a}$，$\omega_b = \dfrac{1}{T_b}$。

无源滞后-超前网络的伯德图如图 6.20 所示。

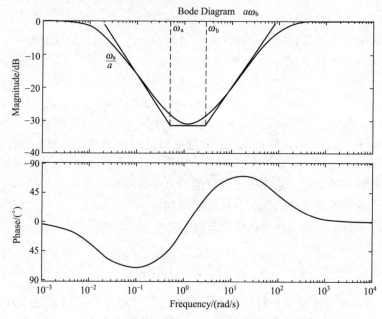

图 6.20 无源滞后-超前网络频率特性

2. 串联滞后-超前校正

这种校正方法兼有滞后校正和超前校正的优点，即已校正系统响应速度快，超调量小，抑制高频噪声的性能也较好。当未校正系统不稳定，且对校正后的系统的动态和稳态性能(响应速度、相位裕度和稳态误差)均有较高要求时，显然，仅采用上述超前校正或滞后校正，均难以达到预期的校正效果。此时宜采用串联滞后-超前校正。滞后-超前网络零点和极点如图 6.21 所示。

串联滞后-超前校正，实质上综合应用了滞后和超前校正各自的特点，即利用校正装置的超前部分来增大系统的相位裕度，以改善其动态性能；又利用校正装置的滞后部分来改善系统的稳态性能。两者分工明确，相辅相成。

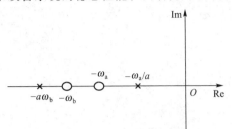

图 6.21　滞后-超前网络零点和极点

串联滞后-超前校正的设计步骤如下：

（1）根据稳态性能要求，确定开环增益 K。

（2）绘制未校正系统的对数幅频特性，求出未校正系统的截止频率 ω_c、相位裕度 γ 及幅值裕度 h(dB)等。

（3）在未校正系统对数幅频特性上，选择斜率从 -20dB/dec 变为 -40dB/dec 的转折频率作为校正网络超前部分的转折频率 $\omega_b = \dfrac{1}{T_b}$。

这种选法可以降低已校正系统的阶次，且可保证中频区斜率为 -20dB/dec，并占据较宽的频带。

$$G_c(s) = \frac{\left(1 + \dfrac{s}{\omega_a}\right)\left(1 + \dfrac{s}{\omega_b}\right)}{\left(1 + \dfrac{s}{\omega_a/a}\right)\left(1 + \dfrac{s}{a\omega_b}\right)}$$

（4）根据响应速度要求，选择系统的截止频率 ω_c'' 和校正网络的衰减因子 $1/a$。要保证已校正系统截止频率为所选的 ω_c''，下列等式应成立：

$$-20\lg a + L'(\omega_c'') + 20\lg T_b\omega_c'' = 0 \qquad (6-35)$$

式（6-35）中，$-20\lg a$ 是滞后-超前网络贡献的幅值衰减的最大值，$L'(\omega_c'')$ 是未校正系统的幅值量，$20\lg T_b\omega_c''$ 是滞后-超前网络超前部分在 ω_c'' 处贡献的幅值。

$L'(\omega_c'') + 20\lg T_b\omega_c''$ 可由未校正系统对数幅频特性的 -20dB/dec 延长线在 ω_c'' 处的数值确定。据此可由式（6-35）求出 a 值。

（5）根据相角裕度要求，估算校正网络滞后部分的转折频率 ω_a。

（6）校验已校正系统开环系统的各项性能指标。

【例 6.4】　未校正系统开环传递函数为

$$G_0(s) = \frac{K_v}{s\left(\dfrac{1}{6}s + 1\right)\left(\dfrac{1}{2}s + 1\right)}$$

试设计校正装置，使系统满足下列性能指标要求：①在最大指令速度为 $180°/s$ 时，位置滞后误差不超过 $1°$；②相位裕度为 $45° \pm 3°$；③幅值裕度不低于 10dB；④过渡过程调节时间不超过 3s。

解：（1）确定开环增益为 $K = K_v = 180\text{s}^{-1}$。

（2）作未校正系统对数幅频特性渐近曲线，如图 6.22 所示，并求相位裕度如下：

$$\frac{180}{\omega_c \cdot \dfrac{1}{2}\omega_c \cdot \dfrac{1}{6}\omega_c} \approx 1 \quad \omega_c = 12.9$$

$$\gamma = 180° - 90° - \arctan\frac{1}{2}\omega_c - \arctan\frac{1}{6}\omega_c = -56.3°$$

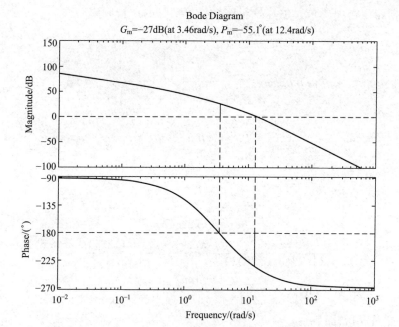

图 6.22 未校正系统的频率特性及其相位裕度和增益裕度

表明未校正系统不稳定。

（3）分析为何要采用滞后-超前校正。

如果采用串联超前校正，要将未校正系统的相位裕度从-56.3°增加到45°，至少应使超前校正的超前角为101°，需选用两级串联超前网络，而且按要求 $t_s \leqslant 3s$ 和 $\gamma > 45°$，可求出

$$M_r = \frac{1}{\sin\gamma} = \sqrt{2} , \quad K = 2 + 1.5(M_r - 1) + 2.5(M_r - 1)^2 = 3.05 , \quad \text{因 } t_s = \frac{K\pi}{\omega_c''}, \text{ 所以 } \omega_c'' = \frac{K\pi}{t_s} =$$

3.2，显然用超前校正后会使系统的截止频率过大，所以不能用超前校正。

如果采用串联滞后校正，使系统的相角裕度提高到45°左右，则校正后的 ω_c 太小也不能满足要求。而且滞后时间常数也将很大，实现也有困难。所以宜采用滞后-超前校正。

MATLAB 程序如下：`y1=tf(180,[1/2 1 0]);y2=tf(1,[1/6 1]);y=y1*y2;margin(y)`

（4）设计滞后-超前校正。上述分析表明，纯超前校正和纯滞后校正都不宜采用。研究图 6.22 可以发现 $\omega_b = 2$（按步骤（2）的要求，即-20dB/dec 变为-40dB/dec 的转折频率作为校正网络超前部分的转折频率 ω_b）。已经求出 $\omega_c'' \geqslant 3.2 \text{rad/s}$，考虑到中频区斜率为-20dB/dec，故 ω_c'' 应在 3.2～6 范围内选取。由于 ω_c'' 在-20dB/dec 的中频区应占据一定宽度，故选 $\omega_c'' = 3.5 \text{rad/s}$，相应的可得 $L'(\omega_c'') + 20\lg T_b\omega_c'' = 34(\text{dB})$（从图上得到，亦可计算）。

由 $-20\lg a + L'(\omega_c'') + 20\lg T_b\omega_c'' = 0$ 可得 $a = 50$，此时，滞后-超前校正网络的传递函数可写为

$$G_c(s) = \frac{\left(1 + \dfrac{s}{\omega_a}\right)\left(1 + \dfrac{s}{\omega_b}\right)}{\left(1 + \dfrac{s}{\dfrac{\omega_a}{a}}\right)\left(1 + \dfrac{s}{a\omega_b}\right)} = \frac{\left(1 + \dfrac{s}{\omega_a}\right)\left(1 + \dfrac{s}{2}\right)}{\left(1 + \dfrac{50s}{\omega_a}\right)\left(1 + \dfrac{s}{100}\right)}$$

（5）根据相角裕度要求，估算校正网络滞后部分的转折频率 ω_a：

$$\omega''_c = 3.5\,\text{rad/s}$$

$$G_c(j\omega)G_0(j\omega) = \frac{180\left(1+\dfrac{j\omega}{\omega_a}\right)}{j\omega\left(1+\dfrac{j\omega}{6}\right)\left(1+\dfrac{50j\omega}{\omega_a}\right)\left(1+\dfrac{j\omega}{100}\right)}$$

$$\gamma'' = 180° + \arctan\frac{\omega''_c}{\omega_a} - 90° - \arctan\frac{\omega''_c}{6} - \arctan\frac{50\omega''_c}{\omega_a} - \arctan\frac{\omega''_c}{100}$$

$$= 57.7° + \arctan\frac{3.5}{\omega_a} - \arctan\frac{175}{\omega_a} = 45°$$

故

$$\omega_a = 0.78\,\text{rad/s}$$

$$G_c(s) = \frac{(1+s/0.78)(1+s/2)}{(1+50s/0.78)(1+s/100)} = \frac{(1+1.28s)(1+0.5s)}{(1+64s)(1+0.01s)}$$

$$G_c(s)G_0(s) = \frac{180(1+1.28s)}{s(1+0.167s)(1+64s)(1+0.01s)}$$

（6）验算精度指标：

$$G_c(j\omega)G_0(j\omega) = \frac{180(1+1.28j\omega)}{j\omega(1+0.167j\omega)(1+64j\omega)(1+0.01j\omega)}$$

$$\frac{180 \times 1.28\omega''_c}{\omega''_c \times 64\omega''_c} \approx 1$$

$$\omega''_c = 3.6$$

$$\gamma'' = 180° + \arctan1.28\omega''_c - 90° - \arctan1.67\omega''_c - \arctan64\omega''_c - \arctan0.01\omega''_c$$

$$= 45°$$

估算得 $\omega_g = 23$，$h'' = 27\,\text{dB}$，所以满足要求。校正后系统的对数幅频特性曲线如图 6.23 所示。

MATLAB 程序如下：y1=tf(180,[1/2 1 0]);

y2=tf(1,[1/6 1]);

y=y1*y2;%校正前的开环系统传递函数

figure(1);

margin(y);%未校正系统的频率特性及其相位裕度和增益裕度,如图 6.22 所示

yc1=tf([1.28 1],[64 1]);

yc2=tf([0.5 1],[0.01 1]);

yc=yc1*yc2;%校正装置传递函数

yh=yc*y;%校正后系统的开环传递函数

figure(2);

margin(yh);%校正后系统的频率特性及相位裕度和增益裕度,如图 6.23 所示

例 6.4 校正前、校正装置及校正后系统的伯德图如图 6.24 所示，MATLAB 程序为：

Bode(y,yc,yh)

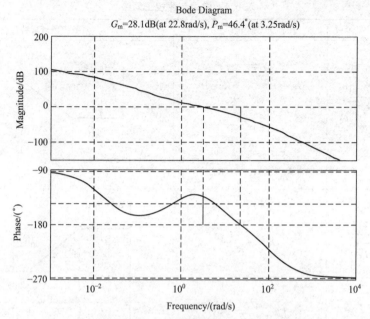

图 6.23 校正后系统的频率特性及相位裕度和增益裕度

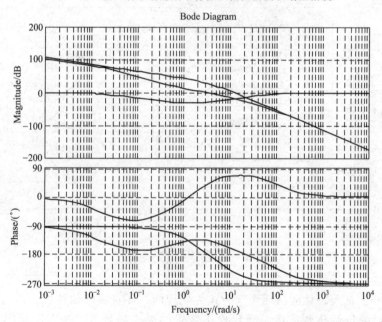

图 6.24 例 6.4 校正前、校正装置和校正后的系统的频率特性

　　串联校正的设计方法，将手工运算和 MATLAB 语言编程相结合，可以减少许多计算量，也可以直接从仿真图中读取相应的数据。

　　滞后-超前校正的设计方法很灵活，校正装置中滞后和超前部分的分度比也可以不同。

　　另外，无源网络进行串联校正，有负载效应问题，调整也不方便。因此采用有源校正网络对系统进行校正也很常见。表 6.1 列出了常用有源校正网络的电路图、传递函数及对数幅频渐进特性图。

表 6.1　常用有源校正网络

电路图	传递函数	对数幅频渐近特性
	$G_a \dfrac{T_1 s+1}{T_2 s+1}$ $G_0 = (R_1+R_2+R_3)/R_1$ $T_1 = (R_3+R_4)C$ $T_2 = R_4 C$ $(R_2 \gg R_3 > R_4,$ $\dfrac{K}{G_0} \cdot \dfrac{R_4}{R_3+R_4} \gg 1,$ $R_1 \ll R_2,\ R_5 \ll R_1)$	
	$G_0 \dfrac{T_2 s+1}{T_1 s+1}$ $G_0 = \dfrac{R_2+R_3}{R_1}$ $T_1 = R_3 C$ $T_2 = \dfrac{R_2 R_3}{R_2+R_3}C$ $\left(K \dfrac{R_1}{R_2+R_3} \gg 1\right)$	
	$G_0 \dfrac{(T_2 s+1)(T_3 s+1)}{(T_1 s+1)(T_4 s+1)}$ $G_0 = (R_2+R_3+R_5)/R_1$ $T_1 = R_3 C_1,\ T_3 = R_5 C_2$ $T_2 = [(R_2+R_5) \parallel R_3]C_1$ $T_4 = R_4 T_3/(R_4+R_6)$ $\left(R_2 \gg R_5 \gg R_6 > R_4,\right.$ $\dfrac{KR_1 R_4}{(R_2+R_5)(R_4+R_6)} \gg 1,$ $\left.\dfrac{KR_1}{R_2+R_3+R_5} \gg 1\right)$ $L_\infty = 20\lg \left[\dfrac{(R_2+R_5)(R_4+R_6)}{R_1 R_4}\right]$	

6.6　串联综合法校正

综合校正方法是将性能指标要求转化为期望的开环对数幅频特性，再与待校正系统的开环对数幅频特性比较，从而确定校正装置的形式和参数。该方法适用于最小相位系统。

如图 6.25 所示，设串联校正系统开环频率特性为

$$G(j\omega) = G_c(j\omega)G_0(j\omega)$$

根据性能指标要求，可以先确定参数规范化的开环期望对数幅频特性 $20\lg$

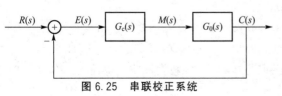

图 6.25　串联校正系统

$|G(j\omega)|$，则串联校正装置的对数幅频特性为

$$20\lg|G_c(j\omega)|=20\lg|G(j\omega)|-20\lg|G_0(j\omega)|$$

当开环期望频率特性确定后，固有系统已知，校正装置就可以确定出来，即

$$G_c(s)=\frac{G(s)}{G_0(s)} \qquad (6-36)$$

这种校正方法在工程应用中很常见，特别是将期望频率特性进一步规范化和简单化，使系统期望的开环频率特性成为二阶系统或三阶系统，可以使问题简化。有两种常见的形式，即二阶工程最佳和三阶工程最佳系统。下面分别介绍。

1. 二阶工程最佳系统

对于二阶系统，已知系统的开环传递函数为

$$G(s)=\frac{K}{s(Ts+1)}$$

当取 $K=1/2T$ 时，系统的阻尼系数 $\xi=0.707$，称为二阶工程最佳系统。此时相位裕量 $\gamma=63°$，动态性能指标为 $\sigma\%=4.3\%$，调节时间 $t_s\approx6T=3/K$。

下面举例说明校正装置(控制器)的选取方法。

如果系统固有部分是两个相串联的惯性环节

$$G(s)=\frac{k_1}{(T_1s+1)(T_2s+1)} \quad (T_1>T_2)$$

则控制器为

$$G_c(s)=\frac{\dfrac{1}{2Ts(Ts+1)}}{\dfrac{k_1}{(T_1s+1)(T_2s+1)}}$$

选 $T=T_2$，则

$$G_c(s)=\frac{T_1s+1}{2k_1T_2s}$$

控制器为比例积分(PI)形式。

当固有部分是一阶惯性环节时，同理可以得到控制器为积分形式。当固有部分是一个大时间常数的惯性环节和若干个小时间常数的惯性环节相串联时，可将小时间常数的惯性环节合并为一个等效的惯性环节，其时间常数近似等于这些小时间常数相加，从而整体可看成是两个惯性环节相串联，所以控制器为 PI 形式。

二阶模型的综合方法比较简单，P、PI、PD、PID 等各种形式的控制器都有定型的产品，只需正确选择和调整 P、I、D 的参数就比较容易达到预期效果。

但是二阶模型的适应性稍差，它主要用于实现动态指标而不容易兼顾稳态指标。

2. 三阶工程最佳系统

系统的开环传递函数为

$$G(s)=\frac{K(1+T_1s)}{s^2(T_2s+1)}$$

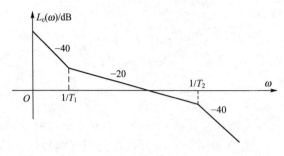

图 6.26 所示为期望的开环对数幅频特性，其中频段以 -20dB/dec 的斜率穿越零分贝线，$T_1 > T_2$。

选择参数 $T_1 = 4T_2$，$K = \dfrac{1}{8T_2^2}$，使期望的开环传递函数为

$$G(s) = \frac{(4T_2s+1)}{8T_2^2 s^2(T_2s+1)} \qquad (6-37)$$

图 6.26 典型 Ⅱ 型系统的频率特性

一般称其对应的系统为三阶工程最佳系统，此时的超调量较大，$\sigma\% = 43\%$，$t_s = 18T_2$。改善的措施是在输入端加入一个惯性环节 $\dfrac{1}{1+4T_2s}$ 进行滤波，即系统增加一个闭环极点来对消闭环零点，可以使超调量减小，此时的超调量 $\sigma\% = 8\%$，调节时间 $t_s = 16.4T_2$。

例如：待校正系统的传递函数为

$$G_0(s) = \frac{K}{s(T_1s+1)(1+T_2s)}$$

按三阶工程最佳系统选择参数，控制装置为 PID 形式，则

$$G_c(s) = \frac{G(s)}{G_0(s)} = \frac{\dfrac{(4T_2s+1)}{8T_2^2 s^2(T_2s+1)}}{\dfrac{K}{s(T_1s+1)(1+T_2s)}} = \frac{(1+4T_2s)(1+T_1s)}{8T_2^2 Ks}$$

下面对此举例说明，并在 Simulink 环境中仿真。

【例 6.5】 设单位反馈待校正系统的开环传递函数为

$$G_{2c}(s) = \frac{40}{s(1+0.003s)}$$

试用三阶工程最佳设计方法确定串联校正装置。

解： 采用三阶工程最佳设计方法，按式 $(6-37)$，可得

$$G_c(s) = \frac{G(s)}{G_0(s)} = \frac{\dfrac{(4T_2s+1)}{8T_2^2 s^2(T_2s+1)}}{\dfrac{40}{s(0.003s+1)}}$$

选择 $T_2 = 0.003$，则

$$G_c(s) = \frac{G(s)}{G_0(s)} = \frac{\dfrac{(4T_2s+1)}{8T_2^2 s^2(T_2s+1)}}{\dfrac{40}{s(0.003s+1)}} = \frac{1+0.012s}{0.0029s}$$

图 6.27 所示的上半部分为按三阶工程最佳校正的仿真图，下半部分为又在输入端加入惯性环节的仿真图，仿真结果如图 6.28 所示，下半部分加入惯性环节后的超调量大大减小。

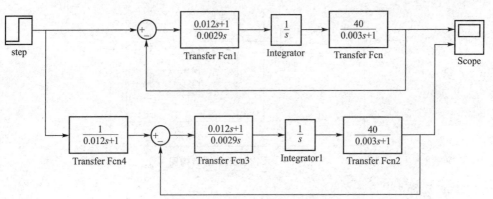

图 6.27　例 6.5 题的仿真图

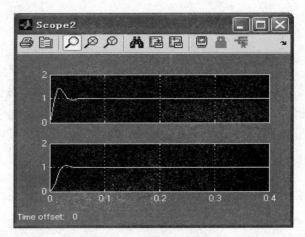

图 6.28　单位阶跃响应

三阶工程最佳

特别提示

注意：原系统与校正系统相比，主要改善的是静态指标，校正后的系统对斜坡输入的稳态误差为零。

6.7　反馈校正

反馈校正的特点是采用局部反馈包围系统前向通路中的一部分环节以实现校正，其系统框图如图 6.29 所示。

图 6.29 中被局部反馈包围部分的传递函数为

$$G_{2c}(s) = \frac{G_2(s)}{1 + G_2(s)G_c(s)}$$

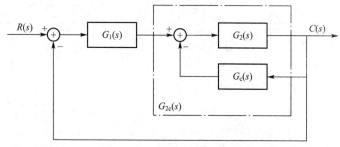

图 6.29　反馈校正系统结构图

1. 比例反馈包围惯性环节

该环节有

$$G_2(s) = \frac{K}{Ts+1}, \quad G_c(s) = K_h$$

$$G_{2c}(s) = \frac{K/(Ts+1)}{1+KK_h/(Ts+1)} = \frac{K/(1+KK_h)}{Ts/(1+KK_h)+1}$$

结果仍为惯性环节，但时间常数和比例系数都缩小很多。反馈系数 K_h 越大，时间常数越小。时间常数的减小，说明惯性减弱了，通常这是人们所希望的。比例系数减小虽然未必符合人们的希望，但只要在 $G_1(s)$ 中加入适当的放大器就可以补救，所以无关紧要。

2. 微分反馈包围惯性环节

该环节有

$$G_2(s) = \frac{K}{Ts+1}, \quad G_c(s) = K_h s$$

$$G_{2c}(s) = \frac{K/(Ts+1)}{1+KK_h s/(Ts+1)} = \frac{K/(1+KK_h)}{(T+KK_h)s+1}$$

结果仍为惯性环节，但时间常数增大了。反馈系数 K_h 越大，时间常数越大。因此，利用反馈校正可使原系统中各环节的时间常数拉开，从而改善系统的动态平稳性。结果会使阻尼系数显著增大，从而有效地减弱小阻尼环节的不利影响。

在第 3 章中的二阶振荡系统速度反馈控制也属于反馈校正。

3. 利用反馈校正取代局部结构

图 6.29 中局部反馈回路 $G_{2c}(s)$ 的频率特性为

$$G_{2c}(j\omega) = \frac{G_2(j\omega)}{1+G_2(j\omega)G_c(j\omega)}$$

在一定的频率范围内，如能选择结构参数，使

$$G_2(j\omega)G_c(j\omega) \gg 1$$

则有

$$G_{2c}(j\omega) \approx \frac{1}{G_c(j\omega)}$$

这表明整个反馈回路的传递函数可等效为

$$G_{2c}(s) \approx \frac{1}{G_c(s)}$$

和被包围的 $G_2(s)$ 全然无关,达到了以 $1/G_c(s)$ 取代 $G_2(s)$ 的效果。

反馈校正的这种作用有一些重要的优点。首先,$G_2(s)$ 是系统原有部分的传递函数,它可能测定得不准确,可能会受到运行条件的影响,甚至可能含有非线性因素等,直接对它设计控制器比较困难,而反馈校正 $G_c(s)$ 完全是设计者选定的,可以做得比较准确和稳定。所以,用 $G_c(s)$ 改造 $G_2(s)$ 可以使设计控制器的工作比较简单;而把 $G_2(s)$ 改造成 $1/G_c(s)$,所得的控制系统也比较稳定,也就是说,有反馈校正的系统对于受控对象参数的变化敏感度低,这是反馈校正的重要优点。所以说负反馈可以消除系统不可变部分中不希望有的特性,负反馈可以减弱非线性的影响。

4. 负反馈减弱参数变化的敏感性

假设在图 6.30(a) 所示的开环系统中,因参数变化系统传递函数 $G(s)$ 的变化为 $\Delta G(s)$,以及相应的输出变化为 $\Delta C(s)$,这时,开环系统的输出为

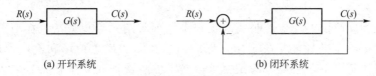

(a) 开环系统　　　　　　　　　　(b) 闭环系统

图 6.30　两类系统

$$C(s) + \Delta C(s) = G(s)R(s) + \Delta G(s)R(s)$$
$$\Delta C(s) = \Delta G(s)R(s)$$

上式表明,对于开环系统来说,参数的变化对系统输出的影响与传递函数的变化 $\Delta G(s)$ 成正比。然而,在图 6.30(b) 所示的闭环系统中,如果上述的参数同样变化,则闭环系统的输出为

$$C(s) + \Delta C(s) = \frac{G(s) + \Delta G(s)}{1 + [G(s) + \Delta G(s)]}R(s)$$

通常

$$|G(s)| \gg |\Delta G(s)|$$

所以近似有

$$\Delta C(s) = \frac{\Delta G(s)}{1 + G(s)}R(s)$$

上式表明,因为参数的变化,闭环系统输出的变化将是开环系统中这类变化的 $1/[1 + G(s)]$ 倍。由于通常 $|1 + G(s)| \gg 1$,所以负反馈能大大减弱参数变化对控制性能的影响,因此,如果说为了提高开环系统抑制参数变化这类干扰的能力,必须选用高精度元件,那么对于采用负反馈的闭环系统来说,则可以选用精度较低的元件。

5. 局部正反馈增大开环增益

设增益为 K 的放大器含有反馈系数为 K_h 的正反馈,则可求得闭环增益为 $\dfrac{K}{1 - KK_h}$。

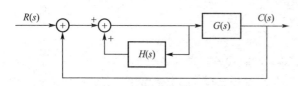

图 6.31 含正反馈的系统框图

在这种情况下若取 $K_h \approx 1/K$，则闭环增益将远远大于反馈前的增益 K。

正反馈的上述特点很重要，应用也相当广泛。

例如，在图 6.31 所示的系统中，其闭环传递函数如下：

$$\frac{C(s)}{R(s)} = \frac{\dfrac{1}{1-H(s)}G(s)}{1+\dfrac{1}{1-H(s)}G(s)} = \frac{G(s)}{1-H(s)+G(s)}$$

可以看出，若取 $H(s) \approx 1$，则可得 $\dfrac{C(s)}{R(s)} \approx 1$。当 $H(s)$ 的值接近 1 时，从上式不难看出，即使不可变部分 $G(s)$ 的增益有限，误差仍可以接近于零。

6.8 复合校正

串联校正和反馈校正，是控制系统工程中两种常用的校正方法，在一定程度上可以使被控系统满足给定的性能指标要求。然而，当系统的稳态精度和响应速度要求很高，则一般的反馈控制校正方法难以满足要求。为了减小或消除系统在特定输入作用下的稳态误差，可以提高系统的开环增益，或者采用高型别系统，但是，这两种方法都将影响系统的稳定性，并会降低系统的动态性能。当型别过高或开环增益过大时，甚至将使系统失去稳定。如果在系统的反馈控制回路中加入前馈通路，组成一个前馈控制和反馈控制相组合的系统，只要参数选择得当，不但可以保持系统稳定，极大地减小乃至消除稳态误差，而且可以控制几乎所有的可测扰动。这样的系统就称为复合控制系统，相应的控制方式即称为复合控制。把复合控制的思想用于系统设计，就是所谓的复合校正。在高精度的控制系统中，复合控制得到了广泛的应用。

复合校正的前馈装置可分为按输入补偿和按扰动补偿两种方式。

1. 按输入补偿的复合校正

为了减小系统的给定或扰动稳态误差，一般经常采用的方法是提高开环传递函数中的串联积分环节的阶次 V，或增大系统的开环放大系数 K。但是 V 值一般不超过 2，K 值也不能任意增大，否则系统将不稳定。

按输入补偿的复合校正系统如图 6.32 所示，给定量 $G_0(s)$ 为固有特性，$G_c(s)$ 为串联校正装置，$G_r(s)$ 为输入补偿装置。

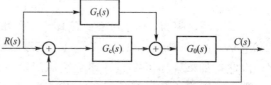

图 6.32 按输入补偿的复合控制

这种系统的闭环传递函数为

$$\Phi(s) = \frac{C(s)}{R(s)} = \frac{[G_r(s)+G_c(s)]\,G_0(s)}{1+G_c(s)G_0(s)}$$

由此得到误差的拉普拉斯变换为

$$E(s) = \frac{1 - G_r(s)G_0(s)}{1 + G_c(s)G_0(s)}R(s) \qquad (6-38)$$

如果补偿校正装置的传递函数为

$$G_r(s) = \frac{1}{G_0(s)} \qquad (6-39)$$

即补偿环节的传递函数为控制对象的传递函数的倒数，则系统补偿后的误差为

$$E(s) = 0$$

闭环传递函数为

$$W_B(s) = \frac{X_c(s)}{X_r(s)} = 1$$

即

$$X_c(s) = X_r(s)$$

这时，系统的给定误差为零，输出量完全再现输入量。这种将误差完全补偿的作用称为全补偿。

前馈补偿装置 $G_r(s)$ 的存在，相当于在系统中增加了输入信号 $G_r(s)R(s)$，其产生的误差信号与原有的输入信号 $R(s)$ 产生的误差信号相比，大小相等，方向相反，所以式（6-39）称为对输入信号的全补偿条件。

由于 $G_0(s)$ 一般均具有比较复杂的形式，故全补偿条件式（6-39）的物理实现很困难。在实践中，大多采用满足跟踪精度要求的部分补偿条件，以使 $G_r(s)$ 的形式简单并易于实现。

2. 按扰动补偿的复合校正

图 6.33 所示为按扰动补偿的复合校正系统结构图，为了补偿外部扰动 $N(s)$ 对系统产生的作用，引入了扰动的补偿信号，补偿校正装置为 $G_n(s)$。此时，系统的扰动误差就是给定量为零时系统的输出量：

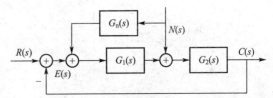

图 6.33 按扰动补偿的复合控制

$$C_n(s) = \frac{G_2(s)[1 + G_1(s)G_n(s)]}{1 + G_1(s)G_2(s)}N(s)$$

扰动作用下的误差为

$$E_n(s) = -C_n(s) = -\frac{G_2(s)[1 + G_1(s)G_n(s)]}{1 + G_1(s)G_2(s)}N(s) \qquad (6-40)$$

如果选取

$$G_n(s) = -\frac{1}{G_1(s)}$$

则可得到 $C_n(s) = 0$ 以及 $E_n(s) = 0$，这种作用是对外部扰动的完全补偿。实际上实现完全补偿是很困难的，但即使采取部分补偿也可以取得显著的效果。

无论是按输入补偿还是按扰动补偿的复合校正系统，都不影响闭环系统的特征方程，即系统的稳定性是不变的。

6.9 习题精解及 MATLAB 工具和案例分析

扩展题解答 1

扩展题解答 2

扩展题解答 3

6.9.1 习题精解

【例 6.6】 设开环传递函数为

$$G(s) = \frac{k}{s(s+1)(0.01s+1)}$$

单位斜坡输入 $R(t)=t$，输入产生稳态误差 $e \leqslant 0.0625$。若使校正后相位裕度 γ'' 不低于 $45°$，截止频率 $\omega''_c > 2\text{rad/s}$，试设计超前校正系统。

解:

$$e = \frac{1}{k} \leqslant 0.0625$$

$$k \geqslant 16$$

$$L(\omega) = \begin{cases} 20\lg\dfrac{16}{\omega} & (\omega < 1) \\[3mm] 20\lg\dfrac{16}{\omega \cdot \omega} & (1 < \omega < 100) \\[3mm] 20\lg\dfrac{16}{\omega \cdot \omega \cdot 0.01\omega} & (\omega > 100) \end{cases}$$

绘制 $k=16$ 时系统的伯德图，如图 6.34 所示。

令 $L(\omega)=0$，$\dfrac{16}{\omega \cdot \omega}=1$，可得 $\omega=\omega_c=4$，则

$$\gamma = 180° - 90° - \arctan\omega_c - \arctan(0.01\omega_c) = 12° < 45°$$

不满足性能要求，故需加以校正。

该系统幅频特性中频段以斜率 -40dB/dec 穿越 0dB 线，故选用超前网络校正。

设超前网络相角为 φ_m，则

$$\varphi_m = \gamma'' - \gamma + \varepsilon = 45° - 12° + 10° = 43°$$

$$\alpha = \frac{1 + \sin\varphi_m}{1 - \sin\varphi_m} = 5$$

对中频段有

$$L(\omega''_c) = L(\omega''_c) + 10\lg\alpha = 0$$

$$20\lg\frac{16}{\omega''_c \cdot \omega''_c} + 10\lg5 = 0$$

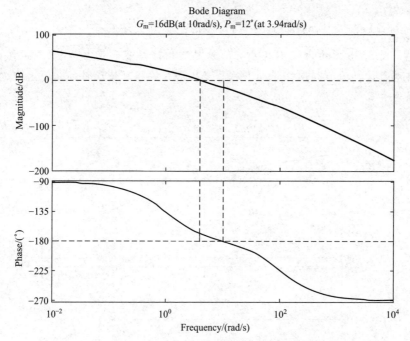

图 6.34　未校正系统伯德图及相位裕量和增益裕量

所以

$$\omega_c'' = 6$$

$$\omega_c'' = 1/(T\sqrt{\alpha}), \quad T = 1/(\omega_c''\sqrt{\alpha}) = 0.075$$

$$G_c(s) = \frac{1 + aTs}{1 + Ts} = \frac{1 + 0.375s}{1 + 0.075s}$$

所以引入超前校正网络后开环传递函数为

$$G(s)G_c(s) = \frac{16}{s(s+1)(0.01s+1)} \cdot \frac{1+0.375s}{1+0.075s}$$

校验如下：

$$\gamma'' = 180° + \varphi_m + \varphi(\omega_c'')$$
$$= 180° + 43° - 90° - \arctan\omega_c'' - \arctan(0.01\omega_c'')$$
$$= 49° > 45°$$

或用 MATLAB 语言编程绘图检验，如图 6.35 所示，相位裕量 48°，$\omega_c = 5.92$。
MATLAB 程序如下：

```
y111=tf(16,[0.01 1 0]);
y11=tf(1,[1 1]);
y1=y11*y111;%原系统传递函数
figure(1);
margin(y1);%原系统伯德图及相位裕量和增益裕量,如图 6.34 所示。
y2=tf([0.375 1],[0.075 1]);
yh=y1*y2;
```

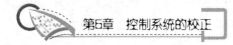
```
figure(2);
margin(yh);%校正后伯德图及相位裕量和增益裕量,如图 6.35 所示。
```

【评注】　图 6.35 所示为校正后系统伯德图及相位裕量和增益裕量，由 MATLAB 程序得到，结果与计算近似相同。借助 MATLAB 语言编程可使设计简化，也可判断所设计的校正装置是否可行。

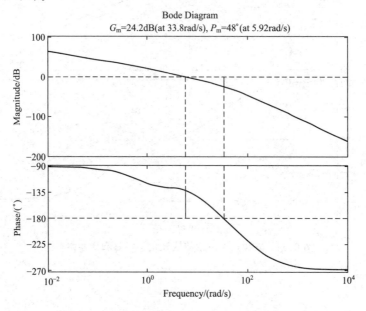

图 6.35　校正后系统伯德图及相位裕量和增益裕量

【例 6.7】　设单位反馈系统的开环传递函数为

$$G(s) = \frac{k}{s(s+1)(0.5s+1)}$$

试设计串联滞后校正装置，使校正后的开环增益等于 5，相位裕度 $\gamma^* \geqslant 40°$，幅值裕度 $K_g \geqslant 10\text{dB}$。

解：选 $k=5$。对于校正前的系统有

$$L(\omega) = \begin{cases} 20\lg\dfrac{5}{\omega} & (\omega<1) \\[2mm] 20\lg\dfrac{5}{\omega\times\omega} & (1<\omega<2) \\[2mm] 20\lg\dfrac{5}{\omega\times\omega\times0.5\omega} & (\omega>2) \end{cases}$$

$k=5$ 时，未校正系统的伯德图如图 6.36 所示，可知，$L(\omega)=0$ 时应满足

$$20\lg\frac{5}{\omega\times\omega\times0.5\omega}=0$$

可得

$$\omega=\omega_c=2.1$$

$$\gamma=180°-90°-\arctan\omega_c-\arctan(0.5\omega_c)=-21°<\gamma^*$$

因而不能满足性能要求，需选用滞后校正网络加以校正。

由式(6-30)得

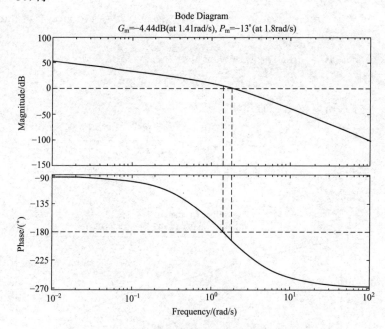

图 6.36 未校正系统伯德图及相位裕量和增益裕量

$$\gamma(\omega''_c) = 40° + 5° = 45°$$

得

$$180° - 90° - \arctan\omega''_c - \arctan(0.5\omega''_c) = 45°$$
$$\arctan\omega''_c + \arctan(0.5\omega''_c) = 45°$$

所以

$$\omega''_c = 0.5$$

根据

$$20\lg b + L(\omega''_c) = 0$$
$$20\lg b + 20\lg \frac{5}{\omega''_c \sqrt{\omega''^2_c + 1} \sqrt{(0.5^2\omega''^2_c + 1)}} = 0$$

可得

$$b = 0.11$$

再由

$$\frac{1}{bT} = 0.1\omega''_c = 0.05$$
$$bT = 20$$

得

$$T = 181.8$$

故选用的串联滞后校正网络为

$$G_c(s) = \frac{1+bTs}{1+Ts} = \frac{1+20s}{1+181.8s}$$

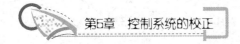

校验如下：

$$\gamma'' = 180° + \varphi_c(\omega_c'') + \varphi(\omega_c'')$$
$$= 180° + \arctan(20\omega_c'') - \arctan(181.8\omega_c'') - 90° - \arctan\omega_c'' - \arctan(0.5\omega_c'')$$
$$= 40° \approx 40°$$

估算校正后系统满足 $K_g = 10\text{dB}$ 时所对应的频率为 $\omega_1 = 1.33$，则

$$\varphi(\omega_1) = -178.8° > -180°$$

满足幅值裕度条件，所以校正后的开环系统为

$$G'(s) = G(s)G_c(s) = \frac{5}{s(s+1)(0.5s+1)} \cdot \frac{1+20s}{1+181.8s}$$

由图 6.37 也可看出该校正系统满足设计要求。由 MATLAB 编程检验如图 6.37 所示；校正后系统满足要求。

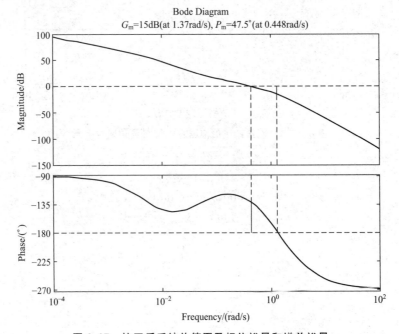

图 6.37　校正后系统伯德图及相位裕量和增益裕量

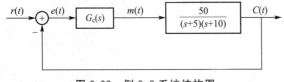

图 6.38　例 6.8 系统结构图

【例 6.8】 已知某一控制系统如图 6.38 所示，其中 $G_c(s)$ 为 PID 控制器，它的传递函数为 $G_c(s) = K_p + \dfrac{K_i}{s} + K_d s$，要求校正后系统的闭环极点为 $-10 \pm \text{j}10$ 和 -100，试确定 PID 控制器的参数 K_p、K_i 和 K_d。

解：希望的闭环特征多项式为

$$F^*(s) = (s+10-\text{j}10)(s+10+\text{j}10)(s+100)$$
$$= s^3 + 120s^2 + 2200s + 20000$$

校正后系统的闭环传递函数为

$$\frac{C(s)}{R(s)}=\frac{50(K_d s^2+K_p s+K_i)}{s(s+5)(s+10)+50(K_d s^2+K_p s+K_i)}$$

$$F(s)=s(s+5)(s+10)+50(K_d s^2+K_p s+K_i)$$

$$=s^3+(15+50K_d)s^2+50(1+K_p)s+50K_i$$

令 $F^*(s)=F(s)$，则得

$$\begin{cases} 15+50K_d=120 & (K_d=2.7) \\ 50(1+K_p)=2200 & (K_p=43) \\ 50K_i=20000 & (K_i=400) \end{cases}$$

由此可见，微分系数远小于比例系数和积分常数，这种情况在实际应用中经常会碰到，尤其是在过程控制系统中。因此，在许多场合用 PI 调节器就能满足系统性能要求。

【例 6.9】 某单位负反馈系统的开环传递函数为

$$G(s)=\frac{1}{(s/3.6+1)(0.01s+1)}$$

要使系统的速度误差系数 $k_v=10$，相位裕度 $\gamma\geqslant 25°$，试设计一个最简单形式的校正装置满足其性能指标要求。

解： 原系统传递函数为

$$G(s)=\frac{1}{(s/3.6+1)(0.01s+1)}$$

要求 $k_v=10$，在原系统中串联如下校正装置

$$G_c(s)=\frac{10}{s}$$

即得到校正系统开环传递函数为

$$G(s)G_c(s)=\frac{10}{s(s/3.6+1)(0.01s+1)}$$

经验证，校正后系统截止频率 $\omega_c\approx 5.5$，相位裕度 $\gamma=30°$。满足题目要求。MATLAB 程序如下：

```
y₁= tf(10,[1/3.6  1  0]);
y₂= tf(1,[0.01  1]);
y= y₁*y₂
[Gₘ,Pₘ,Wcg,Wcp]= margin(y)
```

【例 6.10】 设复合控制系统如图 6.39 所示，图中 $G_n(s)$ 为前馈传递函数，$G_c(s)=k'_t s$ 为测速电机及分压器的传递函数，$G_1(s)$ 和 $G_2(s)$ 为前向通路中环节的传递函数，$N(s)$ 为可测量的干扰。若 $G_1(s)=k_1$，$G_2(s)=1/s^2$，试确定 $G_n(s)$、$G_c(s)$ 和 k_1，使系统输出量完全不受干扰量 $n(t)$ 的影响，且单位阶跃响应的超调量小于或等于 25%，峰值时间小于或等于 2s。

解： 当 $R(s)=0$ 时，只有干扰 $N(s)$ 作用于系统，令 $C(s)=0$，得

$$C(s)=\frac{1+G_1G_2G_c+G_nG_2}{1+G_1G_2G_c+G_1G_2}N(s)=0 \tag{6-41}$$

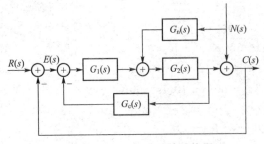

图 6.39 例 6.10 的系统结构图

已知 $G_1(s)=k_1$，$G_2(s)=1/s^2$，闭环传递函数特征方程为

$$G_1G_2+G_1G_2G_c+1=0$$

$$\frac{k_1}{s^2}+\frac{k_1}{s^2}k_t's+1=0$$

$$s^2+k_1k_t's+k_1=0 \qquad (6-42)$$

由 $\sigma\%=25\%$，$t_p=2s$，求得理想闭环极点为

$$s_{1,2}=-0.694\pm j1.57$$

$$d(s)=(s-s_1)(s-s_2)=s^2+1.36s+2.93 \qquad (6-43)$$

比较式(6-42)及式(6-43)，可得

$$k_1=2.93,\ k_t'=0.464$$

且由式(6-41)可得

$$G_n=-\frac{1+G_1G_2G_c}{G_2}=-s^2-1.36s$$

所以

$$G_c=0.464s,\ G_n=-s^2-1.36s,\ k_1=2.93$$

6.9.2 案例分析及 MATLAB 应用

磁盘驱动器系统结构如图 6.40 所示。

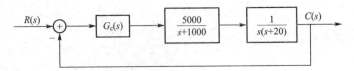

图 6.40 磁盘驱动器系统结构图

第 3 章和第 4 章中对磁盘驱动器系统进行校正，得到相应的控制器 $G_c(s)$。本章我们用三阶工程最佳方法设计系统的控制器 $G_c(s)$。

系统的开环传递函数为

$$G_0(s)=\frac{5000}{s(s+20)(s+1000)}=\frac{1}{4s(s/20+1)(s/1000+1)}$$

线圈的极点比负载极点大很多可以忽略不计，即忽略 $\dfrac{1}{s/1000+1}$ 项对系统的影响不大，由式(6-38)可求出 $G_c(s)$，选择 $T_2=1/20$，得

$$G_c(s)=\frac{G(s)}{G_0(s)}=\frac{\dfrac{(4T_2s+1)}{8T_2^2s^2(T_2s+1)}}{\dfrac{1}{4s(1+s/20)}}=\frac{200(1+s/5)}{s}$$

在 Simulink 环境中构造仿真结构图如图 6.41 所示，双击图 6.41 中的 step1，选择参数使扰动为 0，输入是单位阶跃函数 step，其仿真图如图 6.42 所示。

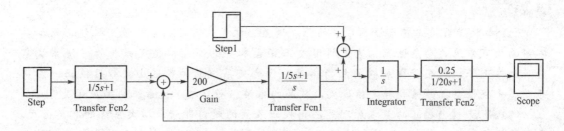

图 6.41 磁盘驱动器系统仿真结构图

图 6.43 所示为给定输入为 0、扰动输入为单位阶跃函数时的仿真图，可以看出稳态误差为 0。

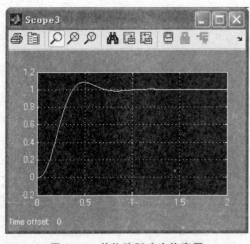

图 6.42 单位阶跃响应仿真图

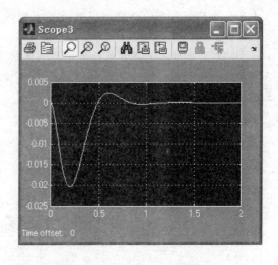

图 6.43 对单位阶跃扰动的响应

学习指导及小结

（1）在系统中加入一些其参数可调的结构或装置，可使系统整个特性发生变化，从而满足给定的各项性能指标，这一附加的装置称为校正装置。加入校正装置后使未校正系统的缺陷得到补偿，这就是校正的作用。

（2）常用的校正方式有串联校正、反馈校正、前馈校正和复合校正等。

串联校正和反馈校正是适用于反馈控制系统的校正方法，在一定程度能使校正后的系统满足要求的性能指标。

串联校正简单、易于实现，因此得到了广泛的应用。

（3）串联超前校正是利用校正装置的相角超前补偿原系统的相角滞后，从而增大系统的相位裕度。超前校正能产生正的相角和正的幅位斜率，可以达到改善中频段斜率的目的。故采用超前校正可以增大系统的相位稳定裕量和频带宽度，提高了系统动态响应的平稳性（使超调量减小）和快速性。但是使系统抗干扰的能力有所降低。串联超前校正一般用于稳态性能已满足要求但动态性能较差的系统，以及截止角频率附近相角变化较平稳的系统。

（4）串联滞后校正在于提高系统的开环增益，从而改善控制系统稳态性能，而尽量不影响原有系统的动态性能。这是利用校正装置本身的高频幅值衰减特性，使系统零分贝频率下降，从而获得足够的相角裕度，但会使系统的频带过小。滞后校正一般用于动态平稳性要求严格和稳定精度要求较高的系统。滞后校正使系统的响应速度变慢。

（5）滞后-超前校正的基本原理是利用校正装置的超前部分来增大系统的相角裕度，利用滞后部分来改善系统的稳态性能。当要求校正后系统的动态性能和稳态性能都较高时，单纯用超前校正或滞后校正不能完成给定性能指标要求，此时应采用滞后-超前校正。

（6）综合法只适用于最小相位系统。

（7）反馈校正通过反馈通道传递函数的倒数的特性代替不希望特性，以这种置换的方法来改善控制系统的性能，同时还可以减弱反馈所包围的原有部分特性参数变化对系统性能的影响。

（8）复合校正是在系统的反馈控制回路中加入前馈通路，组成一个前馈控制和反馈控制相结合的系统。可分为按扰动补偿和按输入补偿两种方式，其目的是要减小系统的稳态误差。

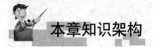

本章知识架构

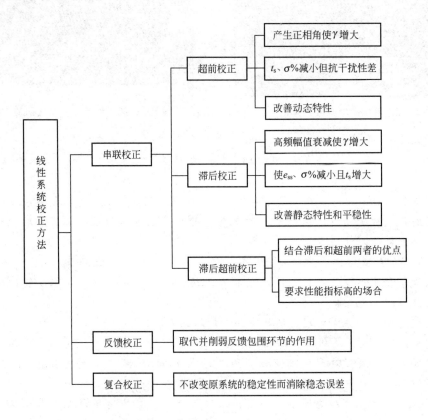

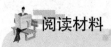
阅读材料

PID 控制器和行业期刊

当今的自动控制技术都是基于反馈的概念。反馈理论的要素包括三部分：测量、比较和执行。测量关心的是变量，与期望值相比较，用这个误差纠正调节控制系统的响应。

PID（比例-积分-微分）控制器作为最早实用化的控制器已有 50 多年历史，现在仍然是应用最广泛的工业控制器。PID 控制器简单易懂，使用中不需精确的系统模型等先决条件，因而成为应用最为广泛的控制器。

在许多情况下针对特定的系统设计的 PID 控制器控制良好，但仍存在一些问题需要解决。

目前工业自动化水平已成为衡量各行各业现代化水平的一个重要标志。同时，控制理论的发展也经历了古典控制理论、现代控制理论和智能控制理论三个阶段。目前，PID 控制及其控制器或智能 PID 控制器（仪表）已经很多，产品已在工程实际中得到了广泛应用，有各种各样的 PID 控制器产品，各大公司均开发了具有 PID 参数自整定功能的智能调节器（intelligent regulator），其中 PID 控制器参数的自动调整是通过智能化调整或自校正、自适应算法来实现。有利用 PID 控制实现的压力、温度、流量、液位控制器，有能实现 PID 控制功能的可编程控制器（PLC），还有可实现 PID 控制的 PC 系统等。

国内有关控制理论、自动化、电子信息和电力工程等方面的具有较大影响的期刊很多，如自动化学报、电力系统自动化、中国电机工程学报、电子学报、通信学报、控制与决策、控制理论及其应用、系统工程理论与实践、系统工程、系统工程学报、信息与控制、系统工程理论与应用、控制工程、复杂系统与复杂性科学、仪器仪表学报、兵工学报、电工技术学报、模式识别与人工智能、电子与信息学报，还有一些资深大学的学报等，可供设计者参阅。

习 题

6-1 选择填空题（北京理工大学 2004 年研究生入学试题）
在频率法校正中，利用串联超前校正网络和串联滞后校正网络的实质是（ ）。

A. 前者利用相位超前特性，后者利用相位滞后特性

B. 前者利用低频衰减特性，后者利用高频衰减特性

C. 前者利用低频衰减特性，后者利用相位滞后特性

D. 前者利用相位超前特性，后者利用高频衰减特性

6-2 串联校正装置的传递函数分别如下，试绘制它们的 Bode 图（幅频特性画渐近性，相频特性画草图），并说明它们是超前校正装置还是滞后校正装置。

(1) $G(s) = 10\dfrac{s+1}{10s+1}$ (2) $G(s) = \dfrac{s+2}{s+5}$

(3) $G(s) = \dfrac{s+0.05}{s+0.01}$ (4) $G(s) = \dfrac{s+1}{0.2s+1}$

6-3 设某系统的开环传递函数为

$$G(s) = \frac{k}{s(0.2s+1)(0.5s+1)}$$

系统最大输出速度为 2r/min，输出位置的容许误差小于 2°。

(1) 确定满足上述指标的最小 k 值，计算该 k 值下的相位裕度和幅值裕度。

(2) 前向通路中串联超前校正网络 $G_c(s) = (1+0.4s)/(1+0.08s)$，试计算其相位裕度。

6-4 设单位反馈控制系统的开环传递函数为 $G_0(s) = \dfrac{k}{s(s+1)}$，试设计串联超前校正装置，满足在单位斜坡输入下 $e_{ss} \leqslant 1/15$，相位裕量 $\gamma \geqslant 45°$。

6-5 为满足稳态性能指标的要求，一个单位反馈伺服系统的开环传递函数为

$$G_0(s) = \frac{200}{s(0.1s+1)}$$

试设计一个校正装置，使已校正系统的相位裕量 $\gamma \geqslant 45°$，穿越频率 $\omega_c \geqslant 50 \text{rad/s}$。

6-6 设开环传递函数为

$$G(s) = \frac{k}{s(s+1)(0.01s+1)}$$

单位斜坡输入 $R(t) = t$，输入产生稳态误差 $e \leqslant 0.0625$。若使校正后相位裕度 γ^* 不低于 45°，截止频率 $\omega''_c > 2 \text{rad/s}$，试设计校正装置。

6-7 单位反馈控制系统的开环传递函数表达式如下。若要求单位斜坡输入 $r(t) = t$ 时，稳态误差 $e_{ss} \leqslant 0.06$，相角裕量 $\gamma \geqslant 45°$，试设计串联滞后校正装置。

$$G_0(s) = \frac{k}{s(s+1)(0.01s+1)}$$

6-8 设单位反馈系统的开环传递函数为

$$G(s) = \frac{k}{s(s+1)(0.2s+1)}$$

试设计串联校正装置，满足 $k_v = 8 \text{rad/s}$，相位裕度 $\gamma^* = 40°$。

6-9 单位反馈控制系统的开环传递函数表达式如下。若要求系统的性能指标为速度误差系数 $k_v \geqslant 32$，相角裕量 $\gamma \geqslant 45°$，试设计串联滞后校正装置。

$$G_0(s) = \frac{k}{s(0.1s+1)(0.01s+1)}$$

6-10 已知一单位反馈控制系统，其被控对象 $G_0(s)$ 和串联校正装置 $G_c(s)$ 的对数幅频特性分别如图 6.44(a)、(b) 和 (c) 中 L_0 和 L_c 所示。要求：

(1) 写出校正后各系统的开环传递函数。

(2) 分析各 $G_c(s)$ 对系统的作用，并比较其优缺点。

6-11 某系统的开环对数幅频特性如图 6.45 所示，其中虚线表示校正前的，实线表示校正后的。要求

(1) 确定所用的是何种串联校正方式，写出校正装置的传递函数 $G_c(s)$。

（2）确定使校正后系统稳定的开环增益范围。

（3）当开环增益 $K=1$ 时，求校正后系统的相角裕度 γ 和幅值裕度 h。

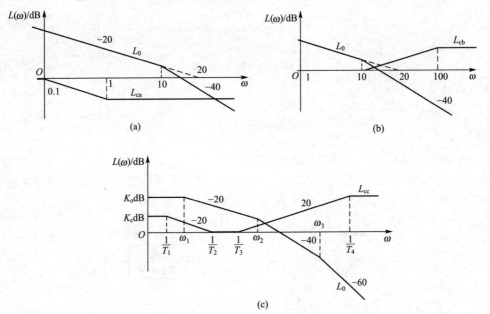

图 6.44　题 6-10 图

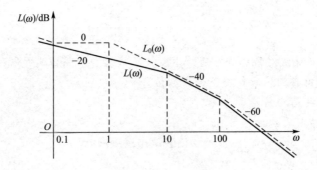

图 6.45　题 6-11 图

6-12　设晶闸管-电动机调速系统中的电流环系统如图 6.46 所示。图中，调节对象传递函数为

$$G_1(s)=\frac{82.5}{(0.0033s+1)}, \quad G_2(s)=\frac{200}{(0.2s+1)}$$

给定滤波器传递函数为

$$G_s(s)=\frac{1}{T_2s+1}$$

比例-积分控制器传递函数为

$$G_c(s)=\frac{K_c(\tau s+1)}{\tau s}$$

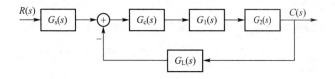

图 6.46 题 6-12 图

反馈环节传递函数为

$$G_{\mathrm{L}}(s) = \frac{0.0024}{(0.0018s+1)}$$

试按三阶段最佳工程设计法确定参数 K_{c}、τ 和 T_2。

6-13 设复合校正控制系统如图 6.47 所示,若要求闭环回路过阻尼,且系统在斜坡输入作用下的稳态误差为零,试确定 K 值及前馈补偿装置 $G_{\mathrm{r}}(s)$。

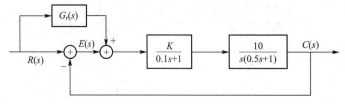

图 6.47 题 6-13 图

6-14 已知单位反馈系统的开环传递函数为

$$G_0(s) = \frac{K}{s(0.1s+1)(0.001s+1)}$$

试用 Bode 图设计法对系统进行超前串联校正设计,使系统满足如下要求:

(1) 系统在单位斜坡信号作用下,稳态误差 $e_{\mathrm{ss}} \leqslant 0.001$。

(2) 系统校正后的相角裕量为 $40° \leqslant \gamma \leqslant 50°$。

6-15 有一控制系统如图 6.48 所示,当 $f(s)$ 为阶跃扰动时,要使系统无静差,即

$$\lim_{t \to \infty} e(t) = \lim_{t \to \infty} [r(t) - c(t)] = 0$$

应选择怎样的补偿装置?

6-16 已知单位反馈系统的开环传递函数为

$$G_0(s) = \frac{K}{s(0.1s+1)(0.2s+1)}$$

试用 Bode 图设计法对系统进行滞后串联校正设计,使系统满足如下要求:

(1) 系统在单位斜坡信号作用下,速度误差系数 $K_{\mathrm{v}} \geqslant 30 \mathrm{s}^{-1}$。

(2) 系统校正后的剪切频率 $\omega_{\mathrm{c}} \geqslant 2.3 \mathrm{s}^{-1}$。

(3) 系统校正后的相角裕量 $\gamma > 40°$(用 MATLAB 语言编程)。

6-17 (北京理工大学 2006 年研究生试题)考虑图 6.49 所示的控制系统,其中 $G_{\mathrm{c}}(s)$、$G_1(s)$ 和 $G_2(s)$ 均为最小相位系统,其渐近对数幅频特性曲线如图 6.50 所示,$H(s) = 1$。

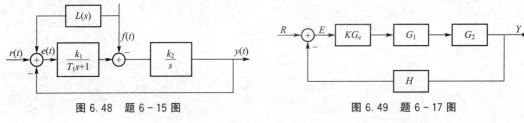

图 6.48　题 6-15 图　　　　　　　　　　图 6.49　题 6-17 图

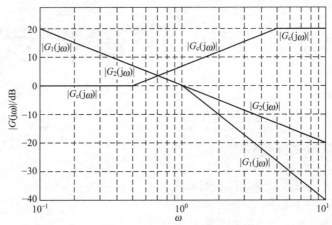

图 6.50　题 6-17 图的渐近对数幅频特性曲线

（1）确定开环传递函数 $G_0(s) = G_c(s)G_1(s)G_2(s)H(s)$，并画出其渐近对数幅频和相频特性曲线（要求按图 6.50 中的尺寸自制两张对数坐标纸）。

（2）画出 Nyquist 曲线 $G_0(j\omega)$。

（3）由 Nyquist 曲线确定使闭环系统稳定的 K 值，并用根轨迹方法验证。

（4）求 $K=1$ 和 $K=2$ 时的稳态误差和加速度误差。

6-18　（南京航空航天大学 2005 年研究生试题）一单位负反馈最小相位系统的开环相频特征表达式为

$$\varphi(\omega) = -90° - \arctan\frac{\omega}{2} - \arctan\omega$$

（1）求相角裕度为 30° 时系统的开环传递函数。

（2）在不改变截止频率 ω_c 的前提下，试选取参数 K_c 和 T，使系统在加入串联校正环节

$$G_c(s) = \frac{K_c(T_s + 1)}{s + 1}$$

之后系统的相角裕度提高到 60°。

第 6 章习题解答　　　　　第 6 章课件

第7章
离散控制系统

本章教学目标与要求

- 掌握 Z 变换的定义、方法及基本定理。
- 了解采样系统的特点，掌握采样定理。
- 熟练掌握求取离散系统开环、闭环脉冲传递函数。
- 熟练掌握离散系统的稳定性判别方法。
- 熟练掌握离散系统的暂态性能和稳态性能。

引　言

　　随着脉冲技术、数字式元部件、计算机技术的发展，数字控制器在许多场合取代了模拟控制器。基于实践工程的需要，采样控制系统和数字控制系统成为现代控制系统的一种重要形式。采样控制系统和数字控制系统与连续系统相比，既有本质上的不同，又有分析研究方面的相似性。采用 Z 变换法研究离散系统，可以把连续系统中的许多概念和方法推广应用到线性离散系统中。

7.1　离散系统的基本概念

　　如果控制系统中所有的信号均是时间 t 的连续函数，这样的系统称为连续时间系统，简称连续系统；如果系统中某处或数处信号是脉冲序列或数码，则这样的系统称为离散时间系统，简称离散系统。其中离散信号以脉冲序列形式出现的称为采样控制系统或脉冲控制系统；以数码形式出现的称为数字控制系统或计算机控制系统。

7.1.1　采样控制系统

　　一般来说，采样控制系统中都含有被称为采样器的开关装置，对来自传感器的连续信息在某些规定的时间瞬间上取值，获得系统的离散信息。如果在有规律的时间间隔上，系统得到了离散信息，则这种采样称为周期采样；如果时间间隔是时变的或是随机的，则称为非周期采样或随机采样。本章仅讨论周期采样。如果系统中有几个采样器，则假定它们是同步等周期的。

为什么要分析研究离散控制系统，原因如下。

（1）系统实际元部件的要求。在现代控制技术中，采样系统有许多实际应用。例如，雷达系统其输入信号只能为脉冲序列形式；工业过程控制中，不仅有模拟元件，还有脉冲元件，如果采用连续控制方式，则无法解决控制精度与动态性能之间的矛盾。为使两种信号在系统中能相互传递，在连续信号和脉冲序列之间要用采样器，而在脉冲序列和连续信号之间要用保持器，以实现两种信号的转换。图 7.1 所示为典型采样系统的结构图。

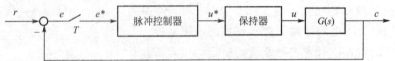

图 7.1 典型采样系统结构图

图中 e 是连续的误差信号，经采样开关后，变成一组脉冲序列 e^*，脉冲控制器对 e^* 进行某种运算，产生控制信号脉冲序列 u^*，保持器将采样信号 u^* 变成模拟信号 u，作用于被控对象 $G(s)$。

（2）被控对象存在的大延迟大惯性。工业自动控制系统中，有一类被控对象的惯性非常大并具有滞后特性，尤其是电站的电力生产过程，这种延迟和惯性显得更为严重。对于这类被控对象，采用简单的连续控制系统的设计方法，容易出现过调现象，往往很难得到高质量的控制效果。离散控制系统的合理应用可以较好地解决这类问题。

（3）作为控制仪表，数字计算机已经成为控制系统的一个组成部分。由于计算机技术的飞速发展，作为构成控制系统的控制设备，数字计算机已经被广泛地用于工业生产过程自动化中，用来替代常规仪表完成控制器及其校正装置的功能。图 7.2 所示为数字控制系统原理框图。

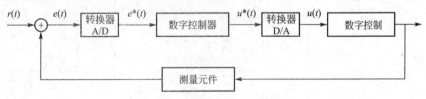

图 7.2 数字控制系统原理框图

该系统的特点是具有一个对数字进行运算（处理）的部件（指数字式控制器或数字计算机）。一般而言，被控对象的输入和偏差信号都是连续信号，因此，需要有 A/D 转换器将模拟量信号转换成数字量信号送入计算机，再有 D/A 转换器将计算机输出的控制信号转换成模拟量信号。

7.1.2　离散控制系统分类及特点

根据离散控制系统的构成设备不同可以归纳为下面两种形式：一种是采样控制系统，控制系统的构成中选择了采样开关（或含有开关特性的设备）；另一种是数字控制系统，是一种以数字计算机或数字控制器去控制具有连续工作状态的被控对象的闭环控制系统。数字控制系统包括工作于离散状态下的数字计算机和工作于连续状态下的被控对象两大部分，如图 7.2 所示。

采样和数字控制技术在自动控制领域得到了越来越广泛的应用，主要是因为该系统具有以下特点：

（1）由数字计算机构成的数字校正装置比连续装置易于实现。

（2）采样信号，特别是数字信号的传递可以有效地抑制噪声，显著地提高系统的抗干扰能力，信号传递和转换精度高。

（3）采用高灵敏度的控制元件，可提高控制精度。

（4）采样的引入使时滞控制系统的稳定得以改善。

在离散控制系统中，由于一处或几处的信号是一串脉冲序列，其作用过程从时间看来是断续的，即控制过程不连续，所以研究连续线性系统用到的拉氏变换、传递函数和频率特性都不能直接使用。研究离散控制系统的数学基础是 Z 变换，通过 Z 变换，可以把传递函数和频率特性等概念应用于离散控制系统。Z 变换是分析线性定常离散控制系统的工具。Z 变换和线性定常离散系统的关系恰似拉氏变换和线性定常连续系统的关系。

7.2　采样过程和采样定理

7.2.1　信号的采样

离散控制系统与连续控制系统本质上的区别在于信号由连续变成断续。这个过程是由离散控制系统中的采样开关或模数转换器完成的。对连续信号的采样过程如图 7.3 所示。

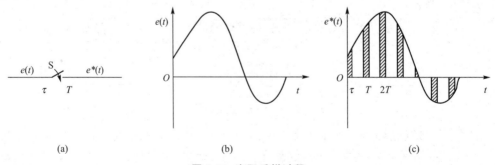

图 7.3　实际采样过程

把连续信号变换为脉冲序列的装置称为采样器，又称采样开关。采样过程可以用一个周期性闭合的采样开关 S 来表示，如图 7.3 所示。假设采样开关每隔 T 秒闭合一次，闭合的持续时间为 τ。采样器的输入 $e(t)$ 为连续信号，输出 $e^*(t)$ 为宽度等于 τ 的调幅脉冲序列，在采样瞬间 $nT(n=1，2，\cdots)$ 时出现。即在 $t=0$ 时，采样器闭合 τ 秒，此时 $e^*(t)=e(t)=\tau$，在 $t=\tau$ 以后，采样器打开，输出 $e^*(t)=0$。以后每隔 T 秒重复一次这种过程。

对于具有有限脉冲宽度的采样控制系统来说，要准确进行数学分析是非常复杂的。考虑到采样开关的闭合时间 τ 非常小，一般远小于采样周期 T 和系统连续部分的最大时间常数，因此在分析时，可以认为 $\tau=0$。这样，采样器就可以用一个理想采样器来代替。理想的采样过程如图 7.4 所示。

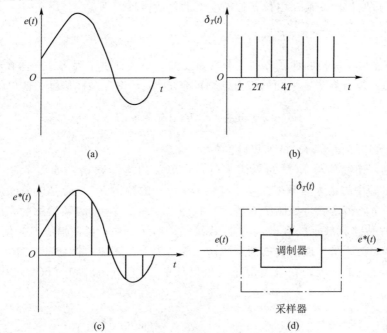

(a)

(b)

(c)

(d)

图 7.4　理想采样过程

采样开关的周期性动作相当于产生一串理想脉冲序列，数学上可表示成如下形式

$$\delta_T(t)=\sum_{n=0}^{\infty}\delta_T(t-nT) \tag{7-1}$$

输入模拟信号 $e(t)$ 经过理想采样器的过程相当于 $e(t)$ 调制在载波 $\delta_T(t)$ 上的结果，而各脉冲强度用其高度来表示，它们等于采样瞬间 $t=nT$ 时 $e(t)$ 的幅值。调制过程在数学上的表示为两者相乘，即调制后的采样信号可表示为

$$e^*(t)=e(t)\delta_T(t)=e(t)\sum_{n=0}^{\infty}\delta_T(t-nT)=\sum_{n=0}^{\infty}e(t)\delta_T(t-nT) \tag{7-2}$$

由于 $e(t)$ 只在采样瞬间 $t=nT$ 时才有意义，故上式也可写成

$$e^*(t)=\sum_{n=0}^{\infty}e(nT)\delta_T(t-nT) \tag{7-3}$$

因为采样信号的信息并不等于连续信号的全部信息，所以采样信号的频谱同连续信号的频谱相比，要发生变化。研究采样信号的频谱的目的是找出 $e^*(t)$ 与 $e(t)$ 之间的相互关系。

理想脉冲序列式(7-1)是以时间 T 为周期的周期函数,可以写成傅里叶级数的形式:

$$\delta_T = \frac{1}{T} \sum_{n=-\infty}^{\infty} \mathrm{e}^{\mathrm{j}n\omega_s t} \tag{7-4}$$

式中:ω_s 为采样角频率;T 为采样周期,并有 $\omega_s = 2\pi/T$。

将式(7-4)代入式(7-2),有

$$e^*(t) = \frac{1}{T} \sum_{n=-\infty}^{\infty} e(t)\mathrm{e}^{\mathrm{j}n\omega_s t} \tag{7-5}$$

对上式两边取拉氏变换,由拉普拉斯变换的复数位移定理得

$$E^*(s) = \frac{1}{T} \sum_{n=-\infty}^{\infty} E(s + \mathrm{j}n\omega_s) \tag{7-6}$$

式(7-6)在描述采样过程的性质方面是非常重要的,该式提供了理想采样器在频域中的特点。如果 $E^*(s)$ 没有右半 s 平面的极点,则可令 $s = \mathrm{j}\omega$,得到采样信号的傅里叶变换为

$$E^*(\mathrm{j}\omega) = \frac{1}{T} \sum_{n=-\infty}^{\infty} E[\mathrm{j}(\omega + n\omega_s)] \tag{7-7}$$

式中:$E(\mathrm{j}\omega)$ 为连续信号 $e(t)$ 的傅里叶变换。

一般来说,连续信号 $e(t)$ 的频谱 $E(\mathrm{j}\omega)$ 是单一的连续频谱,如图 7.5 所示,其中 ω_m 为频谱 $E(\mathrm{j}\omega)$ 中的最大角频率。而采样信号 $e^*(t)$ 的频谱 $E^*(\mathrm{j}\omega)$ 是以采样角频率 ω_s 为周期的无穷多个频谱之和,如图 7.6 所示。在图 7.6 中,$n = 0$ 的频谱称为采样频谱的主分量(图 7.6 中纵坐标线上的频谱),它与连续频谱形状一致,仅在幅值上变化了 $1/T$ 倍;其余的频谱都是由于采样而引起的高频频谱,称之为采样频谱的补分量。图 7.6 表明的是采样周期 $\omega_s \geqslant 2\omega_m$ 的情况,在该情况下,可以理解为 $|E^*(\mathrm{j}\omega)|$ 和 $|H(\mathrm{j}\omega)|$ 相"乘",其"积"正好等于 $|E(\mathrm{j}\omega)|$。

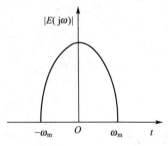

图 7.5 单一频谱

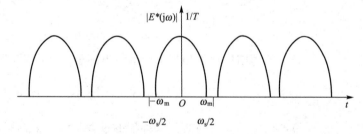

图 7.6 多频谱之和

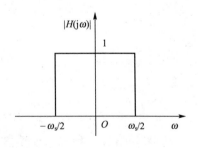

图 7.7 理想滤波器的频率特性

如果加大采样周期 T,采样角频率 ω_s 相应能够减小,采样频谱中的补分量相互交叠,致使采样器输出的信号发生畸变,这时即使采用理想滤波器(理想滤波器的频率特性如图 7.7 所示),也无法恢复原来连续信号的频谱,因此,对采样周期 T 的设定有一个约束条件,用于保证附加频谱不覆盖主频谱。所以,如何选择采样周期是离散控制系统设计过程中的一个重要问题。

7.2.2　采样定理（香农定理）

采样定理是设计离散控制系统时选择采样周期的理论依据。

采样定理：若已知连续信号 $e(t)$ 的最大角频谱为 ω_{max}，采样周期为 T，则当采样周期满足 $T \leqslant \dfrac{\pi}{\omega_{max}}$ 时，采样信号 $e^*(t)$ 才能较好地复现连续函数 $e(t)$ 的形式。

采样定理的由来可以从图 7.6 导出，周期 T 的选择条件以主频谱与附加频谱不发生重叠为准则，因此得到 $\omega_s \geqslant 2\omega_{max}$，由 $\omega_s = \dfrac{2\pi}{T}$ 得 $T \leqslant \dfrac{\pi}{\omega_{max}}$ 的结论。

应当指出，采样定理只是给出了一个选择采样周期或采样频率的指导原则，给出的是由采样脉冲序列无失真地再现原连续信号所允许的最大采样周期，或最低采样频率。在离散控制系统的设计过程中，采样周期的确定是依据现场检测的被调量信号的频率或周期，对于频率较高的信号，采样周期的设定就小，而对于变化过程较慢的低频信号，采样周期的设定可以大一些。一般总是取 $\omega_s > 2\omega_{max}$ 的情形，而不取恰好等于 $2\omega_{max}$ 的情形。

7.3　信　号　恢　复

采样器的输出 $e^*(t)$ 为脉冲信号，在频域中为一离散频谱，除主频谱外，尚包括无穷多个附加的高频频谱分量。如果不滤掉高频分量，相当于给系统加入了噪声，严重时，这些附加的分量会使控制系统元件增大损耗。一般来说，系统的连续部分都具有低频滤波器的特性，可以起到衰减高频分量近似重现原连续信号的作用。但是，在多数情况下，采样信号加到被控对象之前，往往先经过被称为数据保持电路或保持器的复现装置，在如图 7.2 所示的由数字计算机构成的离散控制系统中，是用 D/A 数模转换器来实现离散控制信号 $u^*(t)$ 的连续化，将其转变成连续信号 $u(t)$，然后用于控制被控对象。

7.3.1　理想滤波器

理想滤波器的幅频特性曲线如图 7.8 所示。假定采样开关的采样频率满足 $\omega_s > 2\omega_{max}$ 时，离散信号通过该装置就可以滤掉所有附加高频信号。即采样信号通过理想滤波器后，只剩主频谱信号，附加频谱在通过理想滤波器时全部被过滤，因而输出信号可以完全复现连续信号的形式。实际上，满足这种频率特性的理想滤波器是不

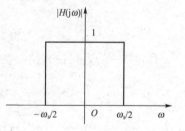

图 7.8　理想滤波器特性

存在的。但是，可以构造接近于理想滤波器频率特性的物理装置，来近似实现这种运算功能，使滤波后的信号较好地复现连续信号的形式。兼顾理想滤波器所呈现的特性和便于工程上的实现，目前在离散控制系统中，被广泛用于将采样信号复现成连续信号的装置是零阶保持器和一阶保持器。

7.3.2　零阶保持器

零阶保持器是一种采用恒值外推规律的保持器。它把前一采样时

微课【零阶保持器】

刻 nT 的 $u(nT)$ 值不增不减地保持到下一个采样时刻 $(n+1)T$，其输入信号和输出信号的关系如图 7.9 所示。

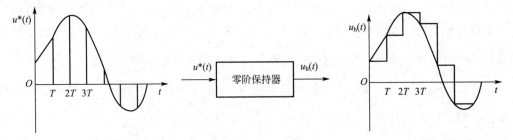

图 7.9　零阶保持器的输入和输出信号

零阶保持过程是由理想脉冲作用的结果，如果给零阶保持器输入一个理想单位脉冲，其脉冲过渡函数是幅值为 1、持续时间为 T 的矩形脉冲，并可分解为两个单位阶跃函数的和：

$$g_h(t)=1(t)-1(t-T) \tag{7-8}$$

零阶保持器的脉冲响应曲线如图 7.10 所示。

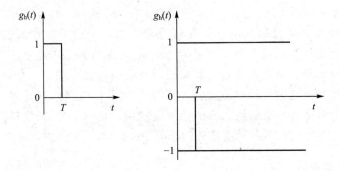

图 7.10　零阶保持器的单位脉冲响应

对式 (7-8) 进行拉普拉斯变换：

$$G_h(s)=\frac{1-e^{-Ts}}{s} \tag{7-9}$$

式中：$s=j\omega$。可以求得零阶保持器的频率特性为

$$G_h(j\omega)=\frac{1-e^{-j\omega T}}{j\omega}$$

$$=\frac{2e^{-j\frac{\omega T}{2}}(e^{j\frac{\omega T}{2}}-e^{-j\frac{\omega T}{2}})}{2j\omega}=T\frac{\sin\frac{\omega T}{2}}{\frac{\omega T}{2}}e^{-j\frac{\omega T}{2}} \tag{7-10}$$

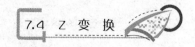

零阶保持器的幅频特性和相频特性分别为

$$\left.\begin{array}{c} |G_h(j\omega)| = T\,\dfrac{\sin(\omega T/2)}{\omega T/2} \\[3mm] \angle G_h(j\omega) = -\dfrac{\omega T}{2} \end{array}\right\} \qquad (7-11)$$

画出零阶保持器的幅频特性和相频特性如图 7.11 所示。

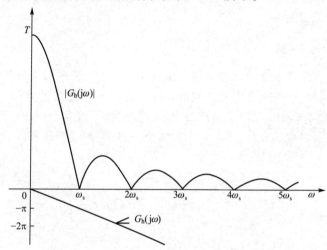

图 7.11　零阶保持器的幅频特性和相频特性

由图 7.11 可见，零阶保持器具有以下特性。

(1) 低通特性：从幅相特性看，它的幅值随角频率的增大而衰减，具有明显的低通特性。这说明零阶保持器基本上是一个低通滤波器。与理想滤波器相比，除了主频谱外，还存在一些高频分量。因此，如果连续信号 $e(t)$ 经过采样器转换成 $e^*(t)$ 后，立刻进入零阶保持器，则其输出信号 $e'(t)$ 与原始信号 $e(t)$ 是有差别的。

(2) 相角滞后现象：从相频特性看，信号经过零阶保持器后，会产生附加滞后相位移，相角滞后可达 $-180°$，增加了系统的不稳定因素。

(3) 时间滞后特性：零阶保持器的输出为阶梯信号 $u_h(t)$，其平均响应为 $e = [t-(T/2)]$，表明其输出比输入在时间上滞后 $T/2$，相当于给系统增加了一个延迟环节，使系统总的相角滞后增大，令系统的稳定性变差。另外零阶保持器的输出为阶梯状，也增强了系统输出中的波纹。

7.4　Z　变　换

7.4.1　Z 变换定义

连续函数 $f(t)$ 的拉氏变换为

$$F(s) = L[f(t)] = \int_0^\infty f(t)e^{-st}\,dt \qquad (7-12)$$

设 $f(t)$ 的采样信号为

$$f^*(t) = \sum_{n=0}^\infty f(nT)\delta_T(t-nT) \qquad (7-13)$$

采样信号的拉普拉斯变换为

$$F^*(s) = \int_0^\infty \left[\sum_{n=0}^\infty f(nT)\delta_T(t-nT) \right] e^{-st}\,dt$$

$$= \sum_{n=0}^\infty f(nT) \left[\int_0^\infty \delta_T(t-nT)e^{-st}\,dt \right] = \sum_{n=0}^\infty f(nt)e^{-nTs} \tag{7-14}$$

上式中 e^{-Ts} 是 s 的超越函数，为便于应用，令变量 $z = e^{Ts}$，代入式(7-14)，则采样信号 $f^*(t)$ 的 Z 变换定义为

$$F(z) = Z[f^*(t)] = Z[f(t)] = \sum_{n=0}^\infty f(nT)z^{-n} \tag{7-15}$$

严格来说，Z 变换只适合于离散函数。这就是说，Z 变换式只能表征连续函数在采样时刻的特性，而不能反映在采样时刻之间的特性。$Z[f(t)]$ 是为了书写方便，并不意味着是连续函数 $f(t)$ 的 Z 变换，而仍是指离散函数 $f^*(t)$ 的 Z 变换。即 $F(z)$ 和 $f^*(t)$ 是一一对应的，但 $f^*(t)$ 所对应的 $f(t)$ 可以有无穷多个。将式(7-13)和式(7-15)展开，有

$$f^*(t) = \sum_{n=0}^\infty f(nT)\delta_T(t-nT)$$

$$= f(0)\delta(t) + f(1)\delta(t-T) + f(2)\delta(t-2T) + \cdots \tag{7-16}$$

$$F(z) = \sum_{n=0}^\infty f(nT)z^{-n}$$

$$= f(0) + f(1)z^{-1} + f(2)z^{-2} + \cdots \tag{7-17}$$

可见，采样函数的 Z 变换是关于 z 的幂级数，$f(nt)z^{-n}$ 的物理意义是：$f(nT)$ 决定采样脉冲的幅值，z^{-n} 决定采样脉冲出现的时刻。Z 变换和离散序列之间有着非常明确的"幅值"和"定时"的对应关系。常用函数的 Z 变换和拉普拉斯变换表如表 7-1 所列。

表 7-1　常用函数的 Z 变换和拉普拉斯变换表

序号	$E(s)$	$e(t)$	$E(z)$
1	1	$\delta(t)$	1
2	e^{-nsT}	$\delta(t-nT)$	z^{-n}
3	$\dfrac{1}{s}$	$1(t)$	$\dfrac{z}{z-1}$
4	$\dfrac{1}{s^2}$	t	$\dfrac{Tz}{(z-1)^2}$
5	$\dfrac{1}{s^3}$	$\dfrac{t^2}{2!}$	$\dfrac{T^2 z(z+1)}{2(z-1)^3}$
6	$\dfrac{1}{s^4}$	$\dfrac{t^3}{3!}$	$\dfrac{T^3(z^2+4z+1)}{6(z-1)^4}$
7	$\dfrac{1}{s+a}$	e^{-at}	$\dfrac{z}{z-e^{-aT}}$

（续）

序号	$E(s)$	$e(t)$	$E(z)$
8	$\dfrac{1}{(s+a)^2}$	te^{-at}	$\dfrac{Tze^{-aT}}{(z-e^{-aT})^2}$
9	$\dfrac{1}{(s+a)^3}$	$\dfrac{1}{2}t^2e^{-at}$	$\dfrac{T^2ze^{-at}}{2(z-e^{-aT})^2}+\dfrac{T^2ze^{-2aT}}{(z-e^{-aT})^3}$
10	$\dfrac{a}{s(s+a)}$	$1-e^{-at}$	$\dfrac{(1-e^{-at})z}{(z-1)(z-e^{-at})}$
11	$\dfrac{a}{s^2(s+a)}$	$t-\dfrac{1}{a}(1-e^{-at})$	$\dfrac{Tz}{(z-1)^2}-\dfrac{(1-e^{-at})z}{a(z-1)(z-e^{-at})}$
12	$\dfrac{\omega}{s^2+\omega^2}$	$\sin\omega t$	$\dfrac{z\sin\omega T}{z^2-2z\cos\omega T+1}$
13	$\dfrac{s}{s^2+\omega^2}$	$\cos\omega t$	$\dfrac{z(z-\cos\omega T)}{z^2-2z\cos\omega T+1}$
14	$\dfrac{\omega}{s^2-\omega^2}$	$\sinh\omega t$	$\dfrac{z\sinh\omega T}{z^2-2z\cosh\omega T+1}$
15	$\dfrac{s}{s^2-\omega^2}$	$\cosh\omega t$	$\dfrac{z(z-\cosh\omega T)}{z^2-2z\cosh\omega T+1}$
16	$\dfrac{\omega^2}{s(s^2+\omega^2)}$	$1-\cos\omega t$	$\dfrac{z}{z-1}-\dfrac{z(z-\cos\omega T)}{z^2-2z\cos\omega T+1}$
17	$\dfrac{\omega}{(s+a)^2+\omega^2}$	$e^{-at}\sin\omega t$	$\dfrac{ze^{-at}\sin\omega T}{z^2-2ze^{-at}\cos\omega T+e^{-2aT}}$
18	$\dfrac{b-a}{(s+a)(s+b)}$	$e^{-at}-e^{-bt}$	$\dfrac{z}{z-e^{-at}}-\dfrac{z}{z-e^{-bt}}$
19	$\dfrac{s+a}{(s+a)^2+\omega^2}$	$e^{-at}\cos\omega t$	$\dfrac{z^2-ze^{-at}\cos\omega T}{z^2-2ze^{-at}\cos\omega T+e^{-2aT}}$
20	$\dfrac{1}{s-(1/T)\ln a}$	$a^{t/T}$	$\dfrac{z}{z-a}$
21	$\dfrac{1}{(s+a)(s+b)(s+c)}$	$\dfrac{e^{-at}}{(b-a)(c-a)}+$ $\dfrac{e^{-bt}}{(a-b)(c-b)}+$ $\dfrac{e^{-ct}}{(a-c)(b-c)}$	$\dfrac{z}{(b-a)(c-a)(z-e^{-aT})}+$ $\dfrac{z}{(a-b)(c-b)(z-e^{-bT})}+$ $\dfrac{z}{(a-c)(b-c)(z-e^{-cT})}$

（续）

序号	$E(s)$	$e(t)$	$E(z)$
22	$\dfrac{s+d}{(s+a)(s+b)(s+c)}$	$\dfrac{(d-a)}{(b-a)(c-a)}\mathrm{e}^{-at}+$ $\dfrac{(d-b)}{(a-b)(c-b)}\mathrm{e}^{-bt}+$ $\dfrac{(d-c)}{(a-c)(b-c)}\mathrm{e}^{-ct}$	$\dfrac{(d-a)z}{(b-a)(c-a)(z-\mathrm{e}^{-aT})}+$ $\dfrac{(d-b)z}{(a-b)(c-b)(z-\mathrm{e}^{-bT})}+$ $\dfrac{(d-c)z}{(a-c)(b-c)(z-\mathrm{e}^{-cT})}$
23	$\dfrac{abc}{s(s+a)(s+b)(s+c)}$	$1-\dfrac{bc}{(b-a)(c-a)}\mathrm{e}^{-at}$ $-\dfrac{ca}{(c-b)(a-b)}\mathrm{e}^{-bt}$ $-\dfrac{ab}{(a-c)(b-c)}\mathrm{e}^{-ct}$	$\dfrac{z}{z-1}-\dfrac{bcz}{(b-a)(c-a)(z-\mathrm{e}^{-aT})}$ $-\dfrac{caz}{(c-b)(a-b)(z-\mathrm{e}^{-bT})}$ $-\dfrac{abz}{(a-c)(b-c)(z-\mathrm{e}^{-cT})}$

7.4.2　Z 变换性质

Z 变换有一些基本定理，可以使 Z 变换的应用变得简单和方便，其内容在许多方面与拉普拉斯变换基本定理有相似之处。

1. 线性定理

设 c_i 为常数，如果有

$$f(t)=\sum_{i=1}^{n}c_iF_i(z)=c_1F_1(z)+c_2F_2(z)+\cdots+c_nF_n(z) \qquad (7-18)$$

则

$$F(z)=\sum_{i=1}^{n}c_iF_i(z)=c_1F_1(z)+c_2F_2(z)+\cdots+c_nF_n(z) \qquad (7-19)$$

2. 实数位移定理

实数位移定理又称平移定理。实数位移的含义，是指整个采样序列在时间轴上左右平移若干个采样周期，其中向左平移为超前，向右平移为滞后。实数位移定理如下：

$$Z[f(t-kT)]=z^{-k}F(z) \qquad (7-20)$$

$$Z[f(t+kT)]=z^kF(z)-z^k\sum_{n=0}^{k-1}f(nT)z^{-n} \qquad (7-21)$$

式(7-20)称为滞后定理，式(7-21)称为超前定理。算子 z 有明确的物理意义：z^{-k} 代表时域中的滞后环节，它将采样信号滞后 k 个周期，参见式(7-16)和式(7-17)。同理，z^k 代表时域中的超前环节，它将采样信号超前 k 个周期，但是，z^k 和 z^{-k} 仅用于运算，在物理系统中并不存在。

3. 复数位移定理

$$Z[f(t)\mathrm{e}^{\mp at}]=F(z\mathrm{e}^{\pm aT}) \qquad (7-22)$$

4. 初值定理

设 $\lim\limits_{z \to \infty} F(z)$ 存在，则

$$f(0) = \lim\limits_{z \to \infty} F(z) \tag{7-23}$$

5. 终值定理

设 $f(t)$ 的 Z 变换为 $F(z)$，且 $f(nT)(n=0, 1, 2 \cdots)$ 为有限值，则极限

$$\lim\limits_{t \to \infty} f(t) = \lim\limits_{n \to \infty} f(nt) = \lim\limits_{z \to 1}(z-1)F(z) \tag{7-24}$$

6. 卷积定理

设

$$c(kT) = \sum_{n=0}^{k} g[(k-n)T]r(nT) \tag{7-25}$$

则卷积定理可以表示为

$$C(z) = G(z)R(z) \tag{7-26}$$

7.4.3 Z 变换方法

1. 级数求和法

级数求和法实际上是按 Z 变换的定义将离散函数 Z 变换成无穷级数的形式，然后进行级数求和运算，该方法又称为直接法。

根据式（7-16）和式（7-17），只要知道连续函数 $f(t)$ 在各个采样时刻的数值，即可按照式（7-17）求得其 Z 变换。这种级数展开式是开放式的，有无穷多项。但有一些常用的 Z 变换的级数展开式可以用闭合型函数表示。

【例 7.1】 求单位阶跃函数 $1(t)$ 的 Z 变换。

解：单位阶跃函数的采样函数为

$$1(nT) = 1 \quad (n=0, 1, 2, \cdots)$$

将 $f(nT) = 1(nT) = 1$ 代入式（7-17），可得

$$Z[1(t)] = 1 + 1 \cdot z^{-1} + 1 \cdot z^{-2} + \cdots + 1 \cdot z^{-n} + \cdots = \frac{z}{z-1}$$

【例 7.2】 求 $f(t) = e^{-at}$ 的 Z 变换。

解：$f^*(t) = f(nT) = e^{-anT}$，根据式（7-17），可得

$$F(z) = 1 + e^{-aT}z^{-1} + e^{-2aT}z^{-2} + \cdots + e^{-naT}z^{-n} + \cdots$$

两边同乘 $e^{-aT}z^{-1}$ 得

$$e^{-aT}z^{-1}F(z) = e^{-aT}z^{-1} + e^{-2aT}z^{-2} + \cdots + e^{-naT}z^{-n} + \cdots$$

以上两式相减，可以求得

$$F(z)(1 - e^{-aT}z^{-1}) = 1$$

即

$$F(z) = \frac{1}{1 - e^{-aT}z^{-1}} = \frac{z}{z - e^{-aT}}$$

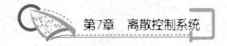

2. 部分分式法

连续时间函数 $e(t)$ 与其拉氏变换式 $E(s)$ 之间是一一对应的，若通过部分分式法将时间函数的拉普拉斯变换式展开成一些简单的部分分式，使每一项部分分式对应的时间函数为最基本最典型的形式，这典型函数的 Z 变换是已知的，则可方便地求出 $E(s)$ 对应的 Z 变换 $E(z)$。

设连续函数 $f(t)$ 的拉普拉斯变换式为有理函数，可以展开为部分分式的形式，即

$$F(s) = \sum_{i=1}^{n} \frac{A_i}{s - p_i}$$

式中：p_i 为 $F(s)$ 的极点；A_i 为常系数。$\dfrac{A_i}{s-p_i}$ 对应的时间函数为 $A_i \mathrm{e}^{p_i t}$，由例 7.2 可知其 Z 变换为 $A_i z / (z - \mathrm{e}^{p_i T})$。由此可得

$$F(z) = \sum_{i=1}^{n} \frac{A_i z}{z - \mathrm{e}^{p_i T}}$$

【例 7.3】 设连续函数 $f(t)$ 的拉普拉斯变换式为 $F(s) = a / [s(s+a)]$，求其 Z 变换。

解： 将 $F(s)$ 展开为部分分式形式为

$$F(s) = \frac{a}{s(s+a)} = \frac{1}{s} - \frac{1}{s+a}$$

由例 7.1 和例 7.2 可知：

$$F(z) = \frac{1}{1-z^{-1}} - \frac{1}{1-\mathrm{e}^{-aT}z^{-1}} = \frac{(1-\mathrm{e}^{-aT})z^{-1}}{(1-z^{-1})(1-\mathrm{e}^{-aT}z^{-1})}$$

【例 7.4】 求 $F(t) = \sin\omega t$ 的 Z 变换。

解： 求 $F(s)$ 并将其展开为部分分式形式为

$$F(s) = \frac{\omega}{s^2 + \omega^2} = \frac{1/(2\mathrm{j})}{s - \mathrm{j}\omega} + \frac{-1/(2\mathrm{j})}{s + \mathrm{j}\omega}$$

所以

$$F(z) = -\frac{1}{2\mathrm{j}} \frac{1}{1-\mathrm{e}^{-\mathrm{j}\omega T}z^{-1}} + \frac{1}{2\mathrm{j}} \frac{1}{1-\mathrm{e}^{\mathrm{j}\omega T}z^{-1}}$$

$$= \frac{(\sin\omega T)z^{-1}}{1-(2\cos\omega T)z^{-1}+z^{-2}} = \frac{z\sin\omega T}{z^2 - 2z\cos\omega T + 1}$$

7.4.4 Z 反变换

和拉普拉斯反变换相类似，Z 反变换可表示为

$$Z^{-1}[F(z)] = f^*(t) \tag{7-27}$$

1. 长除法——幂级数法

如果 $F(z)$ 已是按 z^{-n} 降幂次序排列的级数展开式，如式(7-17)，则根据式(7-16)即可写出 $f^*(t)$。如果 $F(z)$ 是有理分式，则用其分母去除分子，可以求出按 z^{-n} 降幂次序排列的级数展开式，再写出 $f^*(t)$。虽然长除法以序列形式给出了 $f(0)$，$f(T)$，$f(2T)$，… 的数值，但是从一组值中一般很难求出 $f^*(t)$ 或 $f(nT)$ 的解析表达式。

【例 7.5】 已知 $F(z)=\dfrac{5z}{z^2-3z+2}$ 求 $f^*(t)$。

解：$F(z)$ 可以写为

$$F(z)=\frac{5z^{-1}}{1-3z^{-1}+2z^{-2}}$$

长除得

$$F(z)=5z^{-1}+15z^{-2}+35z^{-3}+75z^{-4}+\cdots,$$

$$f(0)=0,\quad f(T)=5,\quad f(2T)=15,\quad f(3T)=35,\quad f(4T)=75$$

即

$$f^*(t)=0\delta(t)+5\delta(t-T)+15\delta(t-2T)+35\delta(t-3T)+75\delta(t-4T)+\cdots$$

2. 部分分式法

采用部分分式法可以求出离散函数的闭合形式。其方法与拉普拉斯反变换的部分分式法相类似，将 $F(z)$ 展开成部分分式的形式，就可以通过查表求得 $f^*(t)$ 或 $f(nT)$。

【例 7.6】 已知 $F(z)=\dfrac{5z}{z^2-3z+2}$，用部分分式法求 $F(z)$ 的 Z 反变换式。

解：将 $F(z)$ 展开成部分分式形式为

$$F(z)=\frac{5z}{z^2-3z+2}=\frac{-5z}{z-1}+\frac{5z}{z-2}$$

查表得

$$Z^{-1}\left[\frac{z}{z-1}\right]=1,\quad Z^{-1}\left[\frac{z}{z-2}\right]=2^n$$

$$f^*(t)=f(nT)=5(-1+2^n)\quad(n=0,\ 1,\ 2,\ \cdots)$$

$$f(0)=0,\quad f(T)=5,\quad f(2T)=15,\quad f(3T)=35,\quad f(4T)=75$$

3. 留数计算法

由复变函数理论可知

$$f^*(t)=f(nT)=\frac{1}{2\pi j}\int_c F(z)z^{n-1}\mathrm{d}z=\sum\mathrm{Res}[F(z)z^{n-1}]\qquad(7-28)$$

Res 表示 $F(z)z^{n-1}$ 在 $F(z)$ 的极点上的留数。一阶极点的留数为

$$R=\lim_{z\to p}(z-p)[F(z)z^{n-1}]\qquad(7-29)$$

q 阶重极点的留数为

$$R=\frac{1}{(q-1)!}\lim_{z\to p}\frac{\mathrm{d}^{q-1}}{\mathrm{d}z^{q-1}}[(z-p)^q F(z)z^{n-1}]\qquad(7-30)$$

【例 7.7】 用留数法求 $F(z)=\dfrac{Tz}{(z-1)^2}$ 的 Z 反变换。

解：由于 $F(z)$ 在 $z=1$ 处有二重极点，因此

$$R=\frac{1}{(2-1)!}\lim_{z\to 1}\frac{\mathrm{d}}{\mathrm{d}z}\left[(z-1)^2\frac{Tz}{(z-1)^2}z^{n-1}\right]=(nTz^{n-1})_{z=1}=nT$$

由此可得

$$f(nT)=nT\quad(n=0,\ 1,\ 2,\ \cdots)$$

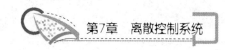

【例 7.8】 用留数法求 $F(z) = \dfrac{0.5z}{(z-1)(z-0.5)}$ 的 Z 反变换。

解：根据式(7-28)有

$$f(nT) = \sum \text{Res}[F(z)z^{n-1}] = \sum \text{Res}\left[\frac{0.5z^n}{(z-1)(z-0.5)}\right]$$

因为 $F(z)z^{n-1}$ 在 $z=1$ 和 $z=0.5$ 处各有一个极点，所以

$$R_1 = \left[\frac{0.5z^n}{(z-1)(z-0.5)}(z-1)\right]_{z=1} = 1$$

$$R_2 = \left[\frac{0.5z^n}{(z-1)(z-0.5)}(z-0.5)\right]_{z=0.5} = -(0.5)^n$$

由此得

$$f(nT) = 1 - (0.5)^n \quad (n=0, 1, 2, \cdots)$$

7.5 离散系统的数学模型

对于线性连续系统，输入信号与输出信号之间的关系由描述系统运动的微分方程、传递函数和状态空间来确定。与线性连续系统相似，采样系统的动态过程一般可以用差分方程、脉冲传递函数和离散状态空间三种表达式来加以描述。

7.5.1 差分方程

1. 差分的概念

对采样信号来说，差分指两相邻采样脉冲之间的差值。一系列差值变化的规律，可反映出采样信号的变化趋势来。设连续函数 $e(t)$ 经采样后为 $e(kT)$，由于 T 为常量，为使表示简单起见，$e(kT)$ 可简写作 $e(k)$。

一阶前向差分定义为

$$\Delta e(k) = e(k+1) - e(k) \tag{7-31}$$

二阶前向差分定义为

$$\begin{aligned}
\Delta^2 e(k) &= \Delta[\Delta e(k)] = \Delta[e(k+1)-e(k)] = \Delta e(k+1) - \Delta e(k) \\
&= e(k+2) - e(k+1) - [e(k+1) - e(k)] \\
&= e(k+2) - 2e(k+1) + e(k)
\end{aligned} \tag{7-32}$$

n 阶前向差分定义为

$$\Delta^n e(k) = \Delta^{n-1} e(k+1) - \Delta^{n-1} e(k)$$

同理，一阶后向分差定义为

$$\Delta e(k) = e(k) - e(k-1)$$

二阶后向差分定义为

$$\begin{aligned}
\Delta^2 e(k) &= \Delta[\Delta e(k)] = \Delta[e(k)-e(k-1)] = \Delta e(k) - \Delta e(k-1) \\
&= e(k) - e(k-1) - [e(k-1) - e(k-2)] \\
&= e(k) - 2e(k-1) + e(k-2)
\end{aligned} \tag{7-33}$$

n 阶后向差分定义为

$$\Delta^n e(k) = \Delta^{n-1} e(k) - \Delta^{n-1} e(k-1)$$

差分表示离散信号变化趋势。每一个采样时刻的脉冲值,对将来 n 个时刻的脉冲都有影响,称为前向效应。同样,每一个采样时刻的脉冲值,过去 n 个时刻脉冲对其都有影响,这称为后向效应。阶次越高,沿时间轴前推或后推的节拍越多。节拍和节拍之间的联系反映了变量变化的规律。

2. 线性常系数差分方程及解法

对于一般的线性定常系统,k 时刻的输出 $c(k)$ 不但与 k 时刻的输入 $r(k)$ 有关,而且与 k 时刻以前的输入 $r(k-1)$,$r(k-2)$,…,$r(0)$ 有关,同时还与 k 时刻之前的输出 $c(k-1)$,$c(k-2)$,…,$c(0)$ 有关。这种关系可用 n 阶后向差分方程描述为

$$c(k) + a_1 c(k-1) + \cdots + a_n c(k-n)$$
$$= b_0 r(k) + b_1 r(k-1) + b_2 r(k-2) + \cdots + b_m r(k-m) \qquad (7-34)$$

式中:$a_i(i=1, 2, \cdots, n)$ 和 $b_j(j=1, 2, \cdots, m)$ 为常系数,$m \leqslant n$,上式表示 n 阶线性差分方程,在数学上代表一个线性定常离散系统,其输入输出信号都是离散时间的函数。线性定常离散系统也可以用一个 n 阶前向差分方程来描述:

$$c(k+n) + a_1 c(k+n-1) + \cdots + a_n c(k)$$
$$= b_0 r(k+m) + b_1 r(k+m-1) + \cdots + b_m r(k) \qquad (7-35)$$

常系数线性差分方程的求解方法有经典法、迭代法、Z 变换法,与微分方程的求解方法类似。下面介绍工程上经常使用的两种求解法。

1) 迭代法

可以将差分方程改写成迭代式,并代入给定的初始条件,在计算机上一步一步地算出输出序列。

【例 7.9】 试用迭代法求解二阶差分方程:$y(k+2) = -5y(k+1) + 6y(k) = 0$。已知初始条件为 $y(0) = 0$,$y(1) = 1$。

解:将原差分方程改写成迭代式为 $y(k+2) = -5y(k+1) - 6y(k)$,且

$$y(0) = 0$$
$$y(1) = 1$$

(1) 当 $k=0$ 时,$y(2) = -5y(1) - 6y(0) = -5 \times 1 - 6 \times 0 = -5$。

(2) 当 $k=1$ 时,$y(3) = -5y(2) - 6y(1) = -5 \times (-5) - 6 \times 1 = 19$。

(3) 当 $k=2$ 时,$y(4) = -5y(3) - 6y(2) = -5 \times 19 - 6 \times (-5) = -65$。

(4) 当 $k=3$ 时,$y(5) = -5y(4) - 6y(3) = -5 \times (-65) - 6 \times 19 = 211$。

(5) 当 $k=4$ 时,$y(6) = -5y(5) - 6y(4) = -5 \times 211 - 6 \times (-65) = -665$。

2) Z 变换法

用 Z 变换法求解差分方程较为方便,且可求得差分方程解的数学解析式。Z 变换法求解差分方程的实质是,对差分方程两端进行 Z 变换,并利用 Z 变换的实数位移定理,将时域差分方程化为 z 域的代数方程,对代数方程求其解,再将 z 域的代数方程的解经 Z 反变换,求得输出序列。

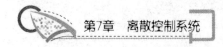

【例 7.10】 已知初始条件为 $y(0)=0$，$y(1)=1$，试用 Z 变换法求解二阶差分方程 $y(k+2)+5y(k+1)+6y(k)=0$。

解： 对差分方程两边求 Z 变换得

$$[z^2Y(z)-z^2y(0)-zy(1)]+[5zY(z)-5zy(0)]+6Y(z)=0$$

将初始条件代入上式，化简得 $(z^2+5z+6)Y(z)=z$，即

$$Y(z)=\frac{z}{z^2+5z+6}=\frac{z}{(z+2)(z+3)}=\frac{z}{z+2}-\frac{z}{z+3}$$

再对上式两边进行 Z 反变换，即得

$$y(k)=(-2)^k-(-3)^k \quad (k=0,1,2,\cdots)$$

差分方程的解，可以提供线性定常离散系统在给定输入序列作用下的输出序列响应特性，但不便于研究系统参数变化对离散系统性能的影响。因此，需要研究线性定常离散系统的另一种数学模型——脉冲传递函数。

7.5.2　脉冲传递函数

连续系统中的时域函数和通过拉氏变换所建立起来的传递函数是研究连续系统性能的重要基础。对于采样系统，与连续系统相似，可以通过与传递函数相对应的脉冲传递函数来研究采样系统的性能。

在线性连续系统中，把初始条件为零时，系统输出量的拉氏变换与输入量的拉普拉斯变换之比，定义为传递函数。对于线性离散系统，脉冲传递函数的定义与线性连续系统传递函数的定义类似。

设开环离散系统如图 7.12(a)所示，系统的初始条件为零，输入信号为 $R(s)$，采样后 $R^*(s)$ 的 Z 变换函数为 $R(z)$，系统连续部分的输出为 $C(s)$，采样后 $C^*(s)$ 的 Z 变换函数为 $C(z)$。在初始条件为零的情况下，把系统离散输出信号的 Z 变换 $C(z)$ 与输入采样信号的 Z 变换 $R(z)$ 之比，定义为脉冲传递函数，并用 $G(z)$ 表示，即

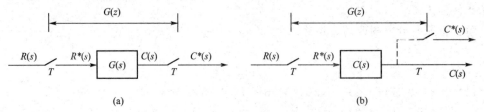

图 7.12　开环离散系统

$$G(z)=\frac{C(z)}{R(z)}=\frac{\sum_{n=0}^{\infty}c(nT)z^{-n}}{\sum_{n=0}^{\infty}r(nT)z^{-n}} \tag{7-36}$$

零初始条件，是指在 $t<0$ 时，输入脉冲序列的各采样值 $r(-T)$，$r(-2T)$，$\cdots$以及输出脉冲序列的各采样值 $c(-T)$，$c(-2T)$，$\cdots$都为零。

由式 (7-36) 可求得线性离散系统的输出采样信号为

$$c^*(t)=Z^{-1}[C(z)]=Z^{-1}[R(z)G(z)]$$

然而在实际中，许多采样系统的输出信号是连续信号 $c(t)$，而不是离散信号 $c^*(t)$，

如图 7.12(b)所示。在这种情况下，为了应用脉冲传递函数的概念，可以在系统的输出端虚设一个采样开关，如图 7.12(b)中的虚线所示，该虚设采样开关的采样周期与输入端采样开关的采样周期相同。如果系统的实际输出 $c(t)$ 比较光滑，且采样频率较高，则可用 $c^*(t)$ 近似描述 $c(t)$。必须指出，虚设的采样开关是不存在的，它只表明了脉冲传递函数所能描述的，只是输出连续信号 $c(t)$ 在采样时刻上的离散值 $c^*(t)$。

连续系统或元件的脉冲传递函数 $G(z)$，可以通过其传递函数 $G(s)$ 来求取。具体步骤如下：

(1) 对连续传递函数 $G(s)$ 进行拉普拉斯反变换，求得脉冲响应 $g(t)$ 为

$$g(t)=\varphi^{-1}=\mathrm{L}^{-1}[G(s)] \tag{7-37}$$

(2) 对 $g(t)$ 进行采样，求得离散脉冲响应 $g^*(t)$ 为

$$g^*(t)=\sum_{k=0}^{\infty}g(kT)\delta(t-kT) \tag{7-38}$$

(3) 对 $g^*(t)$ 进行 Z 变换，即可得到该系统的脉冲传递函数 $G(z)$ 为

$$G(z)=Z[g^*(t)]=\sum_{k=0}^{\infty}g(kT)z^{-k} \tag{7-39}$$

脉冲传递函数也可由给定连续系统的传递函数，经部分分式法，通过查 Z 变换表，直接从 $G(s)$ 求得 $G(z)$，而不必逐步推导。

【例 7.11】 系统的结构图如图 7.12(b)所示，其中连续部分的传递函数为 $G(s)=\dfrac{2}{s(s+2)}$。试求出该系统的脉冲传递函数 $G(z)$。

解：（方法 1）

(1) 对连续传递函数 $G(s)$ 进行拉普拉斯反变换，求得脉冲响应 $g(t)$ 为

$$g(t)=\mathrm{L}^{-1}\left[\frac{2}{s(s+2)}\right]=\mathrm{L}^{-1}\left[\frac{1}{s}-\frac{1}{s+2}\right]=1-\mathrm{e}^{-2t}$$

(2) 对 $g(t)$ 进行采样，求得离散脉冲响应 $g^*(t)$。

(3) 对 $g^*(t)$ 进行 Z 变换，即求得该系统的脉冲传递函数 $G(z)$ 为

$$G(z)=Z[g^*(t)]=\sum_{k=0}^{\infty}[1(kt)-\mathrm{e}^{-2kT}]z^{-k}$$

$$=\sum_{k=0}^{\infty}1(kT)\cdot z^{-k}-\sum_{k=0}^{\infty}\mathrm{e}^{-2kT}\cdot z^{-k}$$

$$=\frac{z}{z-1}-\frac{z}{z-\mathrm{e}^{-2T}}=\frac{(1-\mathrm{e}^{-2T})z}{z^2-(1+\mathrm{e}^{-2T})z+\mathrm{e}^{-2T}}$$

（方法 2）

由部分分式法求得 $G(s)=\dfrac{1}{s}-\dfrac{1}{s+2}$，查 Z 变换表即得

$$G(z)=\frac{z}{z-1}-\frac{z}{z-\mathrm{e}^{-2T}}=\frac{(1-\mathrm{e}^{-2T})z}{z^2-(1+\mathrm{e}^{-2T})z+\mathrm{e}^{-2T}}$$

7.5.3 开环采样系统的脉冲传递函数

在连续系统中，串联环节的传递函数等于各环节传递函数之积。但是，对采样系统

而言，串联环节的脉冲传递函数就不一定是这样，这与采样开关的数目和位置有关，如图 7.13 所示。

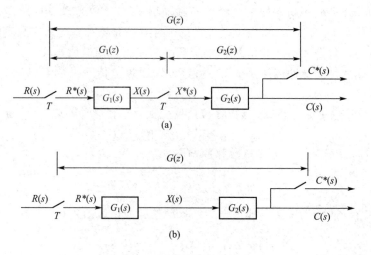

图 7.13 串联环节的两种结构

1. 串联环节之间有采样开关

两个串联环节之间由采样开关分割的情况，如图 7.13(a)所示。在两个串联连续环节 $G_1(z)$ 和 $G_2(z)$ 之间有采样开关时，根据脉冲传递函数的定义，有

$$X(z) = G_1(z)R(z), \quad C(z) = G_2(z)X(z)$$

式中：$G_1(z)$ 和 $G_2(z)$ 分别为 $G_1(s)$ 和 $G_2(s)$ 的脉冲传递函数。于是有

$$C(z) = G_2(z)G_1(z)R(z)$$

所以，该系统的脉冲传递函数为

$$G(z) = \frac{C(z)}{R(z)} = G_1(z)G_2(z) \tag{7-40}$$

式(7-40)表明，两个串联环节之间有采样开关隔开时，其脉冲传递函数等于两个环节各自脉冲传递函数的乘积。这一结论可以推广到由采样开关隔开的 n 个环节串联的情形。

2. 串联环节之间没有采样开关

两个串联环节之间无采样开关的情况，如图 7.13(b)所示。

两个串联连续环节 $G_1(s)$ 和 $G_2(s)$ 之间没有采样开关隔开时，系统连续信号的拉普拉斯变换为 $C(s) = G_1(s)G_2(s)R^*(s)$，式中 $R^*(s)$ 为输入采样信号 $r^*(t)$ 的拉普拉斯变换，即 $R^*(s) = \sum_{k=0}^{\infty} r(kT)e(kT)^{-nsT}$。对输出 $C(s)$ 离散化，并根据采样拉普拉斯变换的性质，将采样函数的拉普拉斯变换与连续函数的拉普拉斯变换相乘后再离散化，则采样函数的拉普拉斯变换可以从离散符号中提取出来，因此有

$$\begin{aligned} C^*(s) &= [G_1(s)G_2(s)R^*(s)]^* \\ &= [G_1(s)G_2(s)]^* R^*(s) \\ &= G_1G_2^*(s)R^*(s) \end{aligned} \tag{7-41}$$

式中：

$$G_1 G_2^*(s) = [G_1(s)G_2(s)]^* = \frac{1}{T} \sum_{k=-\infty}^{\infty} G_1(s+jk\omega_s) G_2(s+jk\omega_s) \qquad (7-42)$$

通常

$$G_1 G_2^*(s) \neq G_1^*(s) G_2^*(s)$$

对式(7-41)两边取 Z 变换得

$$C(z) = G_1 G_2(z) R(z) \qquad (7-43)$$

式中：$G_1 G_2(z)$ 表示 $G_1(s)$ 和 $G_2(s)$ 乘积的 Z 变换。于是，该系统的脉冲传递函数为

$$G(z) = \frac{C(z)}{R(z)} = G_1 G_2(z) \qquad (7-44)$$

式(7-44)表明，两个串联环节之间没有采样开关隔开时，系统的脉冲传递函数等于两个环节传递函数乘积后的相应 Z 变换。同理，此结论适用于 n 个环节串联而没有采样开关隔开的情形。

通常情况下，$G_1(z)G_2(z) \neq G_1 G_2(z)$，从这种意义上说，Z 变换无串联性。

【例 7.12】 试求图 7.13(a)和(b)所示的两个系统的脉冲传递函数，其中 $G_1(s) = \frac{1}{s+2}$，$G_2(s) = \frac{1}{s+1}$。

解：图 7.13(a)中的两个环节之间有采样开关，因此，其脉冲传递函数为两个串联环节脉冲传递函数的乘积，即

$$\begin{aligned} G(z) &= Z[G_1(s)] \cdot Z[G_2(s)] \\ &= Z\left[\frac{1}{s+2}\right] Z\left[\frac{1}{s+1}\right] \\ &= \frac{z}{z-e^{-2T}} \cdot \frac{z}{z-e^{-T}} \\ &= \frac{z^2}{z^2 - (e^{-T}+e^{-2T})z + e^{-3T}} \end{aligned}$$

图 7.13(b)中的两个环节之间没有采样开关，其脉冲传递函数为

$$\begin{aligned} G(z) &= Z[G_1(s)G_2(s)] \\ &= Z\left[\frac{1}{s+2} \cdot \frac{1}{s+1}\right] \\ &= Z\left[\frac{1}{s+2} - \frac{1}{s+1}\right] \\ &= \frac{z}{z-e^{-T}} - \frac{z}{z-e^{-2T}} \\ &= \frac{(e^{-T}-e^{-2T})}{z^2 - (e^{-T}+e^{-2T})z + e^{-3T}} \end{aligned}$$

3. 有零阶保持器的开环脉冲传递函数

具有零阶保持器的开环离散系统如图 7.14 所示。图中零阶保持器的传递函数为 $G_h(s)$，

带零阶保持器的传函

且 $G_h(s) = \dfrac{1-e^{-sT}}{s}$，$G_p(s)$ 为系统其他连续部分的传递函数。从图中可看出，输入采样后作零阶保持相当于串联环节之间没有采样开关隔离的情况。由于零阶保持器的传递函数是 s 的超越函数，不是 s 的有理分式，故不能用前面介绍的方法直接求开环脉冲传递函数，基于零阶保持器传递函数的特点，可以把它和系统环节的传递函数 $G_p(s)$ 一起考虑。

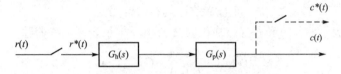

图 7.14 有零阶保持器的开环离散系统

系统的脉冲传递函数为

$$G(z) = Z[G_h(s)G_p(s)] = Z\left[\frac{1-e^{-Ts}}{s} \cdot G_p(s)\right] \tag{7-45}$$

根据 Z 变换的线性定理有

$$G(z) = Z\left[\frac{1}{s} \cdot G_p(s)\right] - Z\left[\frac{1}{s} \cdot G_p(s) \cdot e^{-Ts}\right] \tag{7-46}$$

由 Z 变换的实数位移定理，式(7-46)的第二项可写为

$$Z\left[\frac{1}{s} \cdot G_p(s) \cdot e^{-Ts}\right] = z^{-1} \cdot Z\left[\frac{1}{s} \cdot G_p(s)\right] \tag{7-47}$$

将式(7-47)代入式(7-46)，得到系统的脉冲传递函数为

$$G(z) = Z\left[\frac{1}{s} \cdot G_p(s)\right] - z^{-1} \cdot Z\left[\frac{1}{s} \cdot G_p(s)\right] = (1-z^{-1}) \cdot Z\left[\frac{1}{s} \cdot G_p(s)\right] \tag{7-48}$$

从以上分析可看出，零阶保持器 $G_h(s) = \dfrac{1-e^{-sT}}{s}$ 与系统环节 $G_p(s)$ 的串联可以等效为环节 $1-e^{-sT}$ 与 $G_p(s)/s$ 的串联，通过利用 e^{-sT} 延迟因子的性质，来求取开环系统脉冲传递函数。

【例 7.13】 具有零阶保持器的开环离散系统结构如图 7.14 所示，已知 $G_p(s) = \dfrac{1}{s(s+1)}$，试求该系统的脉冲传递函数。

解：

$$
\begin{aligned}
G(z) &= Z[G_h(s)G_p(s)] \\
&= (1-z^{-1})Z\left\{\left[\frac{1}{s^2(s+1)}\right]\right\} \\
&= (1-z^{-1})Z\left[\left(\frac{1}{s^2} - \frac{1}{s} + \frac{1}{s+1}\right)\right] \\
&= (1-z^{-1})\left[\frac{Tz}{(z-1)^2} - \frac{z}{z-1} + \frac{z}{z-e^{-T}}\right]
\end{aligned}
$$

7.5.4 闭环采样系统的脉冲传递函数

在连续系统中，闭环传递函数与相应的开环传递函数之间存在确定的关系，因而可以用统一的框图来描述其闭环系统。但在采样系统中，由于采样器在闭环系统中可以有多种配置的可能性，因此对采样系统而言，会有多种闭环结构形式。这就使得闭环采样系统的脉冲传递函数没有一般的计算公式，只能根据系统的实际结构具体求取。

微课【闭环脉冲传递函数】

1. 典型误差采样的闭环离散系统

图 7.15 所示为一种比较常见的误差采样闭环系统框图。

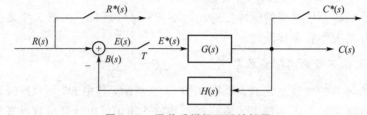

图 7.15　误差采样闭环系统框图

图中系统的误差为

$$E(s)=R(s)-B(s)$$

反馈方程为

$$B(s)=H(s)C(s)$$

输出方程为

$$C(s)=G(s)E^{*}(s)$$

因此

$$E(s)=R(s)-H(s)G(s)E^{*}(s)$$

于是误差采样信号 $e^{*}(t)$ 的拉普拉斯变换为

$$E^{*}(s)=R^{*}(s)-HG^{*}(s)E^{*}(s)$$

整理得

$$E^{*}(s)=\frac{R^{*}(s)}{1+HG^{*}(s)} \tag{7-49}$$

由于

$$C^{*}(s)=[G(s)E^{*}(s)]^{*}=G^{*}(s)E^{*}(s)=\frac{G^{*}(s)}{1+HG^{*}(s)}R^{*}(s) \tag{7-50}$$

对式(7-49)及式(7-50)取 Z 变换，可得

$$E(z)=\frac{R(z)}{1+HG(z)} \tag{7-51}$$

$$C(z)=\frac{G(z)}{1+HG(z)}R(z) \tag{7-52}$$

根据式(7-51)有

$$\Phi_{e}(z)=\frac{E(z)}{R(z)}=\frac{1}{1+HG(z)} \tag{7-53}$$

为闭环采样系统对于输入量的误差脉冲传递函数。

根据式(7-52)，定义

$$\Phi(z) = \frac{C(z)}{R(z)} = \frac{G(z)}{1+HG(z)} \qquad (7-54)$$

为闭环采样系统对输入量的脉冲传递函数。

式(7-53)和式(7-54)是研究闭环采样系统时经常用到的两个闭环脉冲传递函数。和连续系统类似，令式(7-53)或式(7-54)的分母多项式为零，便可得到闭环采样系统的特征方程为

$$D(z) = 1 + GH(z) = 0$$

式中：$GH(z)$ 为开环离散系统的脉冲传递函数。

需要指出，闭环采样系统的脉冲传递函数不能从 $\phi(s)$ 和 $\phi_e(s)$ 求Z变换得来，这是因为采样器在闭环系统中有多种配置。

2. 含数字校正环节的闭环离散系统

含数字校正环节的离散系统的方框图如图7.16所示，其中 $D^*(s)(D(z))$ 为数字控制器，其作用与连续系统的串联校正环节相同，其校正作用可由计算机软件来实现。

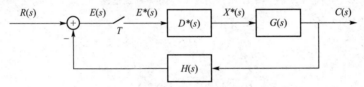

图7.16　具有数字控制器的采样系统

由图可见

$$E(s) = R(s) - H(s)G(s)X^*(s)$$

$$X^*(s) = D^*(s)E^*(s)$$

合并两式得

$$E(s) = R(s) - H(s)G(s)D^*(s)E^*(s)$$

对上式作Z变换，有

$$E(z) = R(z) - GH(z)D(z)E(z)$$

即

$$E(z) = \frac{1}{1+D(z)GH(z)}R(z)$$

$$C(z) = E(z)D(z)G(z) = \frac{D(z)G(z)}{1+D(z)GH(z)}R(z)$$

由此求得误差脉冲传递函数为

$$\frac{E(z)}{R(z)} = \frac{1}{1+D(z)GH(z)} \qquad (7-55)$$

闭环脉冲传递函数为

$$\frac{E(z)}{R(z)} = \frac{D(z)GH(z)}{1+D(z)GH(z)} \qquad (7-56)$$

3. 扰动信号作用的闭环离散系统

离散系统除给定输入信号外，在系统的连续信号部分上还有扰动信号输入，如图 7.17 所示，扰动对输出量的影响是衡量系统性能的一个重要指标。同分析连续系统相同，要对系统作等效变换，再求离散系统在扰动信号作用下的脉冲传递函数。

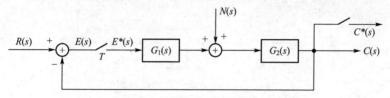

图 7.17　有干扰信号的采样系统

令 $R(s)=0$，推导过程同上，得到干扰量对输出量的影响为

$$C(z)=\frac{G_2N(z)}{1+G_1G_2(z)}$$

表 7-2 列出了一些典型闭环采样系统的框图，及其输出量的 Z 变换。

表 7-2　典型闭环采样系统的框图及输出 Z 变换

系统框图	输出 Z 变换
	$\dfrac{G(z)}{1+GH(z)}R(z)$
	$\dfrac{G(z)}{1+G(z)H(z)}R(z)$
	$\dfrac{GR(z)}{1+GH(z)}$
	$\dfrac{G_2(z)G_1R(z)}{1+G_1G_2H(z)}$
	$\dfrac{G_1(z)G_2(z)R(z)}{1+G_1(z)G_2H(z)}$
	$\dfrac{G_1(z)G_2(z)}{1+G_1(z)G_2(z)H(z)}R(z)$

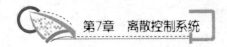

【例 7.14】 设闭环采样系统结构如图 7.18 所示，试证明其脉冲传递函数为

$$\Phi(z)=\frac{G_1(z)G_2(z)}{1+G_1(z)G_2(z)}.$$

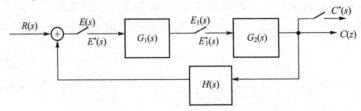

图 7.18 闭环采样系统结构图

证明：由图可得

$$C(s)=G_2(s)E_1^*(s)$$
$$E_1(s)=G_1(s)E^*(s)$$

$E_1(s)$ 离散化，有

$$E_1^*(s)=G_1^*(s)E^*(s)$$

则

$$C(s)=G_2(s)G_1^*(s)E^*(s)$$

考虑到

$$E(s)=R(s)-H(s)C(s)=R(s)-H(s)G_2(s)G_1^*(s)E^*(s)$$

离散化得

$$E^*(s)=\frac{R(s)}{1+G_1^*(s)HG_2^*(s)}$$

输出信号的采样拉普拉斯变换为

$$C^*(s)=\frac{G_2^*(s)G_1^*(s)}{1+G_1^*(s)HG_2^*(s)}R(s)$$

进行 Z 变换，证得

$$\Phi(z)=\frac{C(z)}{R(z)}=\frac{G_1(z)G_2(z)}{1+G_1(z)HG_2(z)}$$

7.6 离散系统的时域分析

对于线性连续控制系统，通过对传递函数（或特征方程）的分析，利用代数稳定判据能方便地确定系统的稳定情况。而 Z 变换又称为采样拉普拉斯变换，它是从拉普拉斯变换直接引申出来的一种变换方法，因此，可把连续系统在 s 平面上分析稳态性能的结果移植到 z 平面上来分析离散系统的稳态性能，其主要解题思路是：通过数学变换将 S 域中的 Routh 稳定判据转换到 z 域中使用。

7.6.1 离散系统的稳定性分析

像连续系统一样，稳定性是设计和分析采样系统的首要问题。由于采样系统的分析是基于 Z 变换方法的，所以，关于稳定性讨论也只限于采样时刻值是否稳定。

在连续系统中的稳定性讨论，曾经介绍了 Routh 稳定判据和 Nyquist 稳定判据。基于 Z 变换和拉普拉斯变换在数学上的联系，可以从 s 平面与 z 平面之间的关系中找出利用已有稳定性判据来分析采样系统稳定性的方法。

1. s 平面和 z 平面之间的关系

在 Z 变换中已确定了 s 与 z 的变量关系为 $z=\mathrm{e}^{Ts}$，其中 s 是各复变量，即有 $s=\sigma+\mathrm{j}\omega$，代入前式得 $z=\mathrm{e}^{T(\sigma+\mathrm{j}\omega)}=\mathrm{e}^{\sigma T}\mathrm{e}^{\mathrm{j}T\omega}$，写成极坐标形式为 $z=|z|\mathrm{e}^{\mathrm{j}\theta}$，其中 $z=\mathrm{e}^{\sigma T}$，$\theta=\omega T$。

s 平面 z 平面

在连续系统中，闭环传递函数的所有极点位于 s 平面的左半平面（即 $\sigma<0$）时，系统稳定。从上述的关系式可得特征根在 s 平面和 z 平面的分布对应关系如表 7-3 所列。

表 7-3　特征根在 s 平面和 z 平面的分布对应关系

在 s 平面内的实部	在 z 平面内的模	系统稳定性分析
$\sigma>0$	$\|z\|>1$	不稳定
$\sigma=0$	$\|z\|=1$	临界状态
$\sigma<0$	$\|z\|<1$	稳定

由此可见，通过 $z=\mathrm{e}^{Ts}$ 的映射，s 平面左半部映射到 z 平面转换成是以原点为圆心的单位圆内，s 平面的虚轴映射到 z 平面时为单位圆的圆边界，s 平面的右半部映射到 z 平面时为单位圆外，其对应关系如图 7.19 所示。

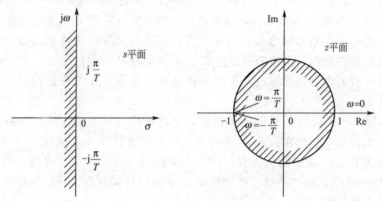

图 7.19　s 平面上虚轴在 z 平面上的映像

结论：线性离散系统的稳定性是由系统特征方程所有特征根的位置确定，而与初始状态和输入无关，当所有特征根都在单位圆内（模小于 1）时则系统稳定，反之则不稳定。

【例 7.15】　离散控制系统结构框图如图 7.20 所示。已知系统的采样周期和惯性时间常数 $T=1\mathrm{s}$，开环增益 $K=10$，试判断闭环系统的稳定性。

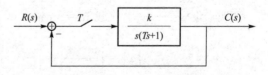

图 7.20　离散控制系统结构框图

解： 系统的开环传递函数为

$$G(s) = \frac{K}{s(Ts+1)}$$

可得到系统的开环脉冲传递函数为

$$G(z) = Z\left[\frac{10}{s(s+1)}\right] = \frac{10z(1-e^{-1})}{(z-1)(z-e^{-1})}$$

系统的闭环脉冲传递函数为

$$\Phi(z) = \frac{G(z)}{1+G(z)}$$

由此得特征方程 $1+G(z)=0$，展开得

$$(z-1)(z-e^{-1}) + 10z(1-e^{-1}) = 0$$

即 $z^2 + 4.952z + 0.368 = 0$，则特征值为

$$z_1 = 0.076, \quad z_2 = -4.876, \quad |z_2| = 4.876 > 1$$

从以上分析可知，特征方程有一个根在单位圆外，故该系统不稳定。

微课【稳定性】

2. 线性离散控制系统稳定的充分必要条件

与分析连续系统的稳定性一样，用直接求解特征方程式根的方法判断系统的稳定性往往比较困难，这时可利用劳斯判据来判断其稳定性。但对于线性离散系统，不能直接应用劳斯判据，因为劳斯判据只能判断系统特征方程式的根是否在 s 平面虚轴的左半部，而离散系统中希望判别的是特征方程式的根是否在 z 平面单位圆的内部。因此，必须采用一种线性变换方法，使 z 平面上的单位圆映射为新坐标系的虚轴。这种坐标变换称为双线性变换，又称为 W 变换。注意，因 $z=e^{Ts}$ 是超越方程，故不能将特征方程式变换为代数方程。采用上述方法进行系统的稳定性判别，仍然需要求取在 z 平面闭环特征根的位置，对于高阶方程便无法做到。而把劳斯稳定判据通过映射定理转换到 z 平面，才是离散控制系统稳定性判别的最简方法。

(1) 基本思路。若能将 z 平面的单位圆，通过选择一种坐标变换，变换成新变量 w 平面的虚轴；单位圆内仍然变换成 w 平面的左半部；单位圆外变换成 w 平面的右半部。这样将 z 特征方程转变换 w 特征方程。在 z 平面内所有特征根都在单位圆内，便等效为在 w 平面所有特征根都在左半部。所以对于 w 平面的特征方程，可以利用劳斯稳定判据判断离散控制系统的稳定性。

(2) 双线性变换。根据数学上的复变函数双线性变换公式，引用下列变换，令 $z = \frac{w+1}{w-1}$ 或 $z = \frac{w+1}{w-1}$ 为 W 变换。这样，z 平面单位圆的内部就将变换到 w 平面的左半部。

证明：设 $z = \frac{w+1}{w-1}$，又设 $w = \sigma \pm j\omega$，则

$$|z| = \left|\frac{w+1}{w-1}\right| = \left|\frac{\sigma+1\pm j\omega}{\sigma-1\pm j\omega}\right| = \frac{\sqrt{(\sigma+1)^2+\omega^2}}{\sqrt{(\sigma-1)^2+\omega^2}}$$

显然有如下关系：

$\text{Re}w > 0 \Rightarrow \sigma > 0 \Rightarrow |z| > 1$，即 w 的右平面对应于 z 平面的单位圆外；

$\text{Re}w<0 \Rightarrow \sigma<0 \Rightarrow |z|<1$，即 w 的左平面对应于 z 平面的单位圆内；

$\text{Re}w=0 \Rightarrow \sigma=0 \Rightarrow |z|=1$，即 w 的虚轴对应于 z 平面的单位圆。

（3）用代数稳定性判据判别离散控制系统稳定性的步骤。首先求出离散控制系统的闭环 z 特征方程 $D(z)=0$；然后进行双线性变换，求得 w 特征方程 $D(w)=0$；再根据 w 特征方程 $D(w)=0$ 的各项系数，由连续系统的代数稳定性判据确定特征根的分布位置，当所有特征根都在 w 平面的左半平面时则闭环系统稳定。

【例 7.16】 离散控制系统的特征方程为 $D(z)=45z^3-117z^2+119z-39=0$，试判断该系统的稳定性。

解：令 $z=\dfrac{w+1}{w-1}$，代入特征方程，得

$$45\left(\frac{w+1}{w-1}\right)^3-117\left(\frac{w+1}{w-1}\right)^2+119\left(\frac{w+1}{w-1}\right)-39=0$$

化简整理后得 $w^3+2w^2+2w+40=0$。

应用劳斯稳定判据，列出其劳斯表如下：

$$
\begin{array}{cccc}
w^3 & 1 & 2 & 0 \\
w^2 & 2 & 40 & 0 \\
w^1 & -18 & 0 & \\
w^0 & 40 & 0 &
\end{array}
$$

由于劳斯表第一列元素出现负值，所以该系统是不稳定的。劳斯表第一列有两次符号改变，表明有两个根在 w 平面的右半部，即表明在 z 平面有两个根在单位圆外。

【例 7.17】 试说明图 7.21 所示系统的稳定性与采样周期的关系。

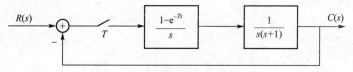

图 7.21 采样系统

解：开环脉冲传递函数为

$$G(z)=\mathrm{Z}\left((1-\mathrm{e}^{-Ts})\frac{1}{s^2(s+1)}\right)$$

$$=(1-z^{-1})\mathrm{Z}\left(\frac{1}{s^2}-\frac{1}{s}+\frac{1}{s+1}\right)$$

$$=(1-z^{-1})\left(\frac{Tz}{(z-1)^2}-\frac{z}{z-1}+\frac{z}{z-\mathrm{e}^{-T}}\right)$$

$$=\frac{T(z-\mathrm{e}^{-T})-(z-1)(z-\mathrm{e}^{-T})+(z-1)^2}{(z-1)(z-\mathrm{e}^{-T})}$$

其闭环传递函数为

$$G_\mathrm{c}(z)=\frac{G(z)}{1+G(z)}$$

闭环系统的特征方程为

$$T(z-\mathrm{e}^{-T})+(z-1)^2=0$$

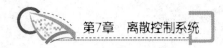

即
$$z^2+(T-2)z+1-Te^{-T}=0$$

当 $T=1s$ 时，系统的特征方程为
$$z^2-z+0.632=0$$

此方程为二阶，故直接求得极点为 $z_{1,2}=0.5\pm j0.618$。由于极点都在单位圆内，所以该系统稳定。

当 $T=4s$ 时，系统的特征方程为
$$z^2+2z+0.927=0$$

解得极点为 $z_1=-0.73$，$z_2=-1.27$。此时有一个极点在单位圆外，所以该系统不稳定。

从这个例子可以看出，一个原来稳定的系统，如果加长采样周期，超过一定程度后，系统就会变得不稳定。通常 T 越大，系统的稳定性就越差。

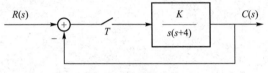

图 7.22 采样系统

【例 7.18】 设采样系统如图 7.22 所示，采样周期 $T=0.25s$，求能使系统稳定的 K 值范围。

解： 开环脉冲传递函数为
$$G(z)=Z\left(\frac{K}{s(s+4)}\right)=Z\left[\frac{K}{4}\left(\frac{1}{s}-\frac{1}{s+4}\right)\right]$$
$$=\frac{K}{4}\left(\frac{z}{z-1}-\frac{z}{z-e^{-4T}}\right)$$
$$=\frac{K}{4}\cdot\frac{1-e^{-4T}}{(z-1)(z-e^{-4T})}$$

闭环传递函数为
$$G_c(z)=\frac{G(z)}{1+G(z)}$$

闭环系统的特征方程为
$$1+G(z)=(z-1)(z-e^{-4T})+\frac{K}{4}(1-e^{-4T})z=0$$

令 $z=\dfrac{w+1}{w-1}$，$T=0.25s$，代入上式得
$$\left(\frac{w+1}{w-1}-1\right)\left(\frac{w+1}{w-1}-0.368\right)+0.158K\frac{w+1}{w-1}=0$$

整理后可得
$$0.158Kw^2+1.264w+(2.736-0.158K)=0$$

列其劳斯表如下：

$$
\begin{array}{lll}
w^2 & 0.158K & 2.736-0.158K \\
w^1 & 1.264 & \\
w^0 & 2.736-0.158K &
\end{array}
$$

要使采样系统稳定，必须使劳斯表中第一列各项大于零，即 $0.158K>0$ 和 $2.736-$

$0.158K>0$，所以使系统稳定的 K 值范围是 $0<K<17.3$。

3. 无穷大稳定度系统

离散系统的稳定条件是特征方程的根均在 z 平面的单位圆内，单位圆内的根越接近原点，相当于 s 平面的根离虚轴越远，即系统的稳定度越大。当离散系统所有特征根都位于原点处时，系统的稳定度最大，称为无穷大稳定度系统。无穷大稳定度系统的调节过程可以在有限时间内结束，可以证明特征方程为 n 次的无穷大稳定度系统，调节时间只延续 n 个采样周期。

对于无穷大稳定度系统的设计，可以通过控制器的形式参数的选择，使系统闭环特征方程的所有特征根都位于原点。但是无穷大稳定度系统的鲁棒性较差，参数稍有变化，系统性能指标就会有明显下降。

7.6.2 离散系统的瞬态响应分析

与连续控制系统相似，离散系统的主要动态性能指标为超调量、调节时间和峰值时间。由于采样时刻的值在时间响应中均为已知，因此，离散系统的瞬态质量，可以直接由时间响应结果获得。或者直接在 z 域中，通过分析零极点的位置关系求取瞬态质量。

1. 离散系统时间响应及动态性能指标

在已知离散系统结构和参数情况下，应用 Z 变换法分析系统动态性能时，通常取给定输入为单位阶跃函数 $1(t)$，由时域解求性能指标的步骤如下：

(1) 求离散系统输出量的 Z 变换函数：

$$C(z)=\Phi(z)R(z)=\Phi(z)\frac{z}{z-1} \tag{7-57}$$

式中：$\Phi(z)$ 是闭环系统脉冲传递函数。

(2) 用长除法将上式展开成幂级数，可求出输出信号的脉冲序列 $C^*(t)$。

(3) 由脉冲序列 $C^*(t)$ 给出各采样时刻的值，根据定义获取动态性能指标。

这种计算方法对于高阶复杂系统同样适用。

【例 7.19】 图 7.23 所示系统，已知采样周期 $T=0.1$，$G(s)=\dfrac{2}{s(0.1s+1)}$，试确定系统的动态性能指标。

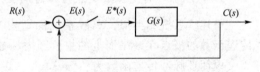

图 7.23 单位负反馈离散系统

解：

$$G(z)=Z\left[\frac{2}{s(0.1s+1)}\right]=Z\left[z\left(\frac{1}{s}-\frac{1}{s+10}\right)\right]$$

$$=\frac{2z(1-e^{-1})}{(z-1)(z-e^{-1})}=\frac{1.264z}{z^2-1.368z+0.368}$$

$$\frac{C(z)}{R(z)}=\frac{G(z)}{1+G(z)}$$

$$=\frac{\dfrac{1.264z}{z^2-1.368z+0.368}}{1+\dfrac{1.264z}{z^2-1.368z+0.368}}$$

$$= \frac{1.264z}{z^2 - 0.104z + 0.368}$$

$$C(z) = \frac{1.264z}{z^2 - 0.104z + 0.368} \times \frac{z}{z-1}$$

$$= \frac{1.264z^2}{z^3 - 1.104z^2 + 0.472z - 0.368}$$

$$= 1.264z^{-1} + 1.396z^{-2} + 0.944z^{-3} + 0.848z^{-4} + 1.004z^{-5}$$

$$+ 1.055z^{-6} + 1.003z^{-7} + 0.998z^{-8} + 1.019z^{-9} + \cdots$$

输出信号在各采样点的数值分别为：$c(0) = 0$，$c(T) = 1.264$，$c(2T) = 1.396$，$c(3T) = 0.944$，$c(5T) = 1.004$，$c(6T) = 1.055$，$c(7T) = 1.003$，$c(8T) = 0.998$，$c(9T) = 1.019$。

绘制 $c(nT)$ 的脉冲序列如图 7.24 所示。$c(t)$ 视为 $c(nT)$ 的包络线，并从图 7.24 中获取动态性能指标为

$$t_{\rm p} \approx 2T = 0.2({\rm s}), \quad \sigma\% = \frac{1.396 - 1}{1} \times 100\% = 39.6\%, \quad t_{\rm s} \approx 7T = 0.7({\rm s})$$

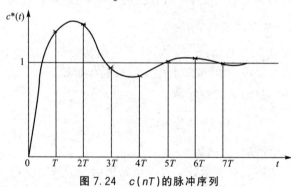

图 7.24 $c(nT)$ 的脉冲序列

2. 闭环脉冲传递函数极点与瞬态响应形式的关系

与连续系统相类似，离散系统的结构参数，决定了闭环零极点的分布，而闭环脉冲传递函数的极点在 z 平面上的单位圆内的分布，对系统的动态响应具有重要影响。

设闭环脉冲传递函数为

$$\Phi(z) = \frac{M(z)}{D(z)} = \frac{b_0 z^m + b_1 z^{m-1} + \cdots + b_m}{a_0 z^n + a_1 z^{n-1} + \cdots + a_n}$$

$$= \frac{b_0(z - z_1)(z - z_2)\cdots(z - z_m)}{a_0(z - p_1)(z - p_2)\cdots(z - p_n)}$$

$$= \frac{b_0 \prod\limits_{i=1}^{m}(z - z_i)}{a_0 \prod\limits_{k=1}^{n}(z - p_k)} \tag{7-58}$$

式中：z_i、p_k 分别为闭环脉冲传递函数的零极点，$M(z)$、$D(z)$ 分别为闭环脉冲传递函数的分子和分母多项式。通常 $n \geqslant m$，对于稳定的离散系统，所有的闭环极点均分布在 z

平面的单位圆内，即 $p_k < 1 (k=1，2，3，…)$。与线性连续系统一样，当闭环系统的极点在单位圆内具体位置不同时，系统瞬态响应分量的形式也不相同，因此会导致系统的动态性能指标的取值也不同。

当 $r(t)=1(t)$ 时，$R(z)=\dfrac{z}{z-1}$。且 $C(z)$ 无重极点，系统的输出形式可整理为

$$C(z) = \Phi(z)\frac{z}{z-1} = \frac{M(1)}{D(1)}\frac{z}{z-1} + \sum_{k=1}^{n}\frac{C_k z}{z-p_k} \tag{7-59}$$

式中：$\dfrac{M(1)}{D(1)}\dfrac{z}{z-1}$ 为稳态分量；$\displaystyle\sum_{k=1}^{n}c_k\frac{z}{z-p_k}$ 为瞬态分量；$C_k = \dfrac{M(P_k)}{(P_k-1)D'(p_k)}$ 为瞬态分量的幅值；p_k 是系统闭环极点的坐标。$D'(p_k)$ 可理解为 $D(z)$ 中去掉 $(z-p_k)$ 因子后的剩余部分。

根据 p_k 在单位圆内的不同位置，它所对应的瞬态分量的形式也就不同，其响应过程曲线如图 7.25 所示。下面分几种情况讨论：

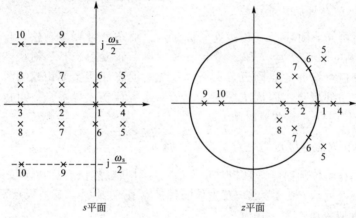

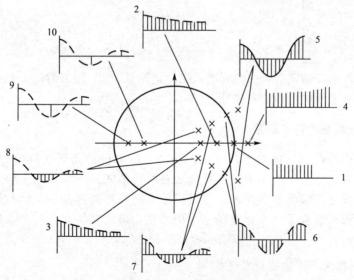

图 7.25 零点和极点位置及响应过程曲线

（1）当 p_k 为正实数且模小于 1 时，极点位于单位圆内的正实轴上，p_k^n 所描述的序列是单调衰减的，而且 p_k 越靠近坐标原点，响应分量的衰减速度越快。

（2）当 p_k 为负实数且模小于 1 时，极点位于单位圆内负实轴上，p_k^n 所描述的序列根据采样次数的奇偶不同，在采样点出现正负衰减振荡过程，而且 p_k 越靠近坐标原点，响应分量的衰减速度越快。

（3）当 p_k 为共轭复数且模小于 1 时，p_k^n 所描述的序列为周期性的衰减振荡过程。假设 p_k、p_{k+1} 为两个共轭复数，则可以用幅值和相角的形式描述为 p_k、$p_{k+1}=|p_k|\mathrm{e}^{\pm\mathrm{j}\theta_k}$。它们对应的瞬态分量在某采样点的取值之和可以表示为

$$c_{k,k'}(nT)=Z^{-1}\left[\frac{C_k z}{(z-p_k)}+\frac{C_{k+1}z}{(z-p_{k+1})}\right]=C_k p_k^n+C_{k+1}p_{k+1}^n=2|C_k||p_k|^n\cos(n\theta_k+\Phi_k)$$

其中振荡角频率为 $\omega=\dfrac{\theta_k}{T}(0<\theta_k<\pi)$。

（4）当 p_k 为其他形式的取值时，对应的瞬态分量发散或等幅振荡。

3. 离散系统动态性能估算方法

从上面分析可知，闭环极点越接近坐标原点，瞬态分量衰减越快，越接近单位圆的圆周（距离单位圆的圆心较远），瞬态分量衰减越慢。假设系统有一对极点靠近单位圆的圆周，而其他的极点均在原点附近，那么，系统的动态性能主要由这对极点决定。这对极点被称为主导闭环极点，简称主导极点。如果系统存在主导极点，可以估算出系统的超调量 $\sigma\%$、峰值时间 t_p 和调节时间 t_s。

假设系统的一对主导极点为一对共轭复数如 $p_{1,2}=\alpha_1\pm\mathrm{j}\beta_1=|p_1|\mathrm{e}^{\pm\mathrm{j}\theta_1}$，$\theta_1=\arctan\dfrac{\beta_1}{\alpha_1}$，其余闭环极点都在单位圆内，并且相对来说都比这对共轭复根要远离单位圆的圆周（更靠近单位圆的圆心附近）。现只考虑一对主导闭环极点 p_1、p_2 时，其他极点不考虑，系统的输出 $c(nT)$ 的近似表达式为

$$\begin{aligned}c(nT)&=\frac{M(1)}{D(1)}+2|C_1||p_1|^n\cos(n\theta_1+\varphi_1)\\&=\frac{M(1)}{D(1)}+2\left|\frac{M(p_1)}{(p_1-1)D'(p_1)}\right||p_1|^n\cos(n\theta_1+\varphi_1)\end{aligned}\tag{7-60}$$

根据动态性能指标的定义，由此式可以引出超调量 $\sigma\%$、调节时间 t_s 和峰值时间 t_p 的计算公式。有关动态性能指标的具体计算可以参考有关书籍。

7.6.3 离散系统的稳态误差

离散系统的稳态性能与连续系统一样，也是分析和设计离散系统的一个重要指标。在分析离散系统时，系统稳态误差的计算方法有两种形式，一是求确定输入的误差传递函数，再利用终值定理求出稳态误差；二是根据系统开环传递函数的结构形式，依据输入信号的位置和形式以及系统在确定输入下的型别，确定系统是否有差，依据开环增益来确定差值的大小。

1. 用终值定理法求系统的稳态误差

离散系统脉冲传递函数没有统一的公式可用，具体结果与采样开关的位置有关，

当采用终值定理计算采样误差时，只要$\Phi(z)$的极点严格位于z平面的单位圆内，即离散系统是稳定的，则可用Z变换的终值定理求出采样瞬时的终值误差。图7.26所示为单位负反馈离散控制系统结构框图。

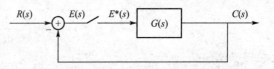

图7.26 单位负反馈离散控制系统框图

假设系统稳定。系统的误差z函数为

$$\begin{aligned}E(z)&=R(z)-C(z)\\&=[1-\Phi(z)]R(z)\\&=\Phi_e(z)R(z)\end{aligned}$$

其中

$$\Phi_e(z)=\frac{E(z)}{R(z)}=\frac{1}{1+G(z)} \tag{7-61}$$

为系统误差脉冲传递函数。

如果$\Phi_e(z)$的极点全部位于z平面上的单位圆内，即离散系统是稳定的，则可用Z变换的终值定理求出采样瞬时的稳态误差：

$$\begin{aligned}e_{ss}(\infty)&=\lim_{t\to\infty}e^*(t)\\&=\lim_{z\to1}(1-z^{-1})E(z)\\&=\lim_{z\to1}(1-z^{-1})\frac{1}{1+G(z)}R(z)\end{aligned} \tag{7-62}$$

所以，对于图7.26所示的稳定系统而言，已知给定输入的形式，求出开环脉冲传递函数$G(z)$，则可以利用上式获得稳态误差。若系统的结构复杂，实际上只是误差z函数的求取过程较为复杂，但稳态误差的计算过程是相同的。

上式表明，线性定常离散系统的稳态误差，不但与系统本身的结构、参数有关，而且与输入序列的形式及幅值有关，此外还与采样周期T有关。

【例7.20】 设离散系统如图7.26所示，其中$G(s)=\frac{1}{s(0.1s+1)}$，$T=0.1\text{s}$，输入连续信号分别为$r(t)=1(t)$和$r(t)=t$，试求离散系统相应的稳态误差。

解： 求出$G(s)$的Z变换

$$G(z)=\frac{z(z-e^{-1})}{(z-1)(1-e^{-1})}$$

因此，系统的误差脉冲传递函数为

$$\begin{aligned}\Phi_e(z)&=\frac{1}{1+G(z)}\\&=\frac{(z-1)(z-0.368)}{z^2-0.736z+0.368}\end{aligned}$$

由于闭环极点$z_1=0.368+j0.482$，$z_2=0.368-j0.482$全部位于z平面上的单位圆内，因此可以用终值定理方法求稳态误差。

当 $r(t) = 1(t)$ 时，$R(z) = \dfrac{z}{z-1}$，由式(7-62)可求得

$$e_{ss}(\infty) = \lim_{z \to 1} \frac{(z-1)(z-0.368)}{z^2 - 0.736z + 0.368} = 0$$

当 $r(t) = t$ 时，$R(z) = \dfrac{Tz}{(z-1)^2}$，由式(7-62)可求得

$$e_{ss}(\infty) = \lim_{z \to 1} \frac{T(z-0.368)}{z^2 - 0.736z + 0.368} = T = 0.1s$$

2. 由系统型别和开环增益求给定输入下的稳态误差

在连续系统分析中，影响系统稳态误差的两大因素是系统的开环传递函数中的积分环节的个数和输入信号。针对积分环节的个数，系统可分为 0 型系统、Ⅰ 型系统、Ⅱ 型系统等不同型别。然后根据不同的输入信号定义相应的静态误差系数。在离散系统中，以上两大因素依然是影响稳态误差的主要原因。通过 Z 变换后，系统的阶次没有变，$G(s)$ 与 $G(z)$ 的极点是一一对应的，采样器和保持器对系统的开环极点没有影响，$s=0$ 映射到 $z=1$，因此可以把 $z=1$ 的极点数作为划分离散型别的标准。

稳态误差

将开环脉冲传递函数 $G(z)$ 改写成

$$G(z) = \frac{k_g \displaystyle\prod_{i=1}^{m}(z - z_i)}{(z-1)^N \displaystyle\prod_{j=1}^{n-N}(z - p_j)} \tag{7-63}$$

式中：$z_i(i=1, 2, \cdots, m)$，$p_j(j=1, 2, \cdots, n-N)$ 分别为开环脉冲传递函数的零点、极点。$z=1$ 的极点有 N 重，当 $N=0, 1, 2$ 时，分别称为 0 型、Ⅰ 型、Ⅱ 型系统。下面讨论三种典型输入信号下稳态误差的计算，以及相应的静态误差系数。

1) 单位阶跃函数输入时的稳态误差

当 $r(t) = 1(t)$ 时，易得 $R(z) = \dfrac{z}{z-1}$，则有

$$e_{ss}(\infty) = \lim_{z \to 1} \frac{z-1}{z} \times \frac{1}{1 + G(z)} \times \frac{z}{z-1}$$
$$= \lim_{z \to 1} \frac{1}{1 + G(z)}$$
$$= \frac{1}{\lim_{z \to 1}[1 + G(z)]} \tag{7-64}$$

定义位置误差系数：$k_p = \lim_{z \to 1}[1 + G(z)]$，$k_p$ 称为位置误差系数。当离散系统分别为 0 型、Ⅰ 型、Ⅱ 型系统时，单位反馈系统在单位阶跃输入作用下的稳态误差分别为

$$e_{ss}(\infty) = \begin{cases} \dfrac{1}{k_p} & (0 \text{ 型}) \\ 0 & (\text{Ⅰ 型}) \\ 0 & (\text{Ⅱ 型}) \end{cases} \tag{7-65}$$

2) 单位斜坡函数输入时的稳态误差

当系统输入为单位斜坡函数 $r(t)=t$ 时，其 Z 变换函数为 $R(z)=\dfrac{Tz}{(z-1)^2}$，因而稳态误差为

$$e_{ss}(\infty)=\lim_{z\to 1}\frac{z-1}{z}\times\frac{1}{1+G(z)}\times\frac{Tz}{(z-1)^2}$$

$$=\frac{T}{\lim_{z\to 1}(z-1)G(z)} \tag{7-66}$$

定义速度误差系数：$k_v=\lim\limits_{z\to 1}(z-1)G(z)$，$k_v$ 称为速度误差系数。当离散系统分别为 0 型、I 型、II 型系统时，单位反馈系统在单位斜坡输入作用下的稳态误差分别为

$$e_{ss}(\infty)=\begin{cases}\infty & (0\ 型)\\[2mm]\dfrac{T}{k_v} & (\text{I}\ 型)\\[2mm]0 & (\text{II}\ 型)\end{cases} \tag{7-67}$$

3) 单位加速度函数输入时的稳态误差

当系统输入为单位加速度函数 $r(t)=\dfrac{1}{2}t^2$ 时，其 Z 变换函数为 $R(z)=\dfrac{T^2z(z+1)}{2(z-1)^3}$，因而稳态误差为

$$e_{ss}(\infty)=\lim_{z\to 1}\frac{z-1}{z}\times\frac{1}{1+G(z)}\times\frac{T^2z(z+1)}{2(z-1)^3}$$

$$=\lim_{z\to 1}\frac{T^2}{(z-1)^2G(z)} \tag{7-68}$$

定义加速度误差系数：$k_a=\lim\limits_{z\to 1}(z-1)^2G(z)$，$k_a$ 称为加速度误差系数。当离散系统分别为 0 型、I 型、II 型系统时，单位反馈系统在单位加速度输入作用下的稳态误差分别为

$$e_{ss}(\infty)=\begin{cases}\infty & (0\ 型)\\[2mm]\infty & (\text{I}\ 型)\\[2mm]\dfrac{T^2}{k_a} & (\text{II}\ 型)\end{cases} \tag{7-69}$$

对应不同输入、不同系统型别时，系统的稳态误差计算公式如表 7-4 所列。

表 7-4　离散控制系统的稳态误差计算公式

系统类型 \ 给定输入稳态误差	$r(t)=1(t)$	$r(t)=t$	$r(t)=\dfrac{1}{2}t^2$
0 型系统	$1/k_p$	∞	∞
I 型系统	0	T/k_v	∞
II 型系统	0	0	T^2/k_a
III 型系统	0	0	0

【例7.21】 已知离散系统如图7.26所示，且 $T=0.1$ ，$G(s)=\dfrac{10}{s(s+10)}$ ，试确定系统的稳态性能。

解：

$$
\begin{aligned}
G(z) &= Z\left[\frac{10}{s(s+10)}\right] \\
&= Z\left[\frac{1}{s}-\frac{1}{s+10}\right] \\
&= \frac{z}{z-1}-\frac{z}{z-e^{-10\times 0.1}} \\
&= \frac{0.632z}{(z-1)(z-0.368)}
\end{aligned}
$$

由特征方程 $1+G(z)=0$ ，可得两个特征根都在单位圆内，故该系统稳定。

$$
p=1; \quad G_0\big|_{z=1}=\frac{0.632z}{z-0.368}=1
$$

静态误差系数为 $k_p=\infty$ ，$k_v=1$ ，$k_a=0$ ；

给定输入为单位阶跃扰动下，系统的稳态误差为 $e_{ss}=0$ ；

给定输入为单位斜坡扰动下，系统的稳态误差为 $e_{ss}=\dfrac{T}{k_v}=\dfrac{0.1}{1}=0.1$ ；

给定输入为单位加速度扰动下，系统的稳态误差为 $e_{ss}=\infty$ 。

7.7　习题精解及 MATLAB 工具和案例分析

扩展题解答1

扩展题解答2

7.7.1　习题精解

【例7.22】 试分析图7.27所示线性离散系统的稳定性，设采样周期 $T_0=0.2\mathrm{s}$ 。

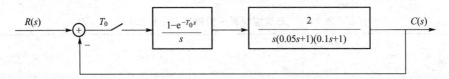

图7.27　离散系统框图

解： 首先确定系统 z 域特征方程。

由图 7.27 可得系统的开环脉冲传递函数为

$$G(z) = Z\left[\frac{2(1-e^{-T_0})}{s^2(0.05s+1)(0.1s+1)}\right]$$

$$= 2(1-z^{-1})Z\left[\frac{200}{s^2(s+20)(s+10)}\right]$$

$$= 2(1-z^{-1})Z\left[\frac{1}{s^2}+\frac{-0.15}{s}+\frac{0.2}{s+10}+\frac{0.05}{s+20}\right]$$

$$= \frac{2(z-1)}{z}\left[\frac{T_0 z}{(z-1)^2}-\frac{0.15z}{z-1}+\frac{0.2z}{z-e^{-10T_0}}-\frac{0.05z}{z-e^{-20T_0}}\right]$$

将 $T_0 = 0.2s$ 代入可得

$$G(z) = \frac{2(z-1)}{z}\left[\frac{0.2z}{(z-1)^2}-\frac{0.15z}{z-1}+\frac{0.2z}{z-e^{-2}}-\frac{0.05z}{z-e^{-4}}\right]$$

$$= \frac{0.1522z^2+0.1796+0.008}{(z-1)(z-0.135)(z-0.0183)} \tag{7-70}$$

系统闭环 z 特征方程为 $1+G(z)=0$，将式(7-70)代入并整理，可得系统 z 特征方程为

$$z^3 - 1.00z^2 + 0.3354z + 0.0055 = 0 \tag{7-71}$$

其次判断该系统稳定性。

应用 Routh 判据如下：

令 $z = \dfrac{w+1}{w-1}$，代入式(7-71)并整理可得 w 域特征方程为

$$2.3309w^3 + 3.6821w^2 + 1.6471w + 0.3399 = 0$$

列写其劳斯表如下：

$$
\begin{array}{lll}
w^3 & 2.3309 & 1.6471 \\
w^2 & 3.6821 & 0.3399 \\
w^1 & 1.647 & \\
w^0 & 0.3399 &
\end{array}
$$

由劳斯表可知第一列各项系数全都大于零，故由 Routh 判据可知该系统稳定。

【例 7.23】 设某单位反馈线性离散系统的开环传递函数为 $G(s) = \dfrac{1-e^{-T_0 s}}{s} \cdot \dfrac{10}{s(s+1)}$，其中 $T_0 = 1s$ 为采样周期，试确定在匀速输入 $r(t) = t$ 作用下，使校正系统响应输入信号既无稳态误差，又能在有限拍内结束的数字控制器的脉冲传递函数 $D(z)$。

解： 由已知条件，可得系统开环脉冲传递函数为

$$G(z) = Z\left[(1-e^{-T_0 s}) \cdot \frac{10}{s^2(s+1)}\right] = \frac{10(e^{-1}z+1-2e^{-1})}{(z-1)(z-e^{-1})} = \frac{3.68(z+0.717)}{(z-1)(z-0.368)}$$

由于开环脉冲传递函数 $G(z)$ 的零点和极点都在单位圆内，欲使系统对 $r(t) = t$ 无静差，系统应为 Ⅱ 型，应取误差传递函数为

$$\Phi_e(z) = (1-z^{-1})^2 = 1 - 2z^{-1} + z^{-2}$$

相应的闭环传递函数为

$$\Phi(z) = 1 - \Phi_e(z) = 2z^{-1} - z^{-2}$$

则满足校正要求的数字控制器传递函数为

$$D(z) = \frac{\Phi(z)}{G(z)\Phi_e(z)} = \frac{2z^{-1} - z^{-2}}{\dfrac{3.68(z+0.717)}{(z-1)(z-0.368)} \cdot (1 - 2z^{-1} + z^{-2})}$$

$$= \frac{2z-1}{\dfrac{3.68(z+0.717)}{(z-1)(z-0.368)} \cdot (z^2 - 2z + 1)} = \frac{2z-1}{\dfrac{3.68(z+0.717)(z-1)}{(z-0.368)}}$$

$$= \frac{0.543(z-0.5)(z-0.368)}{(z-1)(z-0.717)}$$

【例 7.24】（北京航空航天大学 2001 年考研试题）

采样系统框图如图 7.28 所示，图中 $T = 1\mathrm{s}$。试求闭环系统的脉冲传递函数 $\dfrac{C(z)}{R(z)}$，并计算系统在 $r(t) = 2$ 时的稳态误差。

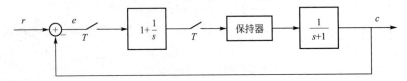

图 7.28　采样系统框图

提示：$Z[\delta(t)] = 1$，$Z[\mathrm{e}^{-at}] = \dfrac{z}{z - \mathrm{e}^{-aT}}$。

解： 由图 7.28 可知，系统开环脉冲传递函数为

$$G(z) = Z\left[1 + \frac{1}{s}\right] \cdot Z\left[\frac{1 - \mathrm{e}^{-Ts}}{s} \cdot \frac{1}{s+1}\right]$$

$$= \left(1 + \frac{z}{z+1}\right) \cdot (1 - z^{-1}) \cdot Z\left[\frac{1}{s(s+1)}\right]$$

$$= \left(1 + \frac{z}{z-1}\right) \cdot (1 - z^{-1}) \cdot Z\left[\frac{1}{s} - \frac{1}{s+1}\right]$$

$$= \left(1 + \frac{z}{z-1}\right) \cdot (1 - z^{-1})\left[\frac{z}{z-1} - \frac{z}{z - \mathrm{e}^{-T}}\right]$$

将 $T = 1$ 代入并整理，可得

$$G(z) = \frac{1.264z - 0.632}{(z-1)(z-0.368)}$$

所以系统闭环传递函数为

$$\frac{C(z)}{R(z)} = \Phi(z) = \frac{G(z)}{1 + G(z)} = \frac{1.264z - 0.632}{z^2 - 0.104z - 0.264}$$

系统特征方程为

$$z^2 - 0.104z - 0.264 = 0$$

解得其 z 特征方程为：$z_{1,2} = 0.052 \pm \mathrm{j}0.56$。由于其解在单位圆内，因此，闭环系统稳定。又由于开环脉冲传递函数的分母多项式中含有 $(z-1)$ 因式，故知该系统为 I 型系统，即

一阶无静差系统，因此，在 $r(t)=2$ 作用下，稳态误差为零。

【评注】 与连续系统分析稳态误差时需先判断稳定性相同，离散系统的稳态分析也是以系统稳定为前提的。

7.7.2 案例分析及 MATLAB 应用

1. 应用 MATLAB 软件分析离散系统的稳定性

【例 7.25】 设闭环采样系统的结构图如图 7.29 所示，设采样周期 $T=1\mathrm{s}$，$k=10$。试应用 MATLAB 软件来分析该闭环采样系统的稳定性。

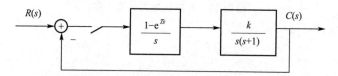

图 7.29 闭环采样系统结构图

解：MATLAB 程序如下：

```
syms s
a1=(1-exp(-1*s))*10;
b1=s^2*(s+1);
f=a1/b1;
t=ilaplace(f);
fz=ztrans(t)
fz1=simplify(fz)
exp(1)
num=[10 7.183];
den=conv([1 -1],[2.7183 -1]);
[num,den]=cloop(num,den,-1);
roots(den)
```

结果为

fz=

-20*(-z+z/exp(-1/2)*exp(1/2))/(2*z^2/exp(-1/2)^2-2*z-2*z/exp(-1/2)*exp(1/2)
+2*exp(1/2)*exp(-1/2))+10*z/(z-1)+20*exp(1/2)*(z^2/exp(-1/2)-z*exp(-1/2)-z^2/
exp(-1/2)^2*exp(1/2)+z/exp(-1/2)*exp(1/2)^2)/(2*z^2/exp(-1/2)^2-2*z-2*z/exp(-1/
2)*exp(1/2)+2*exp(1/2)*exp(-1/2))-10+20*exp(1/2)*sinh(1/2)

fz1=

10*(2*exp(3/2)*sinh(1/2)*z^2+z^2*exp(1)-z^2*exp(2)-2*exp(1/2)*sinh(1/2)*z+z
*exp(2)-2*exp(3/2)*sinh(1/2)*z+2*exp(1/2)*sinh(1/2)-1)/(z-1)/(z*exp(1)-1)

ans=

2.7183

ans=

-1.1554+1.2943i

-1.1554-1.2943i

可以看出,特征根在单位圆外,因此系统是不稳定的。

2. 应用 MATLAB 软件分析离散系统的动态性能

【例 7.26】 设闭环采样系统的结构图如图 7.30 所示,设采样周期 $T=1\text{s}$,试应用 MATLAB 软件求该系统的输出响应。

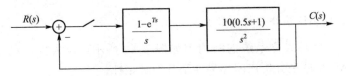

图 7.30 闭环采样系统结构图

解: MATLAB 程序如下:

```
num=[0 0.368 0.264];
den=[1 -1 0.632];
dstep(num,den)
% 或者应用下列 m 文件
num=[1 0.7183];
den=conv([1 -1],[2.7183 -1]);
[num,den]=cloop(num,den,-1);
dstep(num,den,25);
```

得到离散系统的阶跃响应曲线如图 7.31 所示。

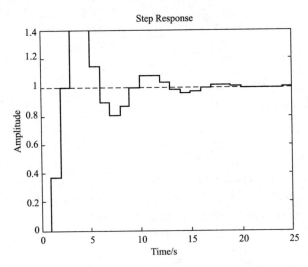

图 7.31 离散系统的阶跃响应曲线

学习指导及小结

1. 采样与信号保持

采样过程是将连续信号离散化的过程。采样频率的选取应遵循香农定理。

信号保持器是将离散信号转换为连续信号的装置。零阶保持器是最简单的、应用最广泛的保持器。

采样器和保持器的引入，不会改变开环脉冲传递函数的极点，但会改变其零点。

设 $x(t)$ 为连续时间信号；$x^*(t)$ 是 $x(t)$ 经过理想采样后对应的理想脉冲序列；$x(s)$ 为 $x(t)$ 的 Laplace 变换，$x(z)$ 为 $x^*(t)$ 的 Z 变换。则有两个重要关系式：

$$g^*(t) = \sum_{n=0}^{\infty} g(nT)\delta(t - nT)$$

$$G(z) = Z[g^*(t)] = \sum_{n=0}^{\infty} g(nT)z^{-n}$$

2. 求 Z 变换及反变换的常用方法

求 Z 变换：级数求和法、部分分式法、留数法。

求 Z 反变换：长除法、部分分式法、留数法。

3. 离散系统的脉冲传递函数求法

离散系统的脉冲传递函数与连续系统中的传递函数一样重要，它是研究离散系统最有力的手段之一。脉冲传递函数分开环、闭环脉冲传递函数。

(1) 开环脉冲传递函数求法图解：

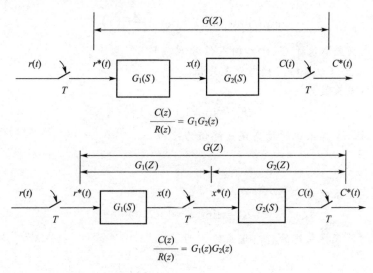

(2) 闭环脉冲传递函数求法图解：

有一个采样开关的采样系统　　　　　　　　有数字校正装置的采样系统

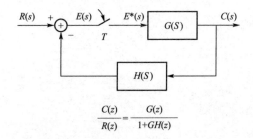 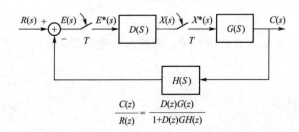

4. 离散系统的稳定性分析

1）离散系统稳定的充要条件

线性离散系统稳定的充要条件是，闭环系统的全部特征根均位于 z 平面的单位圆内，即满足：$|\lambda_i|<1(i=1,2,\cdots,n)$。

2）用劳斯判据判定采样系统的稳定性

首先要通过双线性变换 $z=\dfrac{w+1}{w-1}$，将 z 平面的单位圆映射到 w 平面的虚轴，然后在 w 平面中应用劳斯判据判定离散系统的稳定性。

5. 离散系统的动态性能分析

通过离散系统的闭环脉冲传递函数，可以求出系统在典型输入信号作用下的动态响应。离散系统的动态性能取决于闭环零、极点在 z 平面上的分布情况。

为使离散系统具有良好的动态性能，其闭环主导极点应位于 z 平面上以原点为圆心的单位圆内的右半部，并尽量靠近原点处。

6. 离散系统的稳态误差分析

1）应用终值定理求给定稳态误差终值

根据终值定理，给定稳态误差终值为

$$e_{ss}=\lim_{n\to\infty}e(nT)=\lim_{n\to\infty}\frac{z-1}{z}E(z)$$

系统的稳态误差取决于 $G(z)$ 和输入信号 $R(z)$。

2）用静态误差系数求给定稳态误差终值

静态位置误差系数为

$$K_p=\lim_{z\to1}[1+G(z)]$$

单位阶跃输入时，采样系统的稳态误差终值为

$$e_{ss}=\frac{1}{K_p}$$

静态速度误差系数为

$$K_v=\lim_{z\to1}(z-1)G(z)$$

单位斜坡输入时，采样系统的稳态误差终值为

$$e_{ss}=\frac{T}{K_v}$$

T 为采样周期。

静态加速度误差系数为

$$K_a=\lim_{z\to1}(z-1)^2G(z)$$

单位加速度输入时，采样系统的稳态误差终值为

$$e_{ss}=\frac{T^2}{K_a}$$

本章知识架构

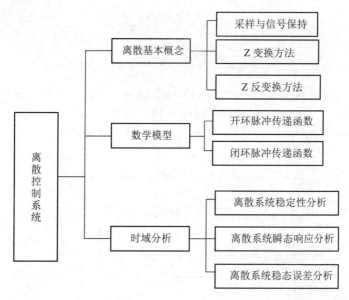

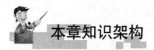 阅读材料

离散系统概论

　　当系统各个物理量随时间变化的规律不能用连续函数描述，而只在离散的瞬间给出数值时，这种系统称为离散系统。

　　全部或一些组成部分的变量具有离散信号形式的系统，在时间的离散时刻上取值的变量称为离散信号，通常是时间间隔相等的脉冲序列或数字序列，例如按一定的采样时刻进入计算机的信号。除含有采样数据信号的离散系统外，在现实世界中还有天然的离散系统，例如在人口系统中对人口的增长和迁徙过程只能用离散数字加以描述。在现代工业控制系统中广泛采用数字化技术，或在设计中通过数学处理把连续系统化为离散系统，其目的是为了获得良好的控制性能或简化设计过程。离散控制系统视控制信号类型（采样脉冲序列或数字序列）的不同，可分为采样控制系统和数字控制系统。离散系统的运动需用差分方程描述。对于参数不随时间变化的离散系统可利用Z变换分析。当系统中同时也存在连续信号时（例如采样系统），也可将离散信号看成脉冲函数序列，从而能采用连续系统分析中的拉普拉斯变换对系统进行统一处理。

习　　题

7-1　什么叫信号采样？实际采样与理想采样有什么区别？对系统会产生什么影响？

7-2　对连续时间信号进行采样，应满足什么条件才能做到不丢失信息？

7-3 求下列函数的 Z 变换：

(1) $e(t)=a^n$

(2) $e(t)=\dfrac{1}{3!}t^3$

(3) $E(s)=\dfrac{s+1}{s^2}$

(4) $E(s)=\dfrac{1-e^{-s}}{s(s+1)}$

7-4 已知 $F(z)=\dfrac{5z}{z^2-2z+1}$，用长除法和部分分式法求 $f^*(t)$。

7-5 已知初始条件为 $y(0)=0$，$y(1)=0$，试用 Z 变换法求解二阶差分方程如下：
$$y(k+2)+3y(k+1)+8y(k)=0$$

7-6 试求图 7.32 所示开环离散系统的开环脉冲传递函数 $G(z)$。

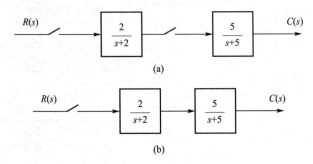

图 7.32　开环离散系统

7-7 试求图 7.33 所示闭环离散系统的脉冲传递函数 $\Phi(z)$ 或输出 Z 变换 $C(z)$。

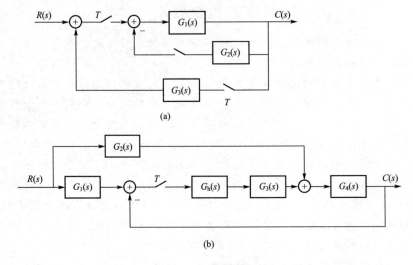

图 7.33　闭环离散系统

7-8 系统的结构图如图 7.34 所示，其中连续部分的传递函数为 $G(s)=\dfrac{3}{s(s+1)}$。试求出该系统的脉冲传递函数 $G(z)$。

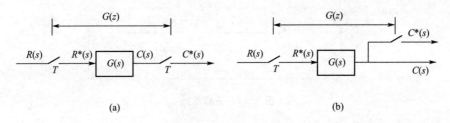

图 7.34　系统的结构图

7-9　设某线性离散系统的框图如图 7.35 所示。试求取该系统的单位阶跃响应，并计算其超调量、上升时间与峰值时间。已知采样周期 $T_0 = 1s$。

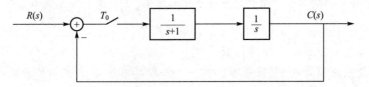

图 7.35　离散系统框图

7-10　设某线性离散系统的框图如图 7.36 所示。其中参数 $T > 0$，$K > 0$，试求：

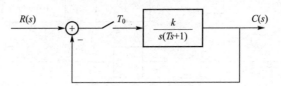

图 7.36　线性离散系统框图

(1) 系统的开环脉冲传递函数；
(2) 系统的闭环脉冲传递函数；
(3) 给定系统稳定时参数 K 的取值范围。

7-11　离散系统如图 7.37 所示。

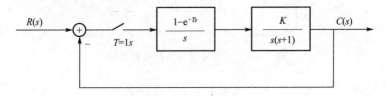

图 7.37　系统框图

试在 z 平面上绘制 $0 \leqslant K \leqslant \infty$ 的根轨迹图(要求在图上标出各特征数据)，并确定系统临界稳定时的 K 值。

7-12　采样系统如图 7.38 所示，其中零阶保持器的传递函数为 $G_h(s) = \dfrac{1 - e^{-Ts}}{s}$，

被控对象的传递函数为 $G_o(s) = \dfrac{2}{s(0.5s + 1)}$，采样周期 $T = 0.25s$，试确定系统的类型，并求出稳态误差。

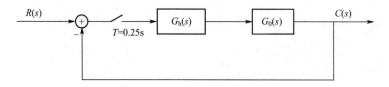

图 7.38　采样系统

7-13　试判断下列系统的稳定性：

(1) 已知闭环离散系统的特征方程为 $D(z)=(z+1)(z+0.5)(z+2)=0$；

(2) 已知闭环离散系统的特征方程为 $D(z)=z^4+0.2z^3+z^2+0.36z+0.8=0$；

(3) 已知误差采样的单位反馈离散系统采样周期 $T=1\mathrm{s}$，开环传递函数为 $G(s)=\dfrac{22.57}{s^2(s+1)}$。

7-14　系统采样结构如图 7.39 所示，采样周期 $T=0.1\mathrm{s}$。

(1) 求出系统的闭环脉冲传递函数。

(2) 确定使系统稳定的 K 值范围。当 $K=1$ 时，求出系统在单位阶跃作用下 $c(t)$ 的稳态值。

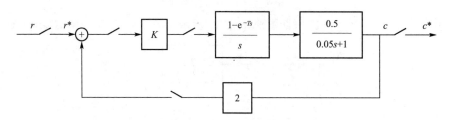

图 7.39　系统采样结构

7-15　含有零阶保持器的采样系统如图 7.40 所示，图中的被控对象为 $G_0=\dfrac{K}{s(Ts+1)}$，确定增益 K 使采样系统阶跃响应的超调量不大于 30%。

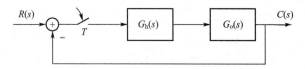

图 7.40　含零阶保持器的采样系统

7-16　设有单位反馈误差采样的离散系统，连续部分传递函数为 $G(s)=\dfrac{1}{s^2(s+5)}$，输入单位阶跃信号时，采样周期 $T=1\mathrm{s}$。试求：

(1) 采样瞬时的输出响应 $c^*(t)$；

(2) 输出响应的终值 $c(\infty)$。

7-17　含有零阶保持器的离散系统如图 7.40 所示，已知 $G_0=\dfrac{K}{s(Ts+1)}$，当输入信号为 $r(t)=2+t$ 时，确定增益 K 使采样系统的稳态误差小于 0.15。

7-18　(北京科技大学 2001 年考研题) 已知 s 平面极点为 $s_{1,2}=-10\pm\mathrm{j}15$，$s_{3,4}=$

$-100\pm j150$，当采样周期分别为 $T=0.1\mathrm{s}$ 及 $T=0.001\mathrm{s}$ 时，试求对应的 z 平面极点位置。

7-19　设采样系统如图 7.41 所示，当采样周期分别为 $T=0.2\mathrm{s}$，$T=0.1\mathrm{s}$，$T=0.05\mathrm{s}$ 时，求能使系统稳定的 K 值范围，并分析采样周期、增益 K 与稳定性的关系。

7-20　试应用系统型别方法求图 7.42 所示离散系统的稳态误差。输入信号为 $r(t)=1+t+t^2$。

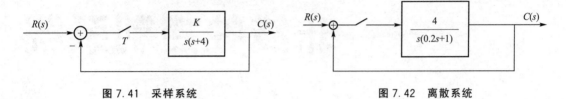

图 7.41　采样系统

图 7.42　离散系统

第 7 章课件　　　　第 7 章习题解答

第 **8** 章
非线性控制系统

本章教学目标与要求

- 了解非线性系统分析的相关概念。
- 熟练掌握描述函数的计算。
- 熟练掌握利用描述函数分析非线性稳定性的方法。
- 熟练掌握利用相平面法分析非线性系统性能的方法。
- 正确理解描述函数的定义。
- 正确理解描述函数法的应用条件。

引　言

　　前面各章详细讨论了线性定常控制系统的分析和设计问题。但实际上，并不存在理想的线性系统。组成控制系统的各个元器件动态、静态特性都存在不同程度的非线性。换言之，线性是相对的，而非线性则是绝对的。因此，对于线性控制系统的分析方法是需要一定的约束条件下才能应用于实际系统的性能分析中。

8.1　非线性控制系统概述

8.1.1　研究非线性理论的意义

1. 线性化方法存在的局限性

　　实际系统中普遍存在非线性因素，当非线性程度不严重时，可以忽略非线性特性的影响，将非线性环节视为线性环节；当非线性特性忽略不掉时，通常采用在静态工作点附近线性化的方法，但必须保证该非线性模型的输入信号在小范围内变化，否则线性化以后的模型与原非线性模型之间的误差较大，严重时造成系统性能指标的急剧下降，甚至导致系统的不稳定。如随动控制和程序控制系统，由于控制对象和控制水平的要求，被调量的变化范围较大，这时只能采用非线性系统的分析和设计方法才能得到正确的结果。

2. 高控制性能的要求

随着生产和科学技术的发展，对控制系统性能和精度的要求越来越高，建立在线性化基础上的分析设计方法也难以解决高质量的控制问题。因此必须考虑非线性控制器的设计。例如，为获得最短时间控制，需对执行机构采用继电控制，使其始终工作在最大电压或最大功率下，充分发挥其调节能力，同时为兼顾其响应速率和稳态精度，需要使用变增益控制器。

3. 本质非线性环节的存在

自动控制系统中包含的非线性特性可分为非本质非线性和本质非线性两种。对非本质非线性系统，应用线性理论是合适的。对本质非线性系统，不能简单地用线性化方法来解决问题，因此还需要研究非线性控制系统的理论。

8.1.2 非线性系统的特征

线性系统的重要特征是可以应用线性叠加原理。而描述非线性系统运动的数学模型为非线性微分方程，则不能应用叠加原理。非线性系统的运动具有以下特点。

1. 稳定性分析复杂

按照平衡状态的定义，在无外作用且系统输出的各阶导数等于零时，系统处于平衡状态。显然，对于线性系统只有一个平衡状态 $c=0$，线性系统在该平衡状态的稳定性就是线性系统的稳定性，而且稳定只取决于系统本身的结构和参数，与外作用和初始条件无关。而非线性系统可能存在多个平衡状态，各平衡状态可能是稳定的也可能是不稳定的。非线性系统的稳定性不仅与系统的结构和参数有关，也与初始条件以及系统的输入信号的类型和幅值有关。

例如：考虑非线性一阶系统

$$\dot{x} = x^2 - x = x(x-1) \qquad (8-1)$$

令 $\dot{x}=0$，可知该系统存在两个平衡状态 $x=0$ 和 $x=1$，为了分析各个平衡状态的稳定性，需要求解式(8-1)。设系统的初始条件为 x_0，得

$$\frac{\mathrm{d}x}{x(x-1)} = \mathrm{d}t$$

积分得

$$x(t) = \frac{x_0 \mathrm{e}^{-t}}{1 - x_0 + x_0 \mathrm{e}^{-t}}$$

由此可见，系统的解与初始条件有关。不同初始条件下的时间响应曲线如图 8.1 所示。

2. 频率响应发生畸变

稳定的线性系统的频率响应，即正弦信号作

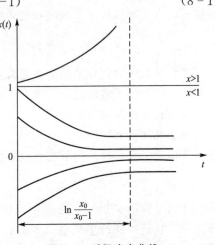

图 8.1 时间响应曲线

用下的稳态输出量是与输入同频率的正弦信号，其幅值 A 和相位 φ 为输入正弦信号频率 ω 的函数。而非线性系统的频率响应除了含有与输入同频率的正弦信号分量（基波分量）外，还含有关于 ω 的高次谐波分量，使输出波形发生非线性畸变。若系统含有多值非线性环节，输出的各次谐波分量的幅值还可能发生跃变。

3. 时间响应情况复杂

由于线性系统的运动特征与输入的幅值、系统的初始状态无关，所以通常是在典型输入函数和零初始条件下进行研究的。而非线性的时间响应与输入信号的大小和初始条件有关，幅值不同的同一输入信号，响应曲线的幅值和形状都会产生显著变化，从而使输出具有多种不同的形式。

4. 可能存在自激振荡现象

所谓自激振荡是指没有外界周期变化信号的作用时，系统内部产生的具有固定振幅和频率的稳定周期运动。线性系统的运动状态有收敛和发散两种状态，只有在临界稳定的情况下才能产生周期运动，但由于环境或装置老化等不可避免的因素存在，使这种临界振荡只可能是暂时的。而非线性系统则不同，即使无外加信号，系统也可能产生一定幅度和频率的持续性振荡，这是非线性系统所特有的。

必须指出，长时间大幅度的振荡会造成机械磨损，增加控制误差，因此许多情况下不希望自激振荡发生。但在控制中通过引入高频小幅度的颤震，可克服间歇、死区等非线性因素的不良影响。而在振动试验中，还必须使系统产生稳定的周期运动。因此研究自激振荡的产生条件与抑制，确定其频率与幅度，是非线性系统分析的重要内容。

8.1.3 常见非线性特性

一个单输入单输出静态非线性特性的数学描述为

$$y = f(x) \tag{8-2}$$

将非线性特性视为一个环节，环节的输入为 x，输出为 y，按照线性系统中比例环节的描述，定义非线性环节输出和输入的比值为等效增益：

$$k = \frac{y}{x} = \frac{f(x)}{x} \tag{8-3}$$

线性系统中比例环节的增益是常值，也就是输出和输入呈线性关系，而式(8-3)所代表非线性环节的等效增益为变增益，因此可以将非线性特性视为变增益比例环节。当然，比例环节是变比例环节的特例。

静态非线性特性中，死区特性、饱和特性、继电特性是常见的，也是最简单的非线性。下面就来介绍这几种静态非线性特性。

1. 死区特性

死区又称不灵敏区，通常以阈值、分辨率等指标衡量。死区特性常常是由放大器、传感器、执行机构的不灵敏造成的，常见于测量、放大元件中。一般的机械系统、电机等，都不同程度地存在死区，其特点是当输入信号在零值附近的某一小范围之内时，没有输出。只有当输入信号大于此范围时，才有输出。执行机构中的静摩擦影响也可以用死区特性来表示。控制系统中存在死区特性，将导致系统产生稳态误差，其中测量元件的死区特性尤为明显。摩擦死区特性可能造成系统的低速不均匀，甚至使随动系统不能准确跟踪目标。但是，死区特性也可能给控制系统带来有利的影响，有些系统人为引入死区以提高抗干扰能力。

理想的死区特性一般如图 8.2(a)所示，其数学描述为

$$y = \begin{cases} k(x+a) & (x < -a) \\ 0 & (|x| \leqslant a) \\ k(x-a) & (x > a) \end{cases} \qquad (8-4)$$

2. 饱和特性

饱和也是一种常见的非线性，可以说任何实际装置都存在饱和特性，因为它们的输出不可能无限增大，磁饱和就是一种饱和特性。其特点是，当输入信号在一定范围内变化时，具有饱和特性的环节输入/输出呈线性关系；当输入信号超过某一范围后，输出信号不再随输入信号变化，而保持某一常值，如图 8.2(b)所示。饱和特性将使系统在大信号作用之下的等效增益降低，在深度饱和情况下，甚至使系统丧失闭环控制作用。还有些系统中则有意地利用饱和特性作信号限幅，限制某些物理参量，以保证系统安全合理地工作。

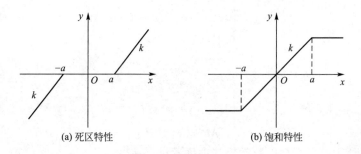

(a) 死区特性   (b) 饱和特性

图 8.2 死区和饱和特性

饱和特性的数学描述为

$$y = \begin{cases} -B & (x < -a) \\ kx & (|x| \leqslant a) \\ +B & (x > a) \end{cases} \qquad (8-5)$$

3. 继电特性

继电特性，顾名思义就是继电器所具有的特性，继电特性中有双位特性如图 8.3(a)和(b)所示，三位特性如图 8.3(c)所示，图 8.3(b)、(c)所示的继电特性还带有滞环。当然，不限于继电器，其他装置如果具有类似的非线性特性，也称之为继电特性，如电磁阀、施密特触发器等。继电器的切换特性使用得当，可改善系统的性能。

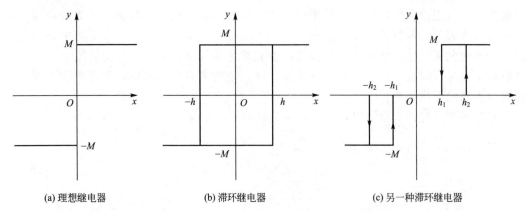

(a) 理想继电器　　　　　　　(b) 滞环继电器　　　　　　(c) 另一种滞环继电器

图 8.3　几种典型的继电特性

分析继电特性有十分重要的意义，因为采用继电器、电磁阀等元件的控制系统比比皆是，例如大多数家用电冰箱空调就是继电器控制系统。图 8.3(a)所示继电特性的数学描述为

$$y=\begin{cases}M & (x>0)\\ -M & (x<0)\end{cases} \qquad (8-6)$$

图 8.3(c)所示继电特性的数学描述为

当 $x>0$ 时：

$$y=\begin{cases}M & (x>h_2)\\ 0 & (h_2>x>-h_1)\\ -M & (x<-h_1)\end{cases} \qquad (8-7a)$$

当 $x<0$ 时：

$$y=\begin{cases}M & (x>h_1)\\ 0 & (h_1>x>-h_2)\\ -M & (x<-h_2)\end{cases} \qquad (8-7b)$$

图 8.3(b)所示继电特性的数学描述由读者自行导出。

4. 间隙特性

间隙又称回环。传动机构的间隙是一种常见的回环非线性特性，如图 8.4 所示。在齿

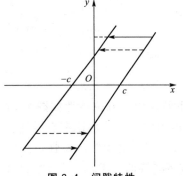

图 8.4　间隙特性

轮传动中，由于间隙存在，当主动齿轮方向改变时，从动轮保持原位不动，直到间隙消除后才改变转动方向。铁磁元件中的磁滞现象也是一种回环特性。间隙特性对系统影响较为复杂，一般来说，它将使系统稳态误差增大，频率响应的相位滞后也增大，从而使系统动态性能恶化。采用双片弹性齿轮(无隙齿轮)可消除间隙对系统的不利影响。

若从非线性环节的输出与输入之间存在的函数关系划分，非线性特性又可分为单值函数非线性与多值函数

非线性两类。例如死区特性、饱和特性及理想继电器特性都属于输出与输入之间为单值函数关系的非线性特性。间隙特性和继电器特性则属于输出与输入之间为多值函数关系的非线性特性。

8.1.4 非线性系统的分析方法

系统分析和设计的目的是通过求取系统的运动形式，以解决稳定性问题为中心，对系统实施有效的控制。由于非线性系统形式多样，受数学工具限制，一般情况下难以求得非线性方程的解析解，只能采用工程上适用的近似方法。在实际工程问题中，如果不需精确求解输出函数，往往把分析的重点放在以下三方面：某一平衡点是否稳定，如果不稳定应如何校正；系统中是否会产生自激振荡，如何确定其周期和振幅；如何利用或消除自激振荡以获得需要的性能指标。比较基本的非线性系统的研究方法有如下几种。

1. 小范围线性近似法

这是一种在平衡点的近似线性化方法，通过在平衡点附近作泰勒展开，可将一个非线性微分方程化为线性微分方程，然后按线性系统的理论进行处理。该方法局限于小区域研究。

2. 逐段线性近似法

将非线性系统近似为几个线性区域，每个区域用相应的线性微分方程描述，将各段的解合在一起即可得到系统的全解。

3. 古典控制理论方法

(1) 描述函数法：非线性特性的描述函数表示法，是线性系统频率特性法在非线性系统中的推广，它是对非线性特性在正弦信号作用下的输出进行谐波线性化处理之后得到的。这是一种对非线性特性的近似描述。

采用描述函数法研究系统的主要手段和线性系统频率性分析法相似，场是使用图形来进行性能分析的。用描述函数法研究的内容包括：稳定性；系统是否可能产生自振荡，以及稳定自激振荡的振荡幅值和频率的确定；消除自激振荡的一般方法。描述函数分析法不受系统阶次限制，但必须在满足一定的假设条件下使用。

(2) 相平面法：相平面法是基于线性系统时域分析法的一种求解一阶、二阶非线性系统的图解方法，是时域分析法在非线性系统中的应用和推广。

相平面法应用相平面上的曲线(相轨迹或相轨迹族)来描述系统的运动过程。相平面法既可以用来分析系统稳定性问题(稳定性、极限环、平衡点)，又可以用来分析时间响应，求稳态、动态性能指标。但是仅能用于一、二阶非线性系统的分析，不能用于高阶系统。

4. 现代控制理论的方法

(1) 李雅普诺夫方法：李雅普诺夫方法是基于时域分析的另一种方法。从系统运动需要有能量的角度出发，寻求李雅普诺夫函数，来描述系统在运动过程中能量的变化规律，从而确定系统稳定性、稳定条件，在原则上它可以适用于任意阶系统的稳定性分析，但

实际上由于复杂系统寻求李雅普诺夫函数往往很困难，使其应用也受到了一定的限制。

（2）计算机求解法：利用模拟计算机和数字计算机，将非线性系统的数学模型、初始状态和输入信号，按一定的模式输入计算机，则可以在较短时间内处理复杂的非线性系统，从而获得设计系统必需的信息。这一方法由于计算机的普及以及软件的迅速发展，目前已经被广泛用于工程实际。

8.2　描述函数法

描述函数是达尼尔（P. J. Daniel）在 1940 年首先提出的，是线性系统频率法在非线性系统中的推广。主要用来分析没有外作用情况下，非线性系统的稳定性和自激振荡问题。由于该方法不受系统阶次的限制，一般都能得到比较满意的结果，因而获得广泛应用。但由于描述函数法对系统结构、非线性环节的特性和线性部分的性能等都有一定的要求，其本身也是一种近似的分析方法，因而其应用受到一定的限制。

8.2.1　描述函数法的基本概念

1. 关于描述函数法

描述函数法是指：对于线性系统，当输入是正弦信号时，输出稳定后是相同频率的正弦信号，其幅值和相位随着频率的变化而变化，这就是利用频率特性分析系统的频域法的基础。对于非线性系统，当输入是正弦信号时，输出稳定后通常不是正弦的，而是与输入同频率的周期非正弦信号，它可以分解成一系列正弦波的叠加，其基波频率与输入正弦信号的频率相同。

设非线性环节输入/输出描述为

$$y = f(x) \tag{8-8}$$

当非线性环节的正弦输入为 $x(t) = A\sin\omega t$ 时，利用傅里叶级数展开的方法可以得到输出为

$$y(t) = \frac{A_0}{2} + \sum_{n=1}^{\infty}(A_n\cos n\omega t + B_n\sin n\omega t) = \frac{A_0}{2} + \sum_{n=1}^{\infty}Y_n\sin(n\omega t + \varphi_n) \tag{8-9a}$$

式中：

$$A_0 = \frac{1}{\pi}\int_0^{2\pi}y(t)\mathrm{d}(\omega t) \tag{8-9b}$$

$$A_n = \frac{1}{\pi}\int_0^{2\pi}y(t)\cos n\omega t\,\mathrm{d}(\omega t); \tag{8-9c}$$

$$B_n = \frac{1}{\pi}\int_0^{2\pi}y(t)\sin n\omega t\,\mathrm{d}(\omega t) \tag{8-9d}$$

$$Y_n = \sqrt{A_n^2 + B_n^2} \tag{8-9e}$$

$$\varphi_n = \arctan\left(\frac{A_n}{B_n}\right) \tag{8-9f}$$

考虑到绝大多数被控对象都具有低通高滤特性，对于 $y(t)$ 所含有的高频信号，由于通常高次谐波信号频率高、幅值小，故在系统的性能研究中略去高频谐波信号，仅仅考

虑进入被控对象的基波信号即一次谐波信号。所以用描述函数法分析非线性系统时，线性部分的惯性越大、阶次越高，则对系统性能分析的精度越高。

输出信号 $y(t)$ 的基波分量为

$$y_1(t) = \frac{A_0}{2} + A_1\cos\omega t + B_1\sin\omega t = \frac{A_0}{2} + Y_1\sin(\omega t + \varphi_1) \tag{8-10}$$

其中 A_0 由式(8-9b)给出，$A_1 = \frac{1}{\pi}\int_0^{2\pi}\cos n\omega t\,\mathrm{d}(\omega t)$，$B_1 = \frac{1}{\pi}\int_0^{2\pi}\sin n\omega t\,\mathrm{d}(\omega t)$。

由于非线性元件的静态特征一般对称于原点，故可推出输出信号中的直流分量 $A_0 = 0$。由此得输出信号的基波分量为

$$y(t) = A_1\cos\omega t + B_1\sin\omega t = Y_1\sin(\omega t + \varphi_1) \tag{8-11}$$

根据频率特性的幅值比与相位差的定义，得描述函数定义为

$$N = \frac{Y_1}{X}\mathrm{e}^{\mathrm{j}\varphi_1} = \frac{\sqrt{A_1^2 + B_1^2}}{X}\mathrm{e}^{\mathrm{j}\arctan\frac{A_1}{B_1}} = \frac{B_1}{X} + \mathrm{j}\frac{A_1}{X} \tag{8-12}$$

式中：N 为描述函数；Y_1 为非线性元件输出基波分量的振幅；X 为输入正弦函数的振幅；φ_1 为输出基波分量和输入谐波函数的相位差。

另外，当本质非线性环节是呈单值函数特性时，可以导出 $A_1 = 0$，此时，描述函数是实数。则式(8-12)被简化为

$$N = \frac{B_1}{X} \tag{8-13}$$

2. 典型非线性元件描述函数的求取步骤

对于描述函数的求取步骤归纳如下：

(1) 绘制输出信号 $y(t)$ 的曲线形式并写出 $y(t)$ 的数学表达式，取输入信号为 $x(t) = A\sin\omega t$，根据曲线形式写出输出 $y(t)$ 在一周期内的数学表达式。

(2) 根据非线性环节的静态特性及输出 $y(t)$ 的数学表达式，求相关系数：

$$A_0 = 0 \quad \text{（非线性环节静态特性对称于原点）}$$

$$A_1 = \begin{cases} \frac{1}{\pi}\int_0^{2\pi} y(t)\cos\omega t\,\mathrm{d}(\omega t) & \text{（一般函数）} \\ 0 & \text{（单值函数）} \end{cases}$$

$$B_1 = \frac{1}{\pi}\int_0^{2\pi} y(t)\sin\omega t\,\mathrm{d}(\omega t)$$

(3) 利用式(8-12)或式(8-13)计算描述函数。

3. 描述函数的物理意义

线性系统的频率特性反映正弦信号作用下，系统稳态输出中与输入同频率的分量的幅值和相位相对于输入信号的变化；而非线性环节的描述函数则反映非线性系统正弦响应中一次谐波分量的幅值和相位相对于输入信号的变化。因此忽略高次谐波分量，仅考虑基波分量，非线性环节的描述函数表现为复数增益的放大器。

4. 描述函数法的应用条件

(1) 非线性系统能够简化为图 8.5 所示的典型结构形式。

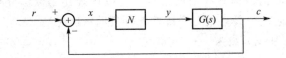

图8.5　非线性系统典型结构形式

（2）非线性环节的输入/输出特性是奇对称的，保证非线性环节的正弦响应不含有常值分量。

（3）系统的线性部分具有良好的低通滤波性能。当非线性环节的输入为正弦信号时，实际输出必定含有高次谐波分量，但经线性部分传递后，由于低通滤波的作用，高次谐波分量被削弱，闭环通道内近似的只有一次谐波分量，保证应用描述函数分析方法得到准确的结果。

8.2.2　典型非线性特性的描述函数

【例8.1】　求非线性环节 $y = \dfrac{1}{2}x + \dfrac{1}{4}x^3$ 的描述函数。

解： 因 $y(x)$ 为 x 的奇函数，因此有 $A_0 = 0$。当输入 $x(t) = A\sin\omega t$ 时，有

$$y(t) = \frac{A}{2}\sin\omega t + \frac{A^3}{4}\sin^3\omega t \tag{8-14}$$

为 t 的奇函数，故 $A_1 = 0$，又因为 $y(t)$ 具有半周期对称 $\left(y(t) = y\left(\dfrac{\pi}{\omega} - t\right)\right)$，故有

$$B_1 = \frac{4}{\pi}\int_0^{\frac{\pi}{2}} y(t)\sin\omega t\, \mathrm{d}(\omega t) = \frac{4}{\pi}\left[\int_0^{\frac{\pi}{2}}\frac{A}{2}\sin^2\omega t\, \mathrm{d}(\omega t) + \int_0^{\frac{\pi}{2}}\frac{A^3}{2}\sin^4\omega t\, \mathrm{d}(\omega t)\right]$$

由定积分公式

$$I_n = \int_0^{\frac{\pi}{2}}\sin^n\omega t\, \mathrm{d}(\omega t) = \begin{cases} \dfrac{(n-1)(n-3)\cdots \times 4 \times 2}{n(n-2)(n-4)\cdots \times 5 \times 3} & (n\ \text{为奇整数}) \\[3mm] \dfrac{(n-1)(n-3)\cdots \times 5 \times 3 \times 1}{n(n-2)(n-4)\cdots \times 4 \times 2}\cdot\dfrac{\pi}{2} & (n\ \text{为偶整数}) \end{cases}$$

得

$$B_1 = \frac{4}{\pi}\left[\frac{A}{2}\cdot\frac{\pi}{4} + \frac{A^3}{4}\cdot\frac{3}{8}\cdot\frac{\pi}{2}\right] = \frac{A}{2} + \frac{3}{16}A^3$$

则该非线性元件的描述函数为 $N(A) = \dfrac{B_1}{A} = \dfrac{1}{2} + \dfrac{3}{16}A^2$。

概括起来，求描述函数的过程是：先根据已知的输入 $x(t) = A\sin\omega t$ 和非线性特性 $y(t) = f(x)$ 求输出 $y(t)$，然后由积分式求相关系数，然后求描述函数。主要工作量和技巧在于积分。

【例8.2】　若非线性环节具有饱和特性如图8.6(a)所示，当输入为正弦信号时，其输出波形如图8.6(b)所示。试求饱和特性的描述函数。

解： 根据输出波形，饱和非线性环节的输出可表示为

$$y(t) = \begin{cases} kX\sin\omega t & (\omega t < \beta) \\ ka & (\beta < \omega t < \pi - \beta) \\ kX\sin\omega t & (\pi - \beta < \omega t < \pi) \end{cases}$$

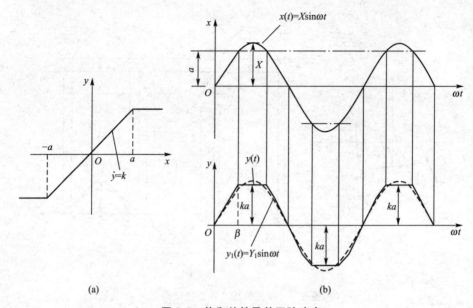

(a)   (b)

图 8.6 饱和特性及其正弦响应

由 $A_n = \dfrac{1}{\pi}\displaystyle\int_0^{2\pi} y(t)\cos n\omega t\, \mathrm{d}(\omega t)$ 和 $B_n = \dfrac{1}{\pi}\displaystyle\int_0^{2\pi} y(t)\sin n\omega t\, \mathrm{d}(\omega t)$ 可求得

$$A_1 = 0$$

$$B_1 = \frac{1}{\pi}\int_0^{2\pi} y(t)\sin\omega t\, \mathrm{d}(\omega t) = \frac{4}{\pi}\int_0^{\beta} kX\sin^2\omega t\, \mathrm{d}(\omega t) + \frac{4}{\pi}\int_{\beta}^{\pi/2} ka\sin\omega t\, \mathrm{d}(\omega t)$$

$$= \frac{4k}{\pi}\left[\int_0^{\beta} X\frac{1-\cos(2\omega t)}{2}\mathrm{d}(\omega t) + a\int_{\beta}^{\pi/2}\sin\omega t\, \mathrm{d}(\omega t)\right]$$

$$= \frac{4k}{\pi}\left[\frac{X}{2}\beta - \frac{1}{2}X\sin\beta\cos\beta + a\cos\beta\right]$$

因 $a = X\sin\beta$，将 $\beta = \arcsin\dfrac{a}{X}$，$\sin\beta = \dfrac{a}{X}$，$\cos\beta = \sqrt{1-(a/X)^2}$ 代入上式有

$$B_1 = \frac{2kX}{\pi}\left[\arcsin\frac{a}{X} + \frac{a}{X}\sqrt{1-\left(\frac{a}{X}\right)^2}\right]$$

则 $N = \dfrac{Y_1}{X}\angle\varphi_1 = \dfrac{B_1}{X}\angle 0° = \dfrac{2k}{\pi}\left[\arcsin\dfrac{a}{X} + \dfrac{a}{X}\sqrt{1-\left(\dfrac{a}{X}\right)^2}\right]$。

当输入 X 幅值较小，不超出线性区时，该环节是个比例系数为 k 的比例环节，所以饱和特性的描述函数为

$$N = \begin{cases} \dfrac{2k}{\pi}\left[\arcsin\dfrac{a}{X} + \dfrac{a}{X}\sqrt{1-\left(\dfrac{a}{X}\right)^2}\right] & (X > a) \\[2mm] k & (X \leqslant a) \end{cases}$$

由此可见，饱和特性的描述函数 N 与频率无关，它仅仅是输入信号振幅的函数。

【例 8.3】 死区非线性环节在正弦输入时的输入/输出关系如图 8.7 所示。求死区特性的描述函数。

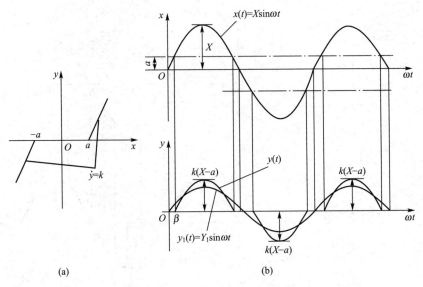

(a)   (b)

图 8.7   死区特性及其正弦响应

解：输出的时间函数可表示为

$$y(t)=\begin{cases}0 & (\omega t<\beta)\\ k(X\sin\omega t-\alpha) & (\beta<\omega t<\pi-\beta)\\ 0 & (\pi-\beta<\omega t<\pi)\end{cases}$$

根据式 $A_n=\dfrac{1}{\pi}\displaystyle\int_0^{2\pi}y(t)\cos n\omega t\,\mathrm{d}(\omega t)$ 和式 $B_n=\dfrac{1}{\pi}\displaystyle\int_0^{2\pi}y(t)\sin n\omega t\,\mathrm{d}(\omega t)$ 可求得

$$A_1=0$$

$$B_1=\frac{1}{\pi}\int_0^{2\pi}y(t)\sin\omega t\,\mathrm{d}(\omega t)=\frac{4}{\pi}\int_\beta^{2/\pi}k(X\sin\omega t-a)\sin\omega t\,\mathrm{d}(\omega t)$$

$$=\frac{4k}{\pi}\int_\beta^{2/\pi}\left[X\frac{1-\cos(2\omega t)}{2}-a\sin(\omega t)\right]\mathrm{d}(\omega t)$$

因 $a=X\sin\beta$，将 $\beta=\arcsin(a/X)$，$\sin\beta=a/X$，$\cos\beta=\sqrt{1-(a/X)^2}$ 代入上式有

$$B_1=\frac{4k}{\pi}\left\{\frac{X}{2}\left[\frac{\pi}{2}-\arcsin\frac{a}{X}+\frac{a}{X}\sqrt{1-\left(\frac{a}{X}\right)^2}\right]-a\sqrt{1-\left(\frac{a}{X}\right)^2}\right\}$$

$$=\frac{2kX}{\pi}\left[\frac{\pi}{2}-\arcsin\frac{a}{X}-\frac{a}{X}\sqrt{1-\left(\frac{a}{X}\right)^2}\right]$$

则 $N=\dfrac{Y_1}{X}\angle\varphi_1=\dfrac{B_1}{X}\angle 0°=k-\dfrac{2k}{\pi}\left[\arcsin\dfrac{a}{X}+\dfrac{a}{X}\sqrt{1-\left(\dfrac{a}{X}\right)^2}\right]$。

当输入 X 幅值小于死区 a 时，输出为零，因而描述函数 N 也为零，故死区特性描述函数为

$$N=\begin{cases}k-\dfrac{2k}{\pi}\left[\arcsin\frac{a}{X}+\frac{a}{X}\sqrt{1-\left(\frac{a}{X}\right)^2}\right] & x\geqslant a\\ 0 & x<a\end{cases}$$

可见，死区特性的描述函数 N 也与频率无关，只是输入信号振幅的函数。

8.2.3 用描述函数法分析系统的稳定性

对于图 8.8 所示的非线性系统，$G(s)$ 表示的是系统线性部分的传递函数，线性部分具有低通滤波特性，故其极点位于复平面的左半平面。N 表示系统非线性部分的描述函数。当非线性环节的输入为正弦信号时，实际输出必定含有高次谐波分量，但经线性部分传递之后，由于低通滤波的作用，高次谐波分量将被大大削弱，因此闭环通道内近似地只有一次谐波分量，从而保证应用描述函数分析方法所得的结果比较准确。对于实际的非线性系统，大部分都容易满足这一条件。线性部分的阶次越高，低通滤波性能越好。

微课【描述函数法
分析系统稳定性】

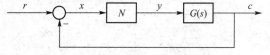

图 8.8　含非线性环节的闭环系统

线性系统的频率特性反映正弦信号作用下，系统稳态输出中与输入同频率的分量的幅值和相位相对于输入信号的变化，是输入正弦信号频率 ω 的函数；而非线性环节的描述函数则反映非线性系统正弦响应中一次谐波分量的幅值和相位相对于输入信号的变化，是输入正弦信号幅值 X 的函数，这是非线性环节的近似频率特性与线性系统频率特性的本质区别。

对于图 8.8 所示的系统，有

$$\frac{C(\mathrm{j}\omega)}{R(\mathrm{j}\omega)}=\frac{NG(\mathrm{j}\omega)}{1+NG(\mathrm{j}\omega)}$$

其特征方程为

$$1+NG(\mathrm{j}\omega)=0$$

当 $G(\mathrm{j}\omega)=-\dfrac{1}{N}$ 时，系统输出将出现自激振荡。这相当于在线性系统中，当开环频率特性 $G_0(\mathrm{j}\omega)=-1$ 时，系统将出现等幅振荡，此时为临界稳定的情况。

上述 $-\dfrac{1}{N}$ 称为非线性环节的负倒描述函数，$-\dfrac{1}{N}$ 曲线上箭头表示随着 X 增大时 $-\dfrac{1}{N}$ 的变化方向。

对于线性系统，我们已经知道可以用奈奎斯特判据来判断系统的稳定性。在非线性系统中运用奈奎斯特判据时，$(-1，\mathrm{j}0)$ 点扩展为 $-\dfrac{1}{N}$ 曲线。例如，对于图 8.9(a) 所示的系统，系统线性部分的频率特性 $G_0(\mathrm{j}\omega)$ 没有包围非线性部分负倒描述函数 $-\dfrac{1}{N}$ 的曲线，系统是稳定的；图 8.9(b) 所示的系统 $G_0(\mathrm{j}\omega)$ 轨迹包围了 $-\dfrac{1}{N}$ 的轨迹，故系统不稳定；图 8.9(c) 所示的系统 $G_0(\mathrm{j}\omega)$ 轨迹与 $-\dfrac{1}{N}$ 轨迹相交，则系统存在极限环。

【例 8.4】 已知非线性系统的结构如图 8.10 所示，试分析系统的稳定性。

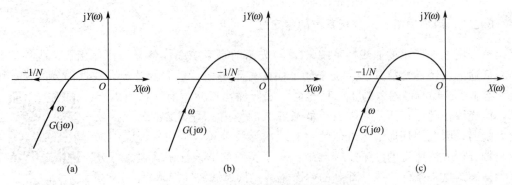

图 8.9　非线性系统奈奎斯特判据应用

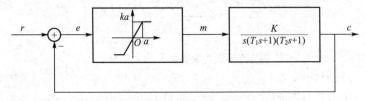

图 8.10　含饱和非线性的非线性系统

解：前面已推导出饱和非线性的描述函数为

$$N = \begin{cases} \dfrac{2k}{\pi}\left[\arcsin\dfrac{a}{X} + \dfrac{a}{X}\sqrt{1-\left(\dfrac{a}{X}\right)^2}\right] & (X>a) \\[2mm] k & (X\leqslant a) \end{cases}$$

则当 $X\leqslant a$ 时，$-\dfrac{1}{N} = -\dfrac{1}{k}$；当 $X\to\infty$ 时，$-\dfrac{1}{N} = -\infty$。对于线性部分，当 $\omega\to 0$ 时，$G(\mathrm{j}\omega)=\infty\angle{-90°}$；当 $\omega\to+\infty$ 时，$G(\mathrm{j}\omega)=0\angle{-270°}$。$G(\mathrm{j}\omega)$ 奈奎斯特曲线与负实轴有一交点，交点坐标为 $\left(-\dfrac{KT_1T_2}{T_1+T_2},\ \mathrm{j}0\right)$，交点频率为 $\dfrac{1}{\sqrt{T_1T_2}}$。本题饱和非线性描述函数的负倒特性曲线和线性部分频率特性的奈奎斯特曲线如图 8.11 所示。

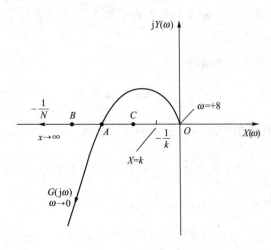

图 8.11　稳定极限环

当线性部分放大倍数 K 充分大，使得 $\dfrac{KT_1T_2}{(T_1+T_2)}>1/K$ 时，$G(\mathrm{j}\omega)$ 与 $-\dfrac{1}{N}$ 曲线相交，产生极限环。当扰动使得幅值 X 变大时，在 $-\dfrac{1}{N}$ 上该点 A 移到交点左侧 B 点，使得 $G(\mathrm{j}\omega)$ 曲线不包围 B 点，系统稳定，于是其幅值逐渐变小，又回到交点 A。当扰动使得幅值 X 变小时，A 点移到交点右侧 C 点，使得 $G(\mathrm{j}\omega)$ 曲线包围 C 点，系统不稳定，于是其幅值逐渐变大，同样回到交点 A。因此，该极限环为稳定极限环，其极限环的频率等于 A 点的频率，其极限

环的幅值对应 $-\dfrac{1}{N}$ 的 A 点的幅值。

无论是稳定极限环，还是不稳定极限环，都是系统所不希望的。对于上述系统，只要使线性部分放大倍数 K 小到使 $\dfrac{KT_1T_2}{(T_1+T_2)}<\dfrac{1}{K}$，则系统的 $G(\mathrm{j}\omega)$ 与 $-\dfrac{1}{N}$ 没有交点，就不会产生极限环。

【例 8.5】 已知非线性系统的 $G(\mathrm{j}\omega)$ 曲线与 $-\dfrac{1}{N}$ 曲线如图 8.12 所示，试分析其稳定性。

解：如果系统工作在 A 点，当遇到扰动使工作点运动到 D 点附近，由于 $G(\mathrm{j}\omega)$ 曲线没有包围该点，系统稳定，其幅值逐渐变小，越来越远离 A 点；当扰动使工作点离开 A 点到 C 点附近，由于 $G(\mathrm{j}\omega)$ 曲线包围了该点，系统不稳定，其幅值逐渐变大，同样远离 A 点，向 B 点的方向运动，因此 A 点是不稳定的极限环。如果系统工作在 B 点，当遇到扰

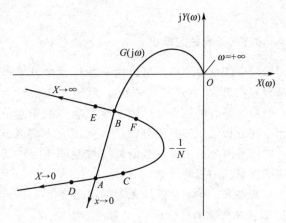

图 8.12　稳定极限环和不稳定极限环

动使工作点运动到 E 点附近，由于 $G(\mathrm{j}\omega)$ 曲线没有包围该点，系统稳定，其幅值变小，工作点又回到了 B 点；当扰动使工作点运动到 F 点附近，由于 $G(\mathrm{j}\omega)$ 曲线包围了该点，系统不稳定，其幅值变大，同样回到 B 点，因此，B 点是稳定的极限环。

总结起来，用描述函数法分析系统稳定性的步骤如下：

（1）将非线性系统化成如图 8.8 所示的典型结构图。

（2）由定义求出非线性部分的描述函数 N。

（3）在复平面上绘出 $-\dfrac{1}{N}$ 曲线和 $G(\mathrm{j}\omega)$ 曲线。

（4）再应用广义 Nyquist 判据判断非线性系统的稳定性。

通常情况下，若 $G(\mathrm{j}\omega)$ 不包围 $-\dfrac{1}{N}$，则闭环系统稳定；若 $G(\mathrm{j}\omega)$ 包围 $-\dfrac{1}{N}$，则闭环系统不稳定；若 $G(\mathrm{j}\omega)$ 与 $-\dfrac{1}{N}$ 有交点，则交点处有周期运动。若沿着 A 增加的方向，$-\dfrac{1}{N}$ 曲线是从稳定区进入不稳定区，则交点处的周期运动是不稳定的；若沿着 A 增加的方向，$-\dfrac{1}{N}$ 曲线是从不稳定区进入稳定区，则交点处的周期运动是稳定的，则会产生自激振荡，简称自振。令 $G(\mathrm{j}\omega)=-\dfrac{1}{N}$，从中解出的 A 即为非线性环节输入端 x 处的自振振幅，ω 即为自振的角频率。

（5）如果系统存在极限环，进一步分析极限环的稳定性，确定它的频率和幅值。

注意：用描述函数法设计非线性系统时，很重要的一条是避免线性部分的 $G(\mathrm{j}\omega)$ 轨迹

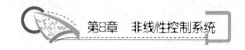

和非线性部分$-\dfrac{1}{N}$的轨迹相交，这可以通过加校正实现。

说明：上文中的不稳定区即通常所说的被包围区，可应用 Nyquist 判据来划分稳定区和不稳定区。

8.3　相平面法

8.3.1　问题的提出

一个线性控制系统可以用 n 阶线性微分方程来描述，也可以用 n 个线性无关的一阶微分方程组（状态方程）来描述。对于 n 个线性无关的状态变量可以用 n 维状态空间中的点表示。系统的运动可以用 n 维状态空间中点的运动轨迹来描述。这种分析方法称为状态空间分析法或相空间分析法。此研究方法属于现代控制理论的一个分支。而本章所提及的相平面分析法仅仅是研究二维空间中点的运动轨迹问题，研究对象是二阶及以下的非线性系统的运动规律。

相平面：用两个线性无关的状态变量 x_1、x_2 作为坐标的平面称为相平面。通常采用位移 x 和位移的变化率 $\dot{x}$ 作为状态变量。

相轨迹：对于二阶系统，相平面上的点和系统某一时刻运动状态相对应。当系统随时间变化时，相应状态也发生变化，其对应相平面上的点也发生变化，而点移动的轨迹称为相轨迹。

相平面图：对于不同初始条件，系统运动状态可能不同，其相轨迹也可能不同。若在相平面上绘制出不同初始条件下的 1 簇相轨迹，即称为相平面图。相平面图表示了系统全部可能的状态变化规律。

用相平面图分析系统，由于系统的响应特性直接用相平面上的相轨迹表示，因此概念清楚、计算简单，但它只限于处理一、二阶系统，属于时间域的分析方法。对于高阶系统则宜用状态空间分析法加以研究。在此仅介绍带有非线性环节的一、二阶系统的相平面分析方法。

相平面分析法的主要解题依据是利用相平面图来确定系统的稳定性及其他性能，所以首先需要解决的问题是研究相平面图的绘制方法。

8.3.2　相轨迹的特点

相平面图是系统在不同初始状态下相轨迹的集合，所以绘制相平面图首先要了解相轨迹的分布特征及绘制规律。

对于一阶或二阶系统，所绘制的相轨迹通常是取位移为横坐标，位移的变化量为纵坐标而绘制出来的描述系统运动规律的曲线。为获得相轨迹的绘制规律，给出相轨迹的以下特点。

（1）相轨迹表明了系统的运动规律和运动方向。对某一初始条件 $[x(0)，\dot{x}(0)]$，相平面上有一点与之对应，随时间推移，相平面上的点沿某一条相轨迹移动，它表示了在这一初始条件下，系统状态的变化规律（系统的运动过程）。通常相轨迹要用箭头标出随

时间 t 推移，系统状态变化的方向。

（2）相轨迹族（相平面图）。初始条件不同，相轨迹也不同。相轨迹分布在整个相平面上。相平面反映了所有初始条件下系统的运动过程。相平面图由系统本身参数确定，给定系统参数即可绘制相平面图，它和初始条件无关（初始条件不同，只是对应于相平面图上不同的相轨迹）。换言之，相平面图反映了系统运动规律的共性，而相轨迹反映的则是在某一初始条件下系统运动的个性。

（3）在 x-$\dot{x}$ 相平面上的相轨迹的方向。上半平面 $\dot{x}>0$，则 t 增加 x 也应增加，所以相轨迹随时间推移向右移动；下半平面 $\dot{x}<0$，则 t 增加 x 应减小，所以相轨迹随时间推移向左移动。

（4）平衡点。在相平面上有两条以上相轨迹相交的点称为系统的平衡点。

（5）奇点。

相平面上若有 $\dfrac{\mathrm{d}\dot{x}}{\mathrm{d}x}=\dfrac{\dfrac{\mathrm{d}\dot{x}}{\mathrm{d}t}}{\dfrac{\mathrm{d}x}{\mathrm{d}t}}=\dfrac{0}{0}$ 的点，即相轨迹的斜率不确定的点，即定义为系统的奇

点，奇点也是平衡点。

例如，已知 $\ddot{x}=f(x,\dot{x})$，则可写成 $\dot{x}\dfrac{\mathrm{d}\dot{x}}{\mathrm{d}x}=f(x,\dot{x})$，若 $\dfrac{\mathrm{d}\dot{x}}{\mathrm{d}x}=\dfrac{f(x,\dot{x})}{\dot{x}}=\dfrac{0}{0}$，则

联立得 $\begin{cases} \ddot{x}=f(x,\dot{x})=0 \\ \dot{x}=0 \end{cases}$，求解即为该系统的奇点（奇点应位于横坐标上）。

相平面图在奇点附近的分布是有规律可循的，奇点的种类一旦确定，则奇点附近相平面图的形式就会随之确定。

（6）在 x-$\dot{x}$ 相平面图上，相轨迹与 x 轴垂直相交。因为当相轨迹通过横坐标时，由于 $\dot{x}=0$，则位移即不增大也不减小，所以只能垂直通过横轴。

（7）相轨迹的对称性。某些系统相平面图上的相轨迹对称于横轴、纵轴或坐标原点，按其对称性可以简化作图，通常对称性可以由相轨迹的斜率来判定。

① 对称于横轴（x 轴）。若相平面图上所有点 $(x,\dot{x})$ 和点 $(x,-\dot{x})$ 处相轨迹的斜率大小相等，符号相反，则相轨迹对称于横轴 x。

设二阶系统微分方程为

$$\ddot{x}+f(x,\dot{x})=0 \Rightarrow \dot{x}\frac{\mathrm{d}\dot{x}}{\mathrm{d}x}=-f(x,\dot{x}) \Rightarrow \frac{\mathrm{d}\dot{x}}{\mathrm{d}x}\bigg|_{(x,\dot{x})}=-\frac{f(x,\dot{x})}{\dot{x}}$$

又有

$$\frac{\mathrm{d}\dot{x}}{\mathrm{d}x}\bigg|_{(x,-\dot{x})}=-\frac{f(x,-\dot{x})}{-\dot{x}}$$

令

$$\frac{\mathrm{d}\dot{x}}{\mathrm{d}x}\bigg|_{(x,\dot{x})}=-\frac{\mathrm{d}\dot{x}}{\mathrm{d}x}\bigg|_{(x,-\dot{x})}$$

得

$$-\frac{f(x,\dot{x})}{\dot{x}}=-\left[-\frac{f(x,-\dot{x})}{-\dot{x}}\right] \Rightarrow f(x,\dot{x})=f(x,-\dot{x})$$

所以，当 $f(x,\dot{x})$ 为 $\dot{x}$ 的偶函数时，相轨迹对称于横轴。

② 对称于纵轴（$\dot{x}$ 轴）。若相平面图上所有点 $(x,\dot{x})$ 和点 $(-x,\dot{x})$ 处相轨迹的斜率大小相等，符号相反，则相轨迹对称于纵轴。

同理可得

$$-\frac{f(x,\dot{x})}{\dot{x}}=-\left[-\frac{f(-x,\dot{x})}{-\dot{x}}\right]\Rightarrow f(x,\dot{x})=-f(-x,\dot{x})$$

所以，当 $f(x,\dot{x})$ 为 x 的奇函数时，相轨迹对称于纵轴。

③ 对称于坐标原点。若相平面图上所有点 $(x,\dot{x})$ 和点 $(-x,-\dot{x})$ 处相轨迹的斜率大小、符号均相等，则相轨迹对称于坐标原点。

同理可得

$$-\frac{f(x,\dot{x})}{\dot{x}}=-\left[-\frac{f(-x,-\dot{x})}{-\dot{x}}\right]\Rightarrow f(x,\dot{x})=-f(-x,-\dot{x})$$

所以，当 $f(x,\dot{x})$ 为 $(x,\dot{x})$ 的奇函数时，相轨迹对称于坐标原点。

8.3.3　相轨迹的绘制方法

1. 解析法

（1）消除变量法。根据输入和初始状态，求解系统的微分方程，得到输出和输出的变化率的函数表达式。再通过代入消元的方法，消除时间变量 t，得到输出和输出变化率之间的解析式，这一表达式称为相轨迹方程，然后在相平面上根据相轨迹方程作出相轨迹。这种绘制相轨迹的方法原理简单，但求相轨迹方程的难度较大。

（2）直接积分法。对于二阶系统的数学模型，将 $\ddot{x}=f(x,\dot{x})$ 化为

$$\dot{x}\frac{\mathrm{d}\dot{x}}{\mathrm{d}x}=f(x,\dot{x}) \tag{8-15}$$

此时若能分解成 $g(\dot{x})\mathrm{d}\dot{x}=h(x)\mathrm{d}x$，则可用求定积分的方法得到输出和输出变化率之间的解析式为 $\displaystyle\int_{\dot{x}_0}^{\dot{x}}g(\dot{x})\mathrm{d}\dot{x}=\int_{x_0}^{x}h(x)\mathrm{d}x$，即得到以 $(x_0,\dot{x}_0)$ 为初始条件的相轨迹方程。改变初始条件，重复绘制相轨迹即可得到相平面图。

【例 8.6】　试对单位质量的自由落体运动绘制相平面图。

解： 以地面为参考零点，向上为正，当忽略大气影响时，单位质量的自由落体运动方程为

$$\ddot{x}=-g$$

将其化为

$$\frac{\mathrm{d}\dot{x}}{\mathrm{d}x}=-\frac{g}{\dot{x}}$$

$$\dot{x}\,\mathrm{d}\dot{x}=-g\,\mathrm{d}x$$

积分得

$$\dot{x}^{2}=-2gx+C \quad （C \text{ 为常数}）$$

据此作相平面图，如图 8.13 所示。

由分析可知该相平面图为一族抛物线。在上半平面，由于速度为正，所以位移增大，箭头向右；在下半平面，由于速度为负，所以位移减小，箭头向左。设质量体从地面往上抛，此时位移量 x 为零，而速度量为正，设该初始点为 A 点，该质量体将沿由 A 点开始的相轨迹运动，随着质量体的高度增大，速度越来越小，到达 B 点时质量体达最高点，而速度为零，然后又沿 BC 曲线自由落体下降，直至到达地面 C 点，此时位移量为零，而速度为负的最大值。如果初始点不同，质量体将沿不同的曲线运动。如设图中的 D 点为初始点，表示质量体从高度为 D 的地方放开，质量体将沿 DE 曲线自由落体下降到地面 E 点。

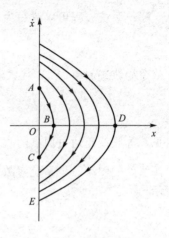

图 8.13　单位质量自由落体运动相平面图

2. 作图法

（1）等倾线法。若能求得相平面上任意一点相轨迹的斜率，则可以作出这点相轨迹的切线，用一系列相邻的相轨迹的切线来代替相轨迹曲线，将相交形成的折线各点连成圆滑曲线即为相轨迹草图，也就是将相平面上斜率相同的点连成线。

等倾线绘制方法是确定相轨迹斜率的方法。

若微分方程为

$$\ddot{x} + f(x, \dot{x}) = 0$$

则可得

$$\frac{d\dot{x}}{dx} = -\frac{f(x, \dot{x})}{\dot{x}}$$

式中：$\dfrac{d\dot{x}}{dx}$ 为相轨迹的斜率。

（2）令 $\dfrac{d\dot{x}}{dx} = a$，可得等倾线方程为

$$-\frac{f(x, \dot{x})}{\dot{x}} = a$$

（3）任取一个 a 值，可由等倾线方程在相平面上绘制一条线。在此曲线上相轨迹的斜率均相同于 a。取 a 为一系列的不同值，可绘制出一族等倾线（注意要对 x、$\dot{x}$ 取相同的比例尺，当取不同比例尺时等倾线方程也不相同）。

根据等倾线方程在相平面上绘制等倾线族。再根据初始条件确定相轨迹的起点，按该点处（也可取该点和下一条等倾线斜率的平均值）的斜率 a 画 1 条短折线，相轨迹的方向仍然是上半平面向右、下半平面向左。短折线和下一条等倾线交于一点，在该点处按同样方法画出短折线。重复此过程，最后连成圆滑曲线即可得 1 条相轨迹。另选择一个初始条件，重复上述绘图过程，依次画出的相轨迹族即组成相平面图。

【例 8.7】　绘制下列系统的相轨迹：

$$\ddot{x} + 2\xi\omega\dot{x} + \omega^2 x = 0$$

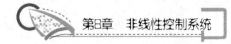

解： 系统方程可以改写为

$$\dot{x}\,\frac{\mathrm{d}\dot{x}}{\mathrm{d}x}+2\xi\omega\,\dot{x}+\omega^2 x=0$$

令相轨迹斜率为 α，代入上式可得到相轨迹的等倾线方程为

$$\dot{x}=-\frac{\omega^2}{2\xi\omega+\alpha}x$$

可见，等倾线是通过原点的直线簇，等倾线的斜率等于 $-\dfrac{\omega^2}{2\xi\omega+\alpha}$，而 α 则是相轨迹通过等倾线处的斜率。设系统参数 $\xi=0.5$，$\omega=1$，可求得对应于不同 α 值的等倾线如图 8.14 所示。

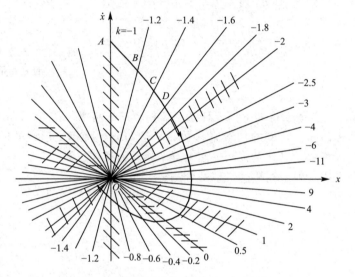

图 8.14　等倾线法绘制的二阶系统相轨迹

初始点为 A 的相轨迹可以按下述方法给出。在 $\alpha=-1$ 和 $\alpha=-1.2$ 的两等倾线之间绘制相轨迹时，一条短线段近似替代相轨迹曲线，其斜率取为起始等倾线的斜率，即 -1（如果稍微精确一点，可取两等倾线斜率的平均数，即 -1.1）。此短线段交 $\alpha=-1.2$ 的等倾线于 B 点，近似认为此短线段 AB 是相轨迹的一部分。同样，从 B 点出发，在 $\alpha=-1.2$ 和 $\alpha=-1.4$ 的两等倾线之间绘制斜率为 -1.2 的短线段，它交 $\alpha=-1.4$ 的等倾线于 C 点，近似认为此短线段 BC 是相轨迹的一部分。重复上述作图方法，依次求得折线 $ABCDE$ 直至原点。就用这条折线作为由初始点 A 出发的相轨迹曲线。

另外还有圆弧近似法。圆弧近似法适用于微分方程为 $\ddot{x}+f(x,\dot{x})=0$，且当 $f(x,\dot{x})$ 是单值连续函数的情况。其绘图的基本思路为：若能求得相平面中任意一点处相轨迹的曲率（相轨迹在这点圆弧的圆心和半径），则可作出通过这点的小圆弧，由它来替代这点附近的相轨迹曲线。然后用一系列衔接的小圆弧来代替相轨迹，从而绘制相平面图。在这种方法中，确定相轨迹对应的圆弧的圆心和半径是主要工作。

8.3.4　非线性系统的相轨迹

前面讨论了相平面的基本概念以及相平面的绘制方法，下面将进一步研究相平面的基本特征，从而找出相平面图与系统的运动状态和性能之间的关系。

1. 奇点

奇点是相平面图上的一类特殊点。所谓奇点，就是指相轨迹的斜率 $\mathrm{d}\dot{x}/\mathrm{d}x = 0/0$ 为不定值的点，因此可以有无穷多条相轨迹经过该点。

奇点处线性化

由于在奇点处，$\mathrm{d}\dot{x}/\mathrm{d}t = 0$，$\mathrm{d}x/\mathrm{d}t = 0$ 这表示系统处于平衡状态，故奇点亦称为平衡点。

设二阶系统的微分方程为

$$\ddot{x} = f(x, \dot{x}) \tag{8-16}$$

式中，f 是 x，$\dot{x}$ 的非线性解析函数，在奇点处：

$$\begin{cases} \dot{x} = 0 \\ f(x, \dot{x}) = 0 \end{cases} \tag{8-17}$$

由式（8-17）即可求出系统奇点的坐标 $(x_0, \dot{x}_0)$。奇点的坐标一般可能是一个以上。

奇点的分类是根据奇点附近相轨迹的特征来进行的，由于此时是研究奇点附近系统的运动状态，因此可用小偏差理论。将 $f(x, \dot{x})$ 在奇点 $(x_0, \dot{x}_0)$ 附近展开成泰勒级数：

$$f(x, \dot{x}) = f(x_0, \dot{x}_0) + \frac{\partial f}{\partial x}\bigg|_{(x_0, \dot{x}_0)} (x - x_0) + \frac{\partial f}{\partial \dot{x}}\bigg|_{(x_0, \dot{x}_0)} (\dot{x} - \dot{x}_0) + \cdots \tag{8-18}$$

对上式取一次近似，同时考虑到 $f(x_0, \dot{x}_0) = 0$，故得线性化方程组

$$f(x, \dot{x}) = \frac{\partial f}{\partial x}\bigg|_{(x_0, \dot{x}_0)} (x - x_0) + \frac{\partial f}{\partial \dot{x}}\bigg|_{(x_0, \dot{x}_0)} (\dot{x} - \dot{x}_0)$$

设奇点在坐标原点，即 $x_0 = \dot{x}_0 = 0$；并令：

$$\frac{\partial f}{\partial x}\bigg|_{(x_0, \dot{x}_0)} = c, \quad \frac{\partial f}{\partial \dot{x}}\bigg|_{(x_0, \dot{x}_0)} = d$$

则式（8-16）可写成

$$\ddot{x} - d\dot{x} - cx = 0 \tag{8-19}$$

式（8-19）为系统在奇点附近的线性化方程，而系统在奇点附近的运动状态就由式（8-19）的两个特征值决定。根据特征根的分布情况，系统相应有六种奇点：特征根为两个负实根时就是稳定节点，相轨迹是一簇趋向原点的抛物线，系统在奇点附近是稳定的；特征根为两个正实根是不稳定节点，相轨迹是由原点出发的一簇发散型抛物线，系统在奇点附近是不稳定的；特征值是左半平面的一对共轭复数根是稳定焦点，相轨迹是收敛于原点的一簇螺旋线，系统在奇点附近是稳定的；特征值是右半平面的一对共轭复数根就是不稳定焦点，相轨迹为一簇从原点发散的螺旋线，系统在奇点附近是不稳定的。特征值是一个负实根，一个正实根就是鞍点，系统在奇点附近是不稳定的；特征值是一对纯虚根奇点就称为中心点，相轨迹是一簇同心的椭圆曲线，系统在奇点附近可能稳定，可能不稳定，与忽略掉的高次项有关系。二阶系统相轨迹图 8.15 所示。

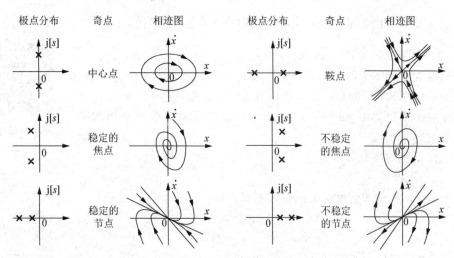

| 极点分布 | 奇点 | 相迹图 | 极点分布 | 奇点 | 相迹图 |

图 8.15 奇点分类及相轨迹

【例 8.8】 求方程 $2\ddot{x}+\dot{x}^2+x=0$ 的奇点，并确定奇点类型。

奇点及其类型

解：奇点 $\dfrac{\mathrm{d}\dot{x}}{\mathrm{d}x}=\dfrac{0}{0}$ $\ddot{x}=\dot{x}\dfrac{\mathrm{d}\dot{x}}{\mathrm{d}x}$ $\dfrac{\mathrm{d}\dot{x}}{\mathrm{d}x}=\dfrac{f(ex,\dot{x})}{\dot{x}}$

故可由 $\dot{x}=0$，$\ddot{x}=f(\dot{x},x)=0$ 来确定奇点

$$\ddot{x}=-\frac{1}{2}(\dot{x}^2+x)$$

令 $\begin{cases}\dot{x}=0\\-\dfrac{1}{2}(\dot{x}^2+x)=0\end{cases}$ 得 $\begin{cases}x=0\\\dot{x}=0\end{cases}$

在奇点处，将 $Q(x,\dot{x})$ 进行泰勒级数展开

$$f(x,\dot{x})=\frac{\partial f}{\partial x}\Big|_{(x_0,\dot{x}_0)}(x-x_0)+\frac{\partial f}{\partial \dot{x}}\Big|_{(x_0,\dot{x}_0)}(\dot{x}-\dot{x}_0)$$

故有 $\ddot{x}+\dfrac{1}{2}x=0$

特征方程 $\lambda^2+\dfrac{1}{2}=0$ $\lambda=\pm\mathrm{j}\sqrt{\dfrac{1}{2}}$

故奇点为中心点。可以画出奇点附近的相轨迹是以原点为圆心的椭圆。

2. 相平面法分析非线性系统

利用相平面法分析非线性系统的一般步骤为：

（1）首先将非线性特性分段线性化，并写出相应的数学表达式。

（2）在相平面上选择合适的坐标，并将相平面根据非线性特性划分成若干个线性区域。

（3）根据描述系统的微分方程式绘制各区域的相轨迹。

（4）把相邻区域中的相轨迹，在区域的边界上适当连接起来，便得到整个非线性系统的相平面图，根据该相平面图，即可判断系统的运动特性。

【例8.9】 系统如图8.16所示。$r(t)=1(t)$，$T=0,0.5$，绘制$(e,\dot{e})$的相平面图。

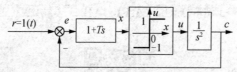

图 8.16 非线性系统

解： 线性部分 $\ddot{c}(t)=u(t)$

$$x=e+T\dot{e}$$

非线性部分 $u=\begin{cases} 1 & e+T\dot{e}>0 \quad （Ⅰ） \\ -1 & e+T\dot{e}<0 \quad （Ⅱ） \end{cases}$

比较点 $e=r-c=1-c$

相平面法分析

整理 $\ddot{e}=\begin{cases} -1 & e+T\dot{e}>0 \quad （Ⅰ） \quad \ddot{e}=-\ddot{c} \\ 1 & e+T\dot{e}<0 \quad （Ⅱ） \text{ 开关线方程 } \dot{e}=\dfrac{-1}{T}e \end{cases}$

在Ⅰ区：$\ddot{e}=\dfrac{d\dot{e}}{de}\dfrac{de}{dt}=\dot{e}\dfrac{d\dot{e}}{de}=-1$ $\dot{e}^2=-2e+C_1$ 抛物线方程

同理在Ⅱ区：$\ddot{e}=1 \therefore \dot{e}^2=2e+C_2$，是抛物线

其中C_1，C_2为常数，由初始条件和开关线确定。

当$T=0$时，开关线为$e=0$，如图8.17所示。

当$T=0.5$时，开关线为$\dot{e}=-2e$ 如图8.18所示。

综上所述系统方程

（Ⅰ）$e+T\dot{e}>0$

$\begin{cases} \ddot{e}=-1 \\ \dot{e}^2=-2e \end{cases}$

（Ⅱ）$e+T\dot{e}<0$

$\begin{cases} \ddot{e}=1 \\ \dot{e}^2=2e \end{cases}$

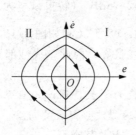

图 8.17 相平面图

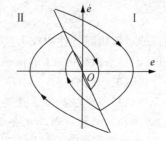

图 8.18 相平面图

由此可见，在系统中加入一阶微分环节 $(1+TS)$ 可使系统成为稳定的系统。

8.4 习题精解及 MATLAB 工具和案例分析

扩展题解答 a　　　　　　　扩展题解答 b　　　　　　　扩展题解答 c

8.4.1 习题精解

【例 8.10】 设 3 个非线性控制系统具有相同的非线性特性，而线性部分各不相同，它们的传递函数分别为

$$G_1(s) = \frac{2}{s(0.1s+1)}$$

$$G_2(s) = \frac{2}{s(s+1)}$$

$$G_3(s) = \frac{2(1.5s+1)}{s(s+1)(0.1s+1)}$$

试判断在应用描述函数法分析非线性控制系统稳定性时，哪个系统的分析准确度最高。

【分析】 当非线性环节相同时，线性部分对描述函数分析准确度的影响取决于其低通滤波特性的优劣。而低通滤波特性的优劣可通过比较它们的幅频特性曲线而得到。

解：根据一些关键数据绘出各传递函数所对应的对数幅频特性曲线。

$$G_1(s) = \frac{2}{s(0.1s+1)} \Rightarrow K = 2, \quad 20\lg K = 20\lg 2 \approx 6\text{dB} \quad (\text{转折频率为 } \omega_1 = 10);$$

$$G_2(s) = \frac{2}{s(s+1)} \Rightarrow K = 2, \quad 20\lg K = 20\lg 2 \approx 6\text{dB} \quad (\text{转折频率为 } \omega_1 = 1);$$

$$G_3(s) = \frac{2(1.5s+1)}{s(s+1)(0.1s+1)} \Rightarrow K = 2, \quad 20\lg K = 20\lg 2 \approx 6\text{dB} \quad (\text{转折频率为 } \frac{1}{1.5}, 1, 10);$$

由此绘出各自的对数幅频特性曲线 $L_1(\omega)$、$L_2(\omega)$ 及 $L_3(\omega)$ 如图 8.19 所示。

由图 8.19 可见，三条曲线中 L_2 的低通滤波性能最好，因此，线性部分为 $G_2(s)$ 的系统用描述函数法分析时准确度最高。

【评注】 由于惯性环节的转折频率是其时间常数的倒数，因此，当系统惯性大（惯性环节时间常数大）时，相应的转折频率就会小，其低通滤波性能会更好些。

【例 8.11】 试确定下列二阶非线性运动方程的奇点及其类型：

$$\ddot{e} + 0.5\dot{e} + 2e + e^2 = 0$$

解：令

$$f(e, \dot{e}) = -0.5\dot{e} - 2e - e^2 \tag{8-18}$$

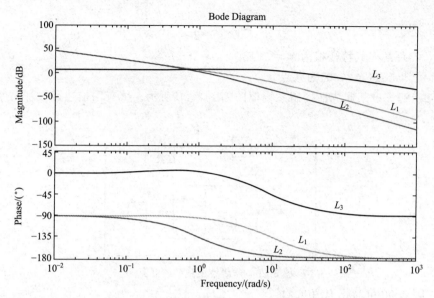

图 8.19 对数幅频特性曲线

结合已知条件可得系统运动方程为

$$\ddot{e} = f(e,\ \dot{e}) = -0.5\dot{e} - 2e - e^2 \tag{8-19}$$

根据奇点定义,令 $\dot{e} = \ddot{e} = 0$,可解出两个奇点为

$$
\begin{cases} e_1 = 0 \\ \dot{e}_1 = 0 \end{cases}
\quad 及 \quad
\begin{cases} e_2 = -2 \\ \dot{e}_2 = 0 \end{cases}
\tag{8-20}
$$

由式(8-18)可求得

$$\frac{\partial f}{\partial e} = -2e - 2, \quad \frac{\partial f}{\partial \dot{e}} = -0.5 \tag{8-21}$$

在奇点(0,0)处,由式(8-21)可得

$$\frac{\partial f}{\partial e} = -2, \quad \frac{\partial f}{\partial \dot{e}} = -0.5$$

在(0,0)的邻域内,方程(8-19)可近似为

$$\ddot{e} = -0.5\dot{e} - 2e$$

即

$$\ddot{e} + 0.5\dot{e} + 2e = 0$$

相当于 $\omega_n = \sqrt{2}$,$0 < \xi = \dfrac{1}{4\sqrt{2}} < 1$ 的线性二阶系统,因此奇点(0,0)为稳定焦点。

在奇点(-2,0)处,式(8-21)可得

$$\frac{\partial f}{\partial e} = 2, \quad \frac{\partial f}{\partial \dot{e}} = -0.5$$

在(-2,0)的邻域内,方程(8-19)可近似为

$$\ddot{e} = -0.5\dot{e} + 2e$$

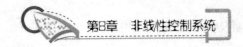

即

$$\ddot{e} + 0.5\dot{e} - 2e = 0 \qquad\qquad (8-22)$$

由式(8-22)可解得其特征根为 $\lambda_1 = 1.186$，$\lambda_2 = -1.686$。

由此可知奇点$(-2，0)$为鞍点。

【例8.12】　设某非线性控制系统框图如图8.20所示。试应用描述函数法分析该系统的稳定性。

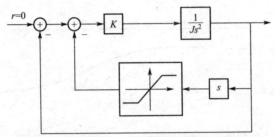

图8.20　非线性控制系统框图

解：图8.20可简化为图8.21。

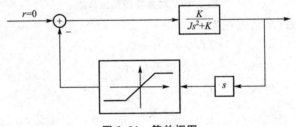

图8.21　等效框图

(1) 绘出线性部分的 $G(j\omega)$ 曲线。

由图8.21可得线性部分的传递函数为

$$G(s) = \frac{Ks}{Js^2 + K} = \frac{\dfrac{K}{J}s}{s^2 + \dfrac{K}{J}}$$

相应的频率特性为

$$G(j\omega) = \frac{j\dfrac{K}{J}\omega}{\dfrac{K}{J} - \omega^2}$$

$G(j\omega)$ 曲线分布在整个虚轴上，方向与虚轴方向相同，如图8.22所示。

若系统中不含非线性环节，则相应的线性系统的特征方程为

$$s^2 + \frac{K}{J}s + \frac{K}{J} = 0$$

对于任意 $K>0$，$J>0$，特征方程系数同号且不缺项，线性系统稳定，因此，$(-1, j0)$ 所在的左半平面为稳定区域。

(2) 绘出 $-\dfrac{1}{N}$ 曲线。

由图 8.21 可知，非线性部分为 $K=1$ 的饱和非线性，故其 $-\dfrac{1}{N(A)}$ 曲线分布在负实轴上的 $(-\infty, -1)$ 段，如图 8.22 所示。

(3) 稳定性分析。

由于 $-\dfrac{1}{N(A)}$ 位于左半平面（稳定区域），所以该非线性系统稳定。

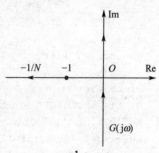

图 8.22　$-\dfrac{1}{N}$ 与 $G(j\omega)$ 曲线

8.4.2　案例分析及 MATLAB 应用

【例 8.13】　带有弹簧轴的仪表伺服机构的系统结构如图 8.23 所示。试用描述函数法并应用 MATLAB 确定：线性部分为下列传递函数时系统是否稳定？是否存在自振？

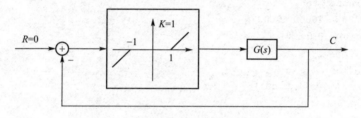

图 8.23　仪表伺服机构的系统结构图

(1) $G(s) = \dfrac{4000}{s(20s+1)(10s+1)}$

(2) $G(s) = \dfrac{20}{s(10s+1)}$

解：应用 MATLAB 仿真法进行求解。

死区非线性描述函数为

$$N(A) = \frac{2K}{\pi}\left[\frac{\pi}{2} - \arcsin\frac{1}{A} - \frac{1}{A}\sqrt{1 - \left(\frac{1}{A}\right)^2}\right] \quad (A \geqslant 1)$$

非线性系统闭环特征方程为 $G(j\omega) = -\dfrac{1}{N(A)}$。

MATLAB 程序应用如下：

(1) $G(s) = \dfrac{4000}{s(20s+1)(10s+1)}$ 的仿真程序及结果如下。

```
%Sys1 程序:
function dc=sys1(t,c)
dc1=c(2);
dc2=(3);
if(c(1)>1)
    dc3=-0.15*c(3)-0.005*c(2)-20*c(1)+20;
elseif(abs(c(1))<1)
    dc3=-0.15*c(3)-0.005*c(2);
```

```
else
    dc3=-0.15*c(3)-0.005*c(2)- 20*c(1)-20;
end
dc=[dc1 dc2 dc3]';
%主程序：
clc;clear
G1=tf([4000],[200 30 1 0]);
A=1.0001:0.001:500;
x=real(-1./((2*((pi./2)-asin(1./A).*sqrt(1-(1./A).^2)))/pi+ j*0));
y=imag(-1./((2*((pi./2)-asin(1./A)-(1./A).*sqrt(1-(1./A).^2)))/pi+j*0));
%when the system is G1
figure(1)
w=0.001:0.001:1;
nyquist(G1,w);hold on
plot(x,y);hold off
axis([-60000 0-40000 40000])
%初始条件c(0)=[3 0 1]时
t=0:0.01:50;
c01=[3 0 1]';
[t,c1]=ode45('sys1',t,c01);
figure(3)
plot(t,c1(:,1));grid
```

仿真结果如图 8.24 和图 8.25 所示。

由图可知该系统不稳定，存在不稳定自振。

(2) $G(s)=\dfrac{20}{s(10s+1)}$ 的仿真程序及结果如下。

```
%Sys2程序：
function dc=sys2(t,c)
```

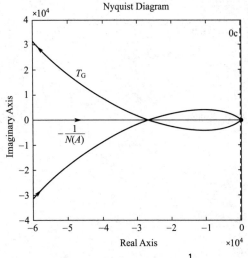

图 8.24 Nyquist 曲线和 $-\dfrac{1}{N(A)}$

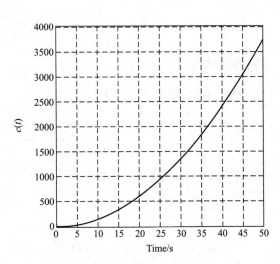

图 8.25 零输入响应曲线

```
dc1=c(2);
if(c(1)>1)
     dc2=-0.1*c(2)-2*c(1)+2;
elseif(abs(c(1))<1)
     dc2=-0.1*c(2);
else
     dc2=-0.1*c(2)-2*c(1)-2;
end
 dc=[dc1 dc2]';
%主程序
clc;clear
G2=tf([20],[10 1 0]);
A=0.0001:0.1:10000;
x=real(-1./((2*((pi./2)-asin(1./A).*sqrt(1-(1./A).^2)))/pi+j*0));
y=imag(-1./((2*((pi./2)-asin(1./A)-(1./A).*sqrt(1-(1./A).^2)))/pi+j*0));
figure(2)
w=0.001:0.001:25;
nyquist(G2,w);hold on
plot(x,y);hold off
axis([-3 0 -0.1 0.1])
t=0:0.01:120;
c02=[2 0]';
[t,c2]=ode45('sys2',t,c02);
figure(4)
plot(t,c2(:,1));grid
```

仿真结果如图 8.26 和图 8.27 所示。

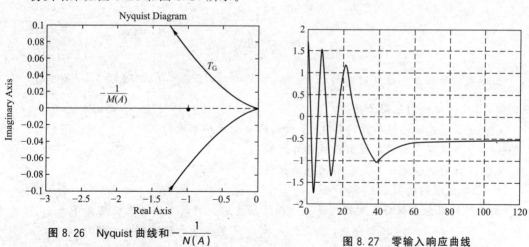

图 8.26　Nyquist 曲线和 $-\dfrac{1}{N(A)}$　　　　图 8.27　零输入响应曲线

由图可知，该系统稳定，不存在不稳定自振。

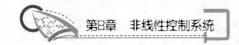

学习指导及小结

如果一个控制系统，包含一个或一个以上的具有非线性的元件或环节，则称这类系统为非线性系统。非线性系统的重要特性之一是系统的稳定性不仅与系统本身的结构参数有关，还与输入信号和初始条件有关。非线性系统不能运用叠加原理。在工程上目前还没有一种通用的方法可以顺利地解决所有非线性问题。本章介绍了非线性系统分析的两种方法：平面法和描述函数法，它们都是用工程作图的方法分析解决问题。

1. 学习要点

(1) 熟练掌握利用描述函数法分析非线性稳定性的方法。

(2) 熟练掌握利用相平面法分析非线性系统性能的方法。

(3) 掌握非线性系统分析的相关概念。

2. 描述函数的定义及计算

设非线性环节的输入信号为 $x(t)=A\sin\omega t$，输出为 $y(t)$。非线性环节的输入输出描述为 $y=f(x)$。

非线性环节的稳态输出中的基波分量的复数形式与输入正弦信号的复数形式之比，定义为非线性环节的描述函数，记为 $N(A)$，即

$$N(A) \overset{\triangle}{=} \frac{Y_1}{A}\mathrm{e}^{\mathrm{j}\varphi_1}=\frac{B_1+\mathrm{j}A_1}{A}$$

式中：A 为非线性环节输入端的正弦信号的振幅；其余参数定义为

$$A_1=\frac{1}{\pi}\int_0^{2\pi}y(t)\cos\omega t\,\mathrm{d}(\omega t)$$

$$B_1=\frac{1}{\pi}\int_0^{2\pi}y(t)\sin\omega t\,\mathrm{d}(\omega t)$$

$$Y_1=\sqrt{A_1^2+B_1^2}$$

$$\varphi_1=\arctan\frac{A_1}{B_1}$$

当非线性特性为单值奇对称特性时，$A_1=0$，$Y_1=B_1$，$\varphi_1=0$，$N(A)=\dfrac{B_1}{A}$ 为实数。

3. 描述函数法的应用条件

(1) 非线性系统能够简化为图 10.1 所示的典型结构形式。

(2) 非线性环节的输入输出特性是奇对称的。

(3) 系统的线性部分具有良好的低通性能。

4. 相轨迹图的绘制

由系统的微分方程绘制相轨迹是相平面法的基础。绘制方法主要包括如下：

$$\begin{cases} 解析法 \begin{cases} 直接积分法(适用于~x~和~\dot{x}~变量可分离型的积分方程) \\ 先由系统方程解出~x(t)，再求出~\dot{x}(t)，二者联立消除~t \end{cases} \\ 图解法 \begin{cases} 等倾线法——直线近似法 \\ \delta 法——圆弧近似法 \end{cases} \end{cases}$$

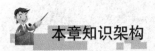**本章知识架构**

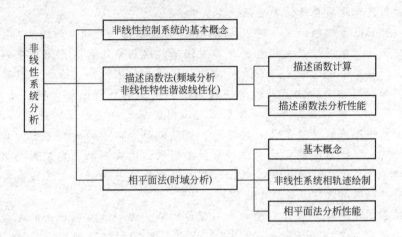

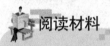**阅读材料**

非线性控制理论的发展

人类认识世界和改造世界的历史进程，总是由低级到高级，由简单到复杂，由表及里的纵深发展过程。在控制领域方面也是一样，最先研究的控制系统都是线性的，例如瓦特蒸汽机调节器、液面高度的调节等。这是由于受到人类对自然现象认识的客观水平和解决实际问题的能力的限制，因为对线性系统的物理描述和数学求解是比较容易实现的事情，而且已经形成了一套完善的线性理论和分析研究方法。但是，对于非线性系统来说，除极少数情况外，目前还没一套可行的通用方法，而且每种方法只能针对某一类问题有效，不能普遍适用。所以，可以这么说，我们对非线性控制系统的认识和处理，基本上还是处于初级阶段。另外，从我们对控制系统的精度要求来看，用线性系统理论来处理目前绝大多数的工程技术问题，在一定范围内都可以得到满意的结果。因此，一个真实系统的非线性因素常常被我们所忽略了，或者被用各种线性关系所代替了。这就是线性系统理论发展迅速并趋于完善，而非线性系统理论长期得不到重视和发展的主要原因。

但是，随着科学技术的不断发展，人们对实际生产过程的分析要求日益精密，各种较为精确的分析和科学实验的结果表明，任何一个实际的物理系统都是非线性的。所谓线性只是对非线性的一种简化或近似，或者说是非线性的一种特例。例如一个大家都熟悉的最简单的例子就是欧姆定理。欧姆定理的数学表达式为 $U=IR$，此式说明，

电阻两端的电压 U 是和通过它的电流 I 呈正比，这是一种简单的线性关系。但是，即使对于这样一个最简单的单电阻系统来说，其动态特性严格说来也是非线性的。因为当电流通过电阻以后就会产生热量，温度就要升高，而电阻值随着温度的升高就要发生变化，欧姆定理就不再是简单的线性关系了。

对非线性控制系统的研究，到 20 世纪 40 年代已取得一些明显的进展，主要的分析方法有相平面法、李亚普诺夫法和描述函数法等。这些方法都被广泛用来解决实际的非线性系统问题。但是这些方法都有一定的局限性，都不能成为分析非线性系统的通用方法。例如，用相平面法虽然能够获得系统的全部特征，如稳定性、过渡过程等，但对大于三阶的系统无法应用。李亚普诺夫法则仅限于分析系统的绝对稳定性问题，而且要求非线性元件的特性满足一定条件。虽然近年来，国内外有不少学者一直在这方面进行研究，也提出一些新的方法，如频率域的波波夫判据、广义圆判据、输入输出稳定性理论等，但总的来说，非线性控制系统理论目前仍处于起步发展阶段，很多问题都还有待研究解决，且领域十分宽广。

非线性控制理论作为很有前途的控制理论，将成为今后控制理论的主旋律，将为人类社会提供更先进的控制系统，使自动化水平有更大的飞跃。

习 题

8-1 写出如图 8.28 所示的非线性特性的数学表达式。

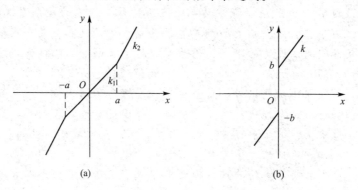

图 8.28 非线性特性

8-2 已知非线性元件的静特性关系为

$$y = x^3$$

试求该非线性元件的描述函数。

8-3 将图 8.29 所示的非线性系统简化成典型结构形式，写出线性部分的传递函数。

8-4 设某非线性控制系统方框如图 8.30 所示，试确定该系统的自激振荡的振幅与角频率。

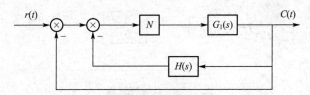

图 8.29　非线性系统

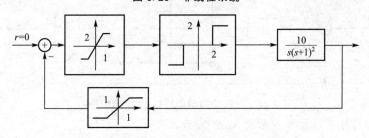

图 8.30　非线性控制系统方框

8－5　非线性系统如图 8.31 所示，使用描述函数法分析周期运动的稳定性，并确定输出信号振荡的振幅和频率。

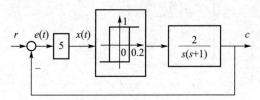

图 8.31　非线性系统

8－6　试用解析法求下列方程的相轨迹方程。

(1) $\ddot{x} = A$　　　(2) $\dot{x} + x = 0$　　　(3) $\ddot{e} + \dot{e} = 0$

8－7　绘制下列系统的相轨迹。

(1) $\ddot{x} + 4\xi\omega_n\dot{x} + \omega_n^2 x = 0$（$\xi = 5/8$，$\omega_n = 2$）　　　(2) $\ddot{x} + 0.4(x^2 - 1)\dot{x} + x = 0$

8－8　试确定下列系统的奇点的位置和类型。

(1) $\ddot{e} + \dot{e} + e = 0$

(2) $\ddot{x} + \dot{x}^2 + x = 0$

(3) $\ddot{x} - (0.5 - 3\dot{x}^2)\dot{x} + x + x^2 = 0$

8－9　绘制下列系统的相轨迹：$\ddot{x} + 0.2(x^2 - 1)\dot{x} + x = 0$。

8－10　试绘制 $\ddot{x} + \dot{x} + |x| = 0$ 非线性系统的相平面图。

8－11　系统方框图如图 8.32 所示，其中 $K > 0$，$T > 0$。当非线性元件 N 分别为理想继电特性、死区继电特性、滞环继电特性、带死区和滞环的继电特性，在 $c - \dot{c}$ 相平面上绘制相平面图。

8－12　已知具有理想继电特性的非线性系统如图 8.33 所示，试用相平面法分析：

(1) $T_d = 0$ 时系统的运动状态；

(2) $T_d = 0.5$ 时系统的运动状态，并说明比例微分控制对改善系统性能的作用。

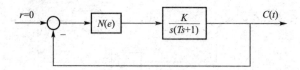

图 8.32 系统方框图

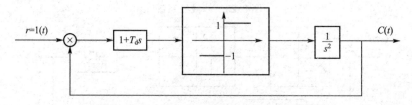

图 3.33 具有理想继电特性的非线性系统

8-13 非线性系统结构图如图 8.34 所示，已知：

$$\begin{cases} M=2, \quad h=1 \\ N(A)=\dfrac{8}{\pi A^2}\sqrt{A^2-1}-\mathrm{j}\,\dfrac{8}{\pi A^2} \quad (A>1) \end{cases}$$

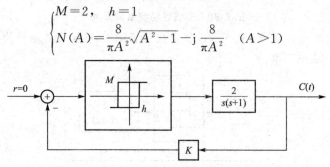

图 8.34 非线性系统结构图

(1) 自振时，调整 K 使 $\angle G(s)=\angle\left(\dfrac{2K}{s(s+1)}\right)=-135°$。求此时的 K 值和自振参数 (A,ω) 以及输出振幅 A_c。

(2) 定性分析 K 增大后自振参数 (A,ω) 的变化规律。

8-14 非线性系统如图 8.35 所示，若输出为零初始条件，输入为单位阶跃信号，判断该系统是否稳定，最大的稳态误差是多少？

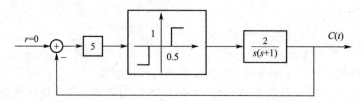

图 8.35 非线性系统

8-15 分段线性的角度随动系统，如图 8.36(a)所示的是某角度随动系统的方框图；其中执行电机近似为一阶惯性环节，增益 $K_1(e)$ 是随信号大小变化的，大信号时的增益为 1，小信号时的增益为 $k(k<1)$，其特性如图 8.36(b)所示。分析输入为阶跃信号和斜坡信号时的系统运动情况。

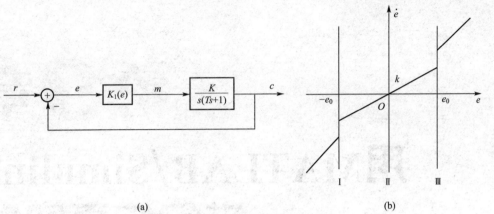

(a)

(b)

图 8.36　分段线性的角度随动系统

8-16　（中国海洋大学 2003 年考研题。本题 18 分）

已知非线性系统的结构图如图 8.37 所示。

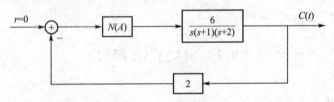

图 8.37　非线性系统的结构图

其中描述函数 $N(A)=\dfrac{aA+1}{A+a}$（$A>0$，$a>0$），试用描述函数法确定：

(1) a 为何值时系统会产生自激振荡？

(2) 当产生自激振荡时，计算周期运动的振幅和频率。

8-17　（华北电力大学 2001 年考研题。本题 15 分）

某非线性系统运动方程为

$$\begin{cases} \dot{x}+x\geqslant 4:\ \ddot{x}\cdots+1=0 \\ \dot{x}+x\leqslant 0:\ \ddot{x}\cdots+x=2 \\ 0\leqslant\dot{x}+x\leqslant 4:\ \ddot{x}-\dot{x}=0 \end{cases}$$

试在 x-$\dot{x}$ 平面上绘制 $\begin{cases} x(0)=6 \\ \dot{x}(0)=2 \end{cases}$ 的相轨迹，并说明该系统的运动特征。

第 8 章非线性习题及答案　　　　　第 8 章课件

第9章
用MATLAB/Simulink
进行仿真实验

9.1　MATLAB 简介

1. MATLAB 简介

MATLAB 是由美国 Mathworks 公司推出的一种适用于工程应用各领域的分析设计与复杂计算的软件，经过 20 余年的补充和完善以及多个版本的升级换代，MATLAB 已发展至 7.0 版本。MATLAB 软件和工具箱（TOOLBOX）以及 Simulink 仿真工具，为自动控制系统的计算与仿真提供了强有力的支持。

1）MATLAB 系统构成

MATLAB 系统由 MATLAB 开发环境、MATLAB 数学函数库、MATLAB 语言、MATLAB 图形处理系统和 MATLAB 应用程序接口（API）五大部分组成。

2）MATLAB 7.0 工具箱

MATLAB 拥有一个专用的家族产品，用于解决不同领域的问题，称之为工具箱（TOOLBOX），工具箱用于 MATLAB 的计算和画图，通常是 M 文件和高级 MATLAB 语言的集合。较为常见的 MATLAB 工具箱包括控制类工具箱、应用数学类工具箱、信号处理类工具箱和其他常用的工具箱。其中控制类工具箱主要包括：

- 控制系统工具箱（Control Systems Toolbox）
- 系统辨识工具箱（System Identification Toolbox）
- 鲁棒控制工具箱（Robust Control Toolbox）
- 模糊逻辑工具箱（Fuzzy Logic Toolbox）
- 神经网络工具箱（Neural Network Toolbox）
- 频域系统辨识工具箱（Frequency Domain System Identification Toolbox）
- 模型预测控制工具箱（Model Predictive Control Toolbox）
- 多变量频率设计工具箱（Multivariable Frequency Design Toolbox）

2. MATLAB 桌面操作环境

1) MATLAB 启动

以 Windows 操作系统为例,进入 Windows 后,执行"开始"→"程序"→"MATLAB7.0"命令,便可以启动 MATLAB,进入 MATLAB 的桌面,图 9.1 所示为 MATLAB 7.0 的默认桌面;也可双击桌面上的 MATLAB 7.0 图标直接启动。

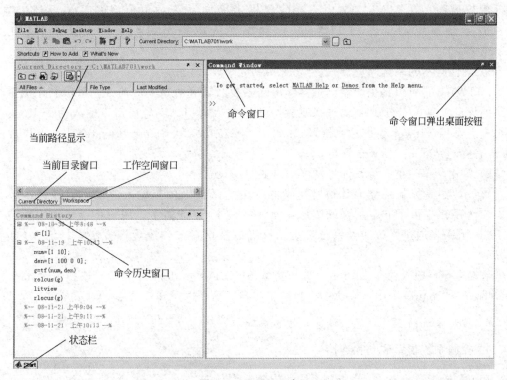

图 9.1　MATLAB 窗口

2) MATLAB 的主窗口

(1) 命令窗口(Command Window)。该窗口是进行 MATLAB 操作最主要的窗口。窗口中"≫"为命令输入提示符,其后输入运算命令,按回车键就可执行运算,并显示运算结果。

(2) 发行说明书窗口(Launch Pad)。发行说明书窗口是 MATLAB 所特有的,用来说明用户所拥有的 Mathworks 公司产品的工具包、演示以及帮助信息。

(3) 工作空间窗口(Workspace)。其在默认桌面,位于左上方窗口前台,列出内存中 MATLAB 工作空间所有变量的变量名、尺寸、字节数。用鼠标选中变量,右击可以进行打开、保存、删除、绘图等操作。

(4) 当前目录窗口(Current Directory)。其在默认桌面,位于左下方窗口后台,单击可以切换到前台。该窗口列出当前目录的程序文件(.m)和数据文件(.mat)等。用鼠标选中文件,右击可以进行打开、运行、删除等操作。

(5) 命令历史窗口(Command History)。该窗口列出在命令窗口执行过的

MATLAB 命令行的历史记录。用鼠标选中命令行，右击可以进行复制、执行、删除等操作。

3. 控制系统工具箱简介

控制系统工具箱（Control Systems Toolbox）是建立在 MATLAB 对控制工程提供的设计功能的基础上，为控制系统的建模、分析、仿真提供了丰富的函数与简便的图形用户界面。在 MATLAB 中，专门提供了面向系统对象模型的系统设计工具：线性时不变系统浏览器（LTI Viewer）和单输入单输出线性系统设计工具（SISO Design Tool）。

1）线性时不变系统浏览器——LTI Viewer

LTI Viewer 可以提供绘制浏览器模型的主要时域和频域响应曲线，可以利用浏览器提供的优良工具，对各种曲线进行观察分析。在 MATLAB 命令窗口输入命令 ltiview，即可进入 LTI Viewer 窗口。或执行 "start"→"Toolbox"→"control system"→"LTI Viewer" 命令进入 LTI Viewer 窗口。

2）单输入单输出系统设计工具——SISO Design Tool

该设计器是控制系统工具箱所提供的一个非常强大的单输入单输出线性系统设计器，它为用户提供了非常友好的图形界面。在 SISO 设计器中，用户可以使用根轨迹法与 Bode 图法，通过修改线性系统零点、极点以及增益等传统设计方法进行 SISO 线性系统设计。

在命令窗口输入命令 sisotool，即可进入 SISO Design Tool 主窗口，或执行 "start"→"Toolbox"→"control system"→"SISO Design Tool" 命令进入 SISO Design Tool 窗口。

4. 控制系统的 MATLAB 计算与仿真基础

1）控制系统模型建立和连接

（1）传递函数的表示。设控制系统的传递函数为 $G(s)=\dfrac{b_0s^m+b_1s^{m-1}+\cdots+b_{m-1}s+b_m}{a_0s^n+a_1s^{n-1}+\cdots+a_{n-1}s+a_n}$，式中 a_i 与 $b_i(i=0,1,2,\cdots)$ 均为常数，且 $n\geqslant m$。这种系统在 MATLAB 中可以表示如下：

```
num=[b0,b1,…,bm],den=[a0,a1,…,an]
G=tf[num,den]
```

num 为分子多项式，den 为分母多项式，G 为由 num 和 den 构成的传递函数。当存在多项式乘积时，可用多项式乘积运算函数 conv() 来处理。调用格式为 C＝conv(A，B)，其中 A 和 B 分别表示一个多项式，C 为 A 和 B 多项式的乘积多项式。

【例 9.1】　把 $G(s)=\dfrac{5}{s(s+20)}$ 在 MATLAB 中表示。

解：表示如下。

```
≫num=[5];den=(conv([10],[120]));%函数 conv 来实现多项式的乘积
≫G=tf(num,den)
Transfer function:
```

$$\frac{5}{s^2+20s}$$

（2）系统连接。一个控制系统通过由多个子系统相互连接而成，而最基本的 3 种连接方式为串联、并联和反馈。

若 $G_1(s)$ 和 $G_2(s)$ 串联，在 MATLAB 中可用串联函数 parallel() 求该开环系统的传递函数。调用格式为：[num，den]＝parallel(num1，den1，num2，den2，num，den)。式中，$G_1(s)$＝num1/den1，$G_2(s)$＝num2/den2，$G(s)$＝num/den；

若 $G_1(s)$ 和 $G_2(s)$ 并联，在 MATLAB 中可用并联函数 Series() 求该开环系统的传递函数。调用格式为：[num，den]＝series(num1，den1，num2，den2，num，den)。式中，$G_1(s)$＝num1/den1，$G_2(s)$＝num2/den2，$G(s)$＝num/den；

若系统有反馈连接，在 MATLAB 中可用反馈连接函数 feedback() 求该闭环控制系统的传递函数。调用格式为：[num，den]＝feedback(numg，deng，numh，denh，sign)。式中，$G(s)$＝numg/deng，$H(s)$＝numh/denh，sign 为反馈极性，"＋"表示正反馈，"－"表示负反馈，为默认设置。如果 $H(s)$＝1，则系统为单位反馈连接，在 MATLAB 中可用 cloop 函数实现。命令格式为：[num，den]＝cloop(numg，deng，sign)。式中，sign 为可选参数，sign＝－1 为负反馈，而 sign＝1 对应为正反馈。

2）控制系统的时域响应分析

求系统单位阶跃响应的指令是：step(num，den) 或 step(num，den，t)，t 一般可以由 t＝0：dt：t_end 等步长地产生，t_end 为终值时间，而 dt 为步长。

求系统单位脉冲响应的指令是：impulse(num，den) 或 impulse(num，den，t)。

【例 9.2】 已知二阶系统为 $G(s)=\dfrac{k}{s^2+cs+k}$，$c=\{1, 2, 4\}$，$k=\{1.25, 2, 29\}$。试绘制该系统所对应的三组不同参数下的阶跃响应曲线（在同一坐标下）。

解：程序及结果如下。

```
c=[1 2 4];
k=[1.25 2 29];
t=linspace(0,10,100);%0到10之间取100个
for j=1:3
    num=k(j);
    den=[1 c(j) k(j)];
    sys=tf(num,den);
    y(:,j)=step(sys,t);
end
plot(t,y(:,1:3)),grid
gtext('a=1 b=1.25'),
gtext('a=2 b=2'),
gtext('a=4 b=29')
```

运行曲线如图9.2所示。

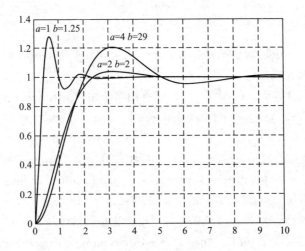

图9.2 例9.2的运行曲线

3）控制系统的根轨迹绘制

MATLAB中提供了 rlocus()函数，用来绘制给定系统的根轨迹，指令格式为 rlocus(num，den)或 rlocus(G)

4）控制系统的伯德图绘制

MATLAB中提供了 bode()函数，用来绘制给定系统的伯德图，指令格式为 bode(num，den)或 bode(G)

在绘制伯德图时，一般和计算幅值裕度和相角裕度的函数 margin()结合使用。

【例9.3】 已知单位负反馈系统前向通道的传递函数为

$$G(s) = \frac{2s^4 + 8s^3 + 12s^2 + 8s + 2}{s^6 + 5s^5 + 10s^4 + 10s^3 + 5s^2 + s}$$

试绘制出 Bode 图并计算系统的频域性能指标。

解： 程序如下。

```
num=[0 0 2 8 12 8 2];den=[1 5 10 10 5 1 0];
sys=tf(num,den);
[mag,phase,w]=bode(sys);
[gm,pm,wcp,wcg]=margin(mag,phase,w);
margin(mag,phase,w)
kg=20*log(gm)
结果:gm=332.17,pm=38.692,wg=25.847,wc=1.249
kg=50.4272
```

运行曲线如图9.3所示。

5）控制系统的奈奎斯特图绘制

手工绘制奈奎斯特图是比较困难的，但采用 MATLAB 就很简单，其指令为 nyquist (num，den)或 nyquist(G)。

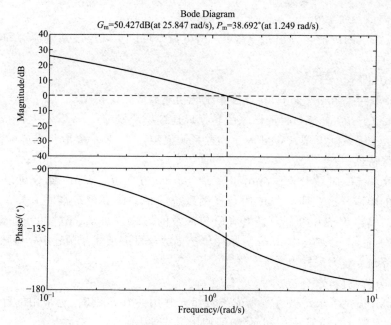

Bode Diagram
G_m=50.427dB(at 25.847 rad/s), P_m=38.692°(at 1.249 rad/s)

图9.3 例9.3的运行曲线

【例9.4】 绘制出 K 分别为 0.3、0.4、1.5 时控制系统 $G(s) = \dfrac{K}{5s^2 + 3s + 1}$ 的奈奎斯特曲线。

解：程序如下。

```
≫for K=0.3:0.4:1.5
G=tf(K,[5 3 1]);
nyquist(G);
hold on;
end
```

运行曲线如图9.4所示。

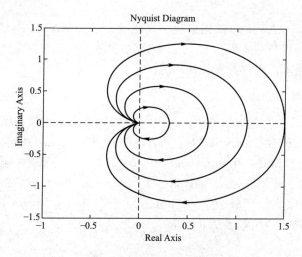

Nyquist Diagram

图9.4 例9.4的运行曲线

6）线性离散系统分析

（1）连续系统的离散化。用c2d命令和d2c命令可以实现连续系统模型和离散系统模型之间的转换。

命令格式如下：

sysd＝c2d(sys，Ts，'zoh')将连续系统转换成离散系统模型；

sysd＝d2c(sysd，'zoh')将离散系统转换成连续系统模型；

其中sys表示连续系统模型，sysd表示离散系统模型，Ts表示离散化采样时间，'zoh'表示采用零阶保持器。

（2）离散系统的时域分析。dimpulse命令、dstep命令、dlsim命令可以用来仿真计算离散系统的响应。这些命令的使用与连续系统的相关仿真没有本质差异，只是前者用于离散系统时输出为y(kT)，而且具有阶梯函数的形式。如dstep()的一般调用格式为：dstep(num，den，n)。其中num为脉冲传递函数分母多项式系数；den为脉冲传递函数分子多项式系数；n为采样点数。

7）微分方程高阶数值解法

MATLAB提供了求解微分方程的函数组，常用的有ode45，它采用的计算方法是变步长的龙格-库塔4/5阶算法。ode45()的调用格式如下：

[t，y]＝ode45(odefun，tspan，y0)

其中，描述系统微分方程的M文件odefun为调用函数，tspan为设定的仿真时间，y0为系统的初始状态。

9.2 Simulink 简介

9.2.1 Simulink 入门

Simulink是The Math Works公司于1990年推出的产品，是用于MATLAB下建立系统控制框图和可视化动态系统仿真的环境，经过多次的改版和扩充，现已发展为Simulink 6.0。

Simulink是基于MATLAB的图形化仿真环境。它以MATLAB的核心数学、图形和语言为基础，可以让用户毫不费力地完成从算法开发、仿真或者模型验证的全过程，而不需要传递数据、重写代码或改变软件环境。

1. Simulink 的窗体介绍

由于Simulink是基于MATLAB环境之上的高性能的系统及仿真平台，因此，启动Simulink之前必须首先运行MATLAB，然后才能启动Simulink并建立系统的仿真模型。

MATLAB成功启动后，在Command Window窗口的工作区中，输入Simulink后，回车即可启动Simulink，或单击MATLAB窗体上的Simulink的快捷键也可启动Simulink，或者从启动菜单中依次执行"Start"→"Simulink"→"Library Browser"命令。启动后的Simulink窗体以及功能介绍如图9.5所示。

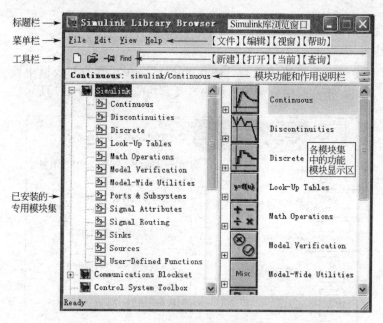

图 9.5　Simulink 库浏览器窗口

2. 创建模型

启动 Simulink 后，单击 Simulink 窗体工具栏中的新建图标，出现一个 Untitled 模型编辑窗口，即新的文件，文件保存名为 *.mdl，在保存时更改。模型编辑窗中工具栏图标的作用如图 9.6 所示。

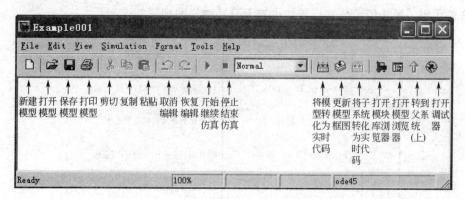

图 9.6　模型编辑窗中工具栏图标的作用示意图

9.2.2　Simulink 库基本模块简介

在 Simulink 库模块浏览器中可以看到整个 Simulink 6.0 模块库是由各种不同用途的模块组成，包括常用模块组（Commonly Used Blocks）、连续模块组（Continuous）、非连续模块组（Discontinuities）、离散模块组（Discrete）、数学运算模块组（Math Operations）、信号属性（Signal Attributes）、信号路线（Signal Routing）、接收器模块组（Sinks）、输入源模块组（Sources）等，其中 Simulink 公共模块库是最为基础、最为常用的通用模块库，它可以被应用到不同的专业领域。

1. 连续(Continuous)模块组

在图 9.5 所示的基本模块中选择"Continuous",在右侧的列表框中即会显示图 9.7 所示的连续模块组。模块组部分常用模块内容及其功能说明如图 9.7 所示。

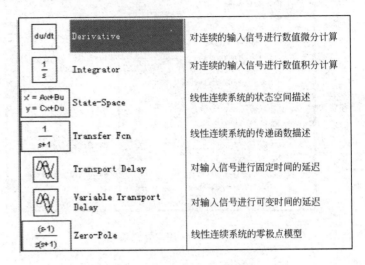

图 9.7 连续模块组及其功能说明

2. 离散(Discrete)模块组

在图 9.5 所示的基本模块中选择"Discrete",在右侧的列表框中即会显示图 9.8 所示的离散模块组。模块组部分常用模块内容及其功能说明如图 9.8 所示。

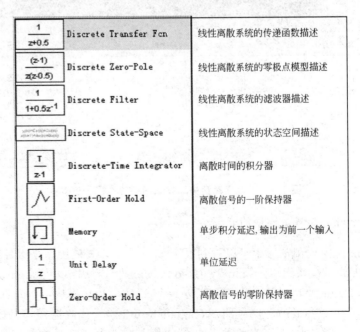

图 9.8 离散模块组及其功能说明

3. 数学运算（Math Operations）模块组

在图9.5所示的基本模块中选择"Math Operations"，在右侧的列表框中即会显示图9.9所示的数学运算模块组。模块组部分常用模块内容及其功能说明如图9.9所示。

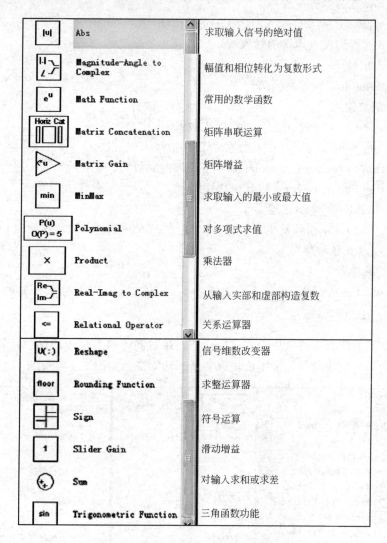

图标	名称	功能
|u|	Abs	求取输入信号的绝对值
	Magnitude-Angle to Complex	幅值和相位转化为复数形式
e^u	Math Function	常用的数学函数
Horiz Cat	Matrix Concatenation	矩阵串联运算
<u	Matrix Gain	矩阵增益
min	MinMax	求取输入的最小或最大值
P(u) O(P)=5	Polynomial	对多项式求值
×	Product	乘法器
Re Im	Real-Imag to Complex	从输入实部和虚部构造复数
<=	Relational Operator	关系运算器
U(:)	Reshape	信号维数改变器
floor	Rounding Function	求整运算器
	Sign	符号运算
1	Slider Gain	滑动增益
+	Sum	对输入求和或求差
sin	Trigonometric Function	三角函数功能

图9.9 数学运算模块组及其功能说明

4. 输入源（Sources）模块组

在图9.5所示的基本模块中选择"Sources"，在右侧的列表框中即会显示输入源模块组。模块组部分常用模块内容及其功能说明如下：

● Band-Limited White Noise 带限白噪声

● Chirp Signal 产生一个频率不断增大的正弦波

● Clock 显示和提供仿真时间

● Constant 常数信号

- Counter Free Running 无限计数器
- Counter Limited 有限计数器
- Digital Clock 在规定的采样间隔产生仿真时间
- From File 来自数据文件
- From Workspace 来自 MATLAB 的工作空间
- Ground 连接到没有连接的输入端
- In1 输入信号
- Pulse Generator 脉冲发生器
- Ramp 斜坡输入
- Random Numbe 产生正态分布的随机数
- Repeating Sequence 产生规律重复的任意信号
- Repeating Sequence Interpolated 重复序列内插值
- Repeating Sequence Stair 重复阶梯序列
- Signal Builder 信号创建器
- Signal Generator 信号发生器(可以产生正弦、方波、锯齿波及随意波)
- Sine Wave 正弦波信号
- Step 阶跃信号
- Uniform Random Number 一致随机数

5. 接收器(Sinks)模块组

在图 9.5 所示的基本模块中选择"Sinks",在右侧的列表框中即会显示图 9.10 所示的接收器模块组。模块组部分常用模块内容及其功能说明如图 9.10 所示。

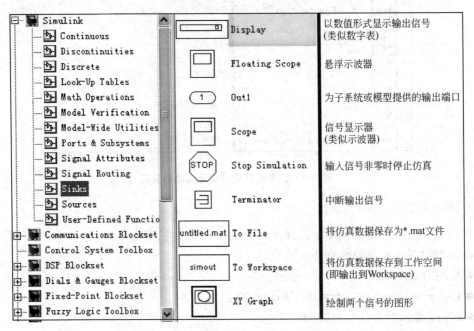

图 9.10 接收器模块组及其功能说明

6. 信号线路（Signal Routing）模块

在图 9.5 所示的基本模块中选择"Signal Routing"，在右侧的列表框中即会显示信号线路模块组。模块组部分常用模块内容及其功能说明如下。

- Bus Assignment 总线分配
- Bus Creator 总线生成
- Bus Selector 总线选择
- Data Store Memory 数据存储
- Data Store Read 数据存储读取
- Data Store Write 数据存储写入
- Demux 将一个复合输入转化为多个单一输出
- Environment Controller 环境控制器
- From 信号来源
- Goto 信号去向
- Goto Tag Visibility 标签可视化
- Index Vector 索引向量
- Manual Switch 手动选择开关
- Merge 信号合并
- Multiport Switch 多端口开关
- Mux 将多个单一输入转化为一个复合输出
- Selector 信号选择器
- Switch 开关选择

9.2.3 Simulink 的基本建模方法

1. 模型窗口的建立

在 Simulink 环境下，新建和打开一个空白的模型编辑窗口，然后将模块组中的模块复制到编辑窗口中，并依照给定的框图修改编辑窗口中的模型参数，再将各个模块按给定的框图连接起来，这样就可以对整个模型进行仿真了。

打开模型窗口通常有以下几种方法：

(1) 直接从 MATLAB 命令窗口中执行"File"→"New"→"Model"命令；

(2) 单击 Simulink 工具栏中的"Creat a new model"按钮；

(3) 执行 Simulink 菜单项的"File"→"New"→"Model"命令；

无论采用何种方式，都将自动打开模块编辑窗口，如图 9.6 所示。

2. 模块的操作

模块的基本操作包括模块的移动、复制、删除、转向、改变大小、模块命名、参数设定、属性设定等操作。

1) 模块的移动

将鼠标指针置于待移动的模块图标上，然后按住鼠标左键不放，将模块图标拖曳到模块编辑窗口中的目的地，松开鼠标左键，则模块移动完成。

2）模块的参数设置

Simulink 在绘制模块时，只能给出带有默认参数的模块模型，这经常和想要输入的不同，所以要能够修改模块的参数。

双击 Signal Generator 模块，打开模块的属性对话框，设置模块的参数，如图 9.12 所示。在对话框中我们可以设置信号生成器的参数，如波形、时间、频率等。我们可以根据要求来进行参数的修改。

3）修改模块的标题名称

用鼠标左键选中并单击模块标题"Signal Generator"，将原标题字符删除，重新输入新的标题。模块的标题名称修改完毕。

4）调整模块的大小

选中模块，使模块四角出现小方块，单击一个角上的小方块，并按住鼠标左键，拖曳鼠标。此时的鼠标指针已改变了形状，并出现了虚线框以内显示调整后的大小。松开鼠标左键，则模块的图标将按照虚线框的大小显示。

5）旋转模块

选中模块，然后执行"Format"→"Rotate Block"命令，模块将按顺时针方向旋转90°。

6）模块注释

在模型窗口中任何想要加注释的部位上双击，将会出现一个编辑框。在编辑框中输入注释的内容，再在窗口任意位置上单击，则注释的添加就完成了。

3．信号线的操作

1）信号线的使用

信号线具有连接模块的作用。要连接两个模块，按住鼠标左键，单击输入或输出端口，看到鼠标指针变为十字型以后，拖曳十字图形符号到另外一个端口，鼠标指针将变为双十字形状，然后松开鼠标左键，这时信号线将两个功能模块连接起来，带连线的箭头表示信号的流向。

2）信号线设置标签

在信号线上双击，即可在该信号线的下方拉出一个矩形框，在矩形框内的光标处即可输入该信号线的说明标签。

3）信号线的移动

若想移动信号线的某段，先选中此段。移动鼠标到目标线段上，则鼠标的形状边为移动图标。按住鼠标左键，并拖曳到新位置，松开鼠标左键，则信号线段被移动到新位置处。

4）移动节点

要移动节点，先选中想要移动的节点。选中后，鼠标指针形状就会变为圆形。拖曳节点到一个新位置，松开鼠标左键，节点就被移动到新的位置了。

5）信号线的删除

同删除模块一样，删除信号线可以选中该信号线然后按【Delete】键。

6）信号线的分割

先选中信号线，按住【Shift】键，然后在信号线上需要分割的点上单击。信号线就在此点上被分割为两段。拖动新节点到适当的位置，松开鼠标，再把模块拖曳到别处，再松开鼠标左键，则新节点就会移动在相应的位置上。

7）信号线的分离

将鼠标指针放在想要分离的模块上，按住【Shift】键，再用鼠标把模块拖曳到别处，即可将模块移动在新的位置上。

4．模型的运行

1）设置仿真参数

启动仿真环境之前，需设置仿真参数。执行 "Simulation"→"Configuration Parameters" 命令，打开参数设置对话框，如图 9.12 所示。

2）运行模型

双击示波器模块，并执行 "Simulation"→"Start" 命令来运行模型，示波器窗口将绘制出仿真后的图形，如图 9.13 所示。

3）停止仿真

执行 "Simulation"→"Stop" 命令来停止仿真。

4）中断仿真

所谓中断仿真，就是可以在中断点继续启动仿真，中断仿真可以执行 "Simulation"→"Pause" 命令。

5）模型的保存

执行 "File"→"Save As" 命令，命名保存模型。

6）模型的打印

执行 "File"→"Print" 命令，打印模型，或者使用 MATLAB 的 print 命令打印。

9.2.4 Simulink 仿真举例

【例 9.5】 已知一闭环系统结构如图 9.11 所示，其中，系统前向通路的传递函数为

$G(s) = \dfrac{s+0.5}{s+0.1} \cdot \dfrac{20}{s^3+12s^2+20s}$，而且前向通路有一个 $[-0.2, 0.5]$ 的限幅环节，图中用

N 表示，反馈通道的增益为 1.5，系统为负反馈，阶跃输入经 1.5 倍的增益作用到系统，试利用 Simulink 对该闭环系统进行仿真，要求观测其单位阶跃响应曲线。

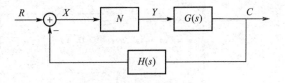

图 9.11 闭环系统结构

解：使用 Simulink 进行仿真的基本步骤如下。

（1）在 MATLAB 7.0 的窗口中双击 Simulink 图标，打开 Simulink Library Browser 窗口，在此窗口中执行 "File"→"New"→"Model" 命令，就会打开一个 untitled 窗口。

根据题意在 Simulink Library Browser 中选定需要使用的子模块，如图 9.12 所示。在本例中需要单位阶跃信号、增益模块、标示连续系统的模块、标示限幅环节的模块、

用来把输入信号和输出信号组合起来以便直观观察的模块、把输入信号和反馈信号综合的模块、观测系统响应曲线的模块和时钟模块。

① 阶跃信号模块 Step 位于 Sources 模块组；

② 增益模块 Gain 位于 Math operations 模块组；

③ 连续系统模块 Transfer Fcn 位于 Continuous 模块组；

④ 限幅环节模块 Saturation 位于 Discontinuities 模块组；

⑤ 把输入信号和输出信号组合的模块 Mux 位于 Signal Routing 模块组；

⑥ 把输入信号和反馈信号综合的模块 Sum 位于 Math operations 模块组；

⑦ 把仿真变量输入到工作空间的模块 To Workspace 位于 Sinks 模块组；

⑧ 观测系统响应曲线的模块 Scope 位于 Sinks 模块组；

⑨ 时钟信号的模块 Clock 位于 Source 模块组。

把选定好的模块一次拖到 Untitled 窗口中，如图 9.13 所示。

（2）连接模块并设定模块参数。把各功能模块按照逻辑关系连接起来，双击某一模块，就会出现该模块的设置窗口，在其中依次设置模块的参数。

在 Simulink 仿真中常用的一个模块是 To Workspace，它把 Simulink 仿真的数据传送到工作空间中，以供 MATLAB 程序使用。双击 To Workspace 图标，得到如图 9.12 所示的 To Workspace 模块参数对话框。

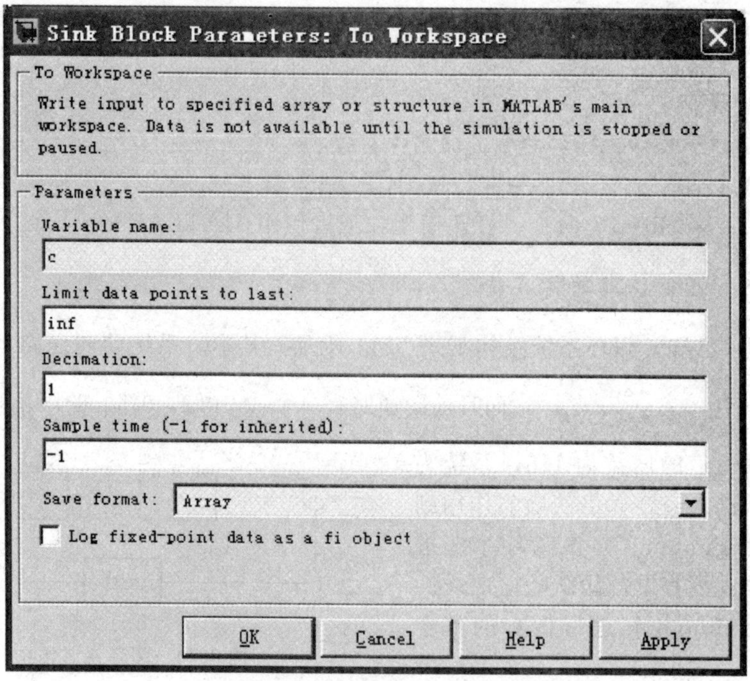

图 9.12　仿真器参数设置对话框

本例中，需要传输数据向量 c 和 t，以设置数据向量 c 为例，在 Variable name 编辑框中输入向量名 c，在 save format 下拉列表中选择 Array 项，然后单击 OK 按钮完成设置。仿真运行后，向量 c(t) 和 t 以各自变量名存在于 MATLAB Workspace 中。

（3）设置仿真器参数。在"Simulation"→"Simulation Parameters"→"Solver"中设置SolverType、Solver(步长)、Stop Time等参数。一般情况可以用默认的参数。Stop Time可以依据仿真系统的不同来改变，一般至少应选择过渡过程能够结束的时间。

（4）运行仿真。模型编辑好后，单击"Start"按钮，运行 Simulation 运行仿真窗口如图 9.13 所示。

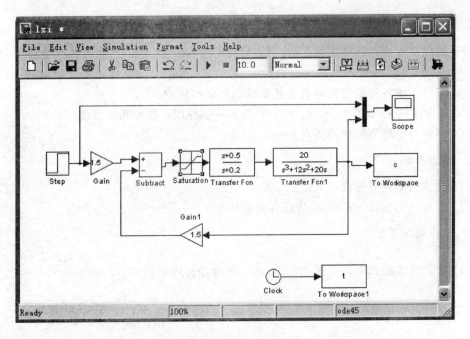

图 9.13　运行仿真窗口

（5）分析仿真结果。仿真中，一般采用示波器观测输出结果。双击 Scope 模块，输出的图形如图 9.14 所示。由于采用 Mux 模块，把输入信号和输出信号合在一起同时显示。

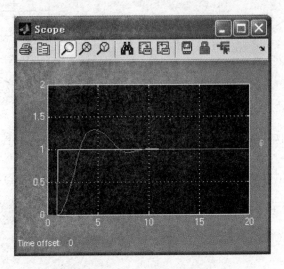

图 9.14　示波器输出结果

9.3 仿真实验

9.3.1 实验一 典型环节动态特性及 PID 的控制作用

1. 实验目的

(1) 通过观察典型环节在单位阶跃信号作用下的动态特性，熟悉各种典型环节的响应曲线。

(2) 定性了解各参数变化对典型环节动态特性的影响。

(3) 了解 PID 控制器中 P、I、D 三种基本控制作用对控制系统性能的影响。

(4) 掌握典型环节的软件仿真方法。

2. 实验内容

(1) 构成典型环节的模拟电路。

(2) 用 MATLAB/Simulink 仿真各典型环节。

3. 模拟电路原理

(1) 比例环节模拟电路如图 9.15 所示，该电路传递函数为 $G(s) = -\dfrac{R_2}{R_1}$。

(2) 惯性环节模拟电路如图 9.16 所示，该电路传递函数为 $G(s) = -\dfrac{K}{Ts+1}$，$K = -\dfrac{R_2}{R_1}$，$T = R_2 C$。

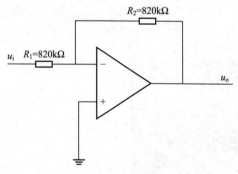

图 9.15 比例环节模拟电路

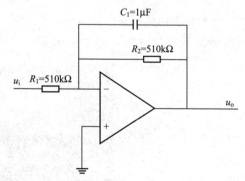

图 9.16 惯性环节模拟电路

(3) 积分环节模拟电路如图 9.17 所示，该电路传递函数为 $G(s) = -\dfrac{1}{Ts}$，$T = R_1 C_1$。

(4) 比例-微分环节模拟电路如图 9.18 所示，该电路传递函数为 $G(s) = -K(Ts+1)$，$K = \dfrac{R_2}{R_1}$，$T = R_1 C_1$。

(5) PI 控制器模拟电路如图 9.19 所示，该系统的传递函数为 $G(s) = -K\left(\dfrac{1}{Ts}+1\right)$，

$$K = \frac{R_2}{R_1}, \quad T = R_2 C_1 。$$

（6）PID 控制器模拟电路如图 9.20 所示，该系统的传递函数为 $G(s) = -\dfrac{(T_1 s + 1)(T_2 s + 1)}{T_3 s}$，$T_1 = R_2 C_2$，$T_2 = R_1 C_1$，$T_3 = R_1 C_2$。

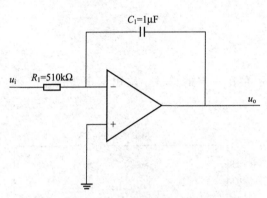

图 9.17　积分环节模拟电路

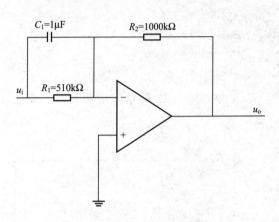

图 9.18　比例-微分环节模拟电路

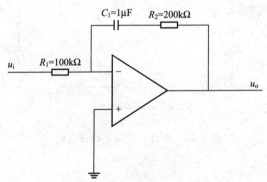

图 9.19　PI 控制器模拟电路

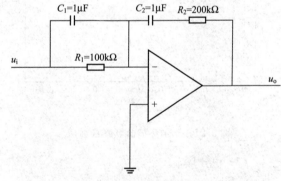

图 9.20　PID 控制器模拟电路

4. 仿真实现

打开 MATLAB，进入命令窗口（Command Window），输入以下程序，实现各个典型环节的数学模型，并得到单位阶跃响应曲线。

（1）比例环节。

```
R2=820*10^3;
R1=410*10^3;
num=[R2];
den=[R1];
G1=tf(num,den);
step(G1)
```

结果如图 9.21 所示，由图可见，比例环节只是改变了输入的幅度。

（2）惯性环节。

```
R2=510*10^3;
R1=510*10^3;
C1=1*10^(-6);
num=[R2];
den=[R1*R2*C1 R1];
G2=tf(num,den);
step(G2);
```

结果如图 9.22 所示，由图可见，系统由于存在一定的惯性，输出呈现缓慢上升的过程。

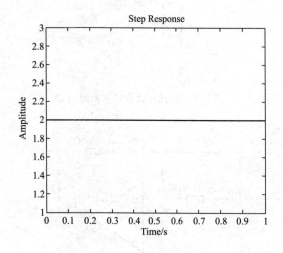

图 9.21 比例环节阶跃响应曲线

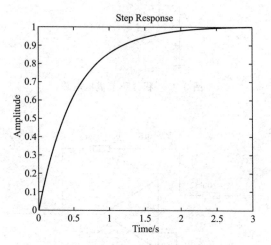

图 9.22 惯性环节阶跃响应曲线

（3）积分环节。

```
R1= 510*10^3;
C1=1*10^(-6);
num=[1];
den=[R1*C1 0];
G3=tf(num,den);
step(G3);
```

结果如图 9.23 所示，由图可见，该环节输出随着时间的变化呈现斜坡函数的性质。

（4）比例-微分环节。由于纯微分环节在实际中无法实现，函数 Step()不支持此类函数，因此纯微分环节在仿真时使用下式

$$G(s) = \frac{Ts}{1+\dfrac{Ts}{N}}(N \geqslant 10); \quad 当 N \to \infty 时, \ G(s) \approx Ts$$

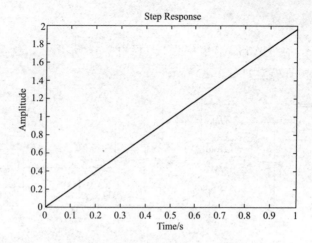

图 9.23   积分环节阶跃响应曲线

```
R2=1000^3;
R1=510*10^3;
C1=1*10^(- 6);
N=10;
K=R2/R1;
T=R1*C1;
num=[K*T K];
den=[T/N 1];
G4=tf(num,den);
step(G4)
```

结果如图 9.24 所示，由图可见，该环节输出呈现脉冲函数的形式，并且改变了输入的幅值。

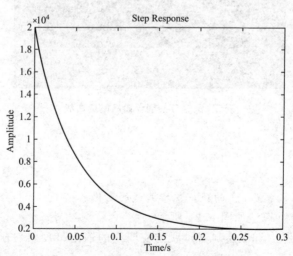

图 9.24   比例-微分环节阶跃响应曲线

5. Simulink 仿真实现

打开 MATLAB，在 MATLAB 窗口的工具栏中单击 ▦ 图标，建立以下控制器模型。

（1）PD 控制器仿真模型如图 9.25 所示。

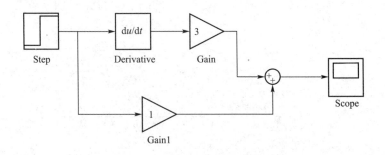

图 9.25　PD 控制器仿真模型

图 9.26 所示为该 PD 控制器的单位阶跃响应曲线，可以看出与相应的理论一致，输出呈现脉冲函数的形式。

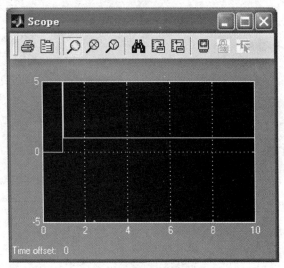

图 9.26　PD 控制器阶跃响应曲线

 特别提示

注意：关注比例系数 gain1 的值，观察曲线的变化。

（2）PI 控制器仿真模型如图 9.27 所示。

由图 9.28 可以看出，PI 控制器阶跃响应曲线的输出呈现斜坡函数的性质，初始值为 0。

 314

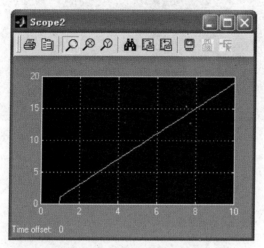

图 9.27 PI 控制器仿真模型

图 9.28 PI 控制器阶跃响应曲线

特别提示

注意：分别改变 gain1 和 gain2 的值，观察曲线的变化。

（3）PID 控制器的仿真模型如图 9.29 所示。

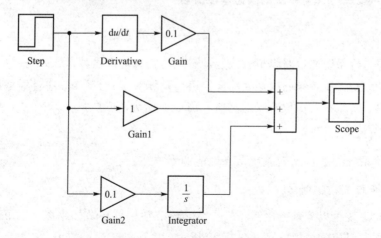

图 9.29 PID 控制器仿真模型

由图9.30可以看出，PID控制器阶跃响应曲线的输出有脉冲并呈现斜坡函数的性质，初始值为0。

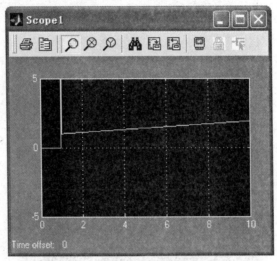

图9.30　PID控制器阶跃响应曲线

特别提示

注意：分别改变gain1和gain2的值，观察曲线的变化。

6. 实验报告要求

(1) 进入Simulink，按图9.26、图9.28、图9.30构成实验系统。

(2) 比较分析PD控制器中参数变化对单位阶跃信号的响应。

(3) 比较分析PI控制器中参数变化对单位阶跃信号的响应。

(4) 比较分析PID控制器中参数变化对单位阶跃信号的响应。

9.3.2　实验二　二阶系统的瞬态响应分析

1. 实验目的

(1) 掌握二阶系统的电路模拟方法及动态性能指标的测试技术。

(2) 定量分析二阶系统的阻尼 ξ 和自然振荡角频率 ω_n 对系统动态性能的影响。

(3) 掌握二阶系统对单位阶跃的响应，用MATLAB仿真方法。

2. 实验内容

分析二阶系统的 ξ 和 ω_n 对系统动态性能的影响。

3. 实验原理及模拟电路

通常二阶系统可以分解为比例环节、惯性环节和积分环节的串联。图9.31所示为二阶系统的框图，对应的模拟电路如图9.32所示。系统的传递函数为

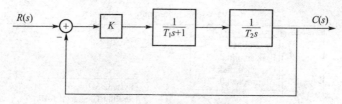

图 9.31 二阶系统的框图

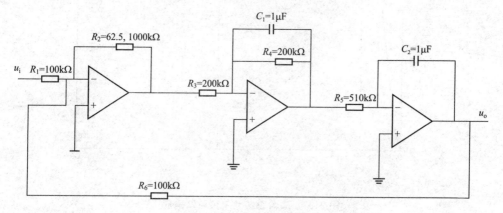

图 9.32 二阶系统的模拟电路

$$\frac{C(s)}{R(s)} = \frac{K/(T_1 s + 1)T_2 s}{1 + K/(T_1 s + 1)T_2 s} = \frac{\omega_n^2}{s^2 + 2\xi\omega_n s + \omega_n^2}$$

式中：$\omega_n = \sqrt{K/T_1 T_2}$，$\xi = \sqrt{T_2/4T_1 K}$ 。

若令 $T_1 = 0.2$s，$T_2 = 0.5$s，则 $\omega_n = \sqrt{10K}$，$\xi = \sqrt{0.625/K}$，显然只要改变 K，就能同时改变 ω_n 和 ξ。

按照开环传递函数中 $K = 0.625$ 和 $K = 10$，分别画出系统的瞬态响应曲线，并求出 $\sigma\%$、t_P、t_s。

4. 仿真实现

打开 MATLAB，进入命令窗口（Command Window），输入以下程序：

```
%K=10,为欠阻尼系统
K=10;
num=[K];
den=[0.1 0.5 0];
G1=tf(num,den);
M1=feedback(G1,1);figure;STEP(M1);
```

结果如图 9.33 所示。由图 9.33 可以看出，$\sigma\% = 44.4\%$，$t_P = t_s = 1.41$s。

5. 实验报告要求

(1) 记录 ξ 和 ω_n 变化时二阶系统的阶跃响应曲线，以及测得的 $\sigma\%$、峰值时间 t_p 和调节时间 t_s。

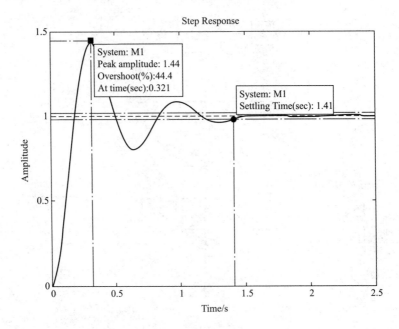

图 9.33　二阶系统的单位阶跃响应

（2）画出模拟电路图，并标出各个元件的参数。

9.3.3　实验三　控制系统稳定性分析和瞬态响应分析

1. 实验目的

（1）研究增益 K 对系统稳定性的影响。

（2）研究增益 K 对系统性能的影响（闭环极点变化）。

2. 实验内容

（1）熟悉 Simulink 仿真环境中的连续系统模块（continuous）、数学运算模块（math operations）、信号源（sources）、输出模块（sinks）等。

（2）构造仿真模型，仿真结构图如图9.34所示。

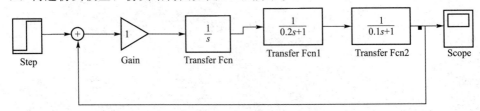

图 9.34　仿真结构图

（3）当（gain）k＝0.1、1、5、10 时分别观察系统的响应曲线。

（4）绘制系统的根轨迹。开环传递函数为

$$G(s) = \frac{K}{s(0.2s + 1)(0.1s + 1)}$$

程序如下：y1＝tf([1]，[0.2 1 0])；y2＝tf(1，[0.1 1])；y＝y1 * y2；rlocus(y)。绘制完成的根轨迹图如图 9.35 所示。

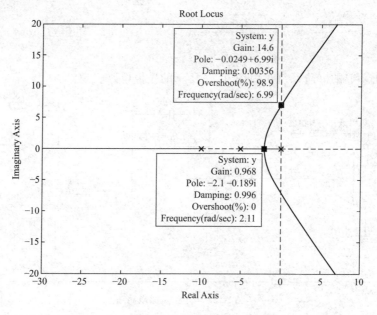

图 9.35　根轨迹图

3. 实验报告要求

(1) 定性分析系统开环增益 K 对系统稳定性的影响。

(2) 分析开环增益 K 变化(本例中即闭环极点变化)对系统响应的影响。

9.3.4　实验四　串联校正环节的设计

1. 实验目的

(1) 根据要求，设计校正装置。

(2) 掌握工程中常用的二阶系统和三阶系统工程设计方法。

2. 实验内容

(1) 按照二阶系统的工程设计方法即二阶系统最佳方法，设计如图 9.36 所示的系统校正装置，使系统开环传递函数为 $G(s) = \dfrac{1}{2Ts(Ts+1)}$，$T=0.1$（参考本书 6.6）。

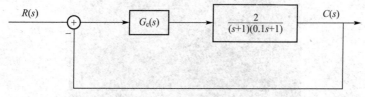

图 9.36　二阶系统结构框图

(2) 画出该系统对单位阶跃信号的响应。

3. 实验原理及模拟电路

由于 $G_c(s) = \dfrac{G(s)}{G_0(s)} = \dfrac{\dfrac{1}{2Ts(Ts+1)}}{\dfrac{2}{(s+1)(0.1s+1)}}$，当 $T=0.1$ 时，可得 $G_c(s) = \dfrac{5}{2} + \dfrac{1}{0.4s}$。

加入校正环节的二阶系统可由图 9.37 所示的模拟电路实现。

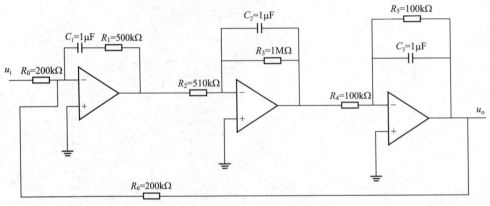

图 9.37　对应模拟电路

4. Simulink 仿真实现

在 MATLAB 窗口的工具栏中单击 ▥ 图标，建立如图 9.38 所示的结构模型。单击执行按钮后，双击示波器，可以看到系统对单位阶跃的响应曲线如图 9.39 所示，可以看出系统为欠阻尼系统，动态性能指标的 $\sigma\% \approx 4\%$，$t_s \approx 0.6s$。

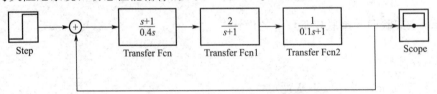

图 9.38　Simulink 仿真的结构模型图

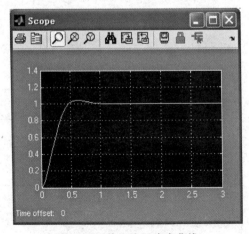

图 9.39　单位阶跃响应曲线

5. 实验报告要求

（1）计算当 $T=0.4$ 时系统的传递函数。

（2）用 Simulink 搭建未校正系统的模块图，观察其超调量；校正好后，将校正环节串入原系统，观察其超调量。

（3）写出实验体会并进行校正前后的比较。

拉普拉斯变换-Z 变换表

1. 拉普拉斯变换的基本性质(表 A1)

表 A1   拉普拉斯变换的基本性质

1	线性定理	齐次性	$L[af(t)]=aF(s)$
		叠加性	$L[f_1(t) \pm f_2(t)]=F_1(s) \pm F_2(s)$
2	微分定理	一般形式	$L\left[\dfrac{\mathrm{d}f(t)}{\mathrm{d}t}\right]=sF(s)-f(0)$ $L\left[\dfrac{\mathrm{d}^2 f(t)}{\mathrm{d}t^2}\right]=s^2 F(s)-sf(0)-f'(0)$ $\vdots$ $L\left[\dfrac{\mathrm{d}^n f(t)}{\mathrm{d}t^n}\right]=s^n F(s)-\sum_{k=1}^{n} s^{n-k} f^{(k-1)}(0)$ $f^{(k-1)}(t)=\dfrac{\mathrm{d}^{k-1} f(t)}{\mathrm{d}t^{k-1}}$
		初始条件为零时	$L\left[\dfrac{\mathrm{d}^n f(t)}{\mathrm{d}t^n}\right]=s^n F(s)$
3	积分定理	一般形式	$L\left[\int f(t)\mathrm{d}t\right]=\dfrac{F(s)}{s}+\dfrac{\left[\int f(t)\mathrm{d}t\right]_{t=0}}{s}$ $L\left[\iint f(t)(\mathrm{d}t)^2\right]=\dfrac{F(s)}{s^2}+\dfrac{\left[\int f(t)\mathrm{d}t\right]_{t=0}}{s^2}+\dfrac{\left[\iint f(t)(\mathrm{d}t)^2\right]_{t=0}}{s}$ $\vdots$ $L\left[\overbrace{\int \cdots \int}^{\text{共}n\text{个}} f(t)(\mathrm{d}t)^n\right]=\dfrac{F(s)}{s^n}+\sum_{k=1}^{n}\dfrac{1}{s^{n-k+1}}\left[\overbrace{\int \cdots \int}^{\text{共}k\text{个}} f(t)(\mathrm{d}t)^n\right]_{t=0}$
		初始条件为零时	$L\left[\overbrace{\int \cdots \int}^{\text{共}n\text{个}} f(t)(\mathrm{d}t)^n\right]=\dfrac{F(s)}{s^n}$
4	延迟定理(或称 t 域平移定理)		$L[f(t-T)1(t-T)]=\mathrm{e}^{-Ts}F(s)$
5	衰减定理(或称 s 域平移定理)		$L[f(t)\mathrm{e}^{-at}]=F(s+a)$
6	终值定理		$\lim\limits_{t \to \infty} f(t)=\lim\limits_{s \to 0} sF(s)$
7	初值定理		$\lim\limits_{t \to 0} f(t)=\lim\limits_{s \to \infty} sF(s)$
8	卷积定理		$L\left[\int_0^t f_1(t-\tau)f_2(\tau)\mathrm{d}\tau\right]=L\left[\int_0^t f_1(t)f_2(t-\tau)\mathrm{d}\tau\right]=F_1(s)F_2(s)$

2. 常用函数的拉普拉斯变换和 Z 变换表(表 A2)

表 A2　常用函数的拉普拉斯变换和 Z 变换表

序号	拉普拉斯变换 $E(s)$	时间函数 $e(t)$	Z 变换 $E(z)$
1	1	$\delta(t)$	1
2	$\dfrac{1}{1-e^{-Ts}}$	$\delta_T(t)=\sum\limits_{n=0}^{\infty}\delta(t-nT)$	$\dfrac{z}{z-1}$
3	$\dfrac{1}{s}$	$1(t)$	$\dfrac{z}{z-1}$
4	$\dfrac{1}{s^2}$	t	$\dfrac{Tz}{(z-1)^2}$
5	$\dfrac{1}{s^3}$	$\dfrac{t^2}{2}$	$\dfrac{T^2 z(z+1)}{2(z-1)^3}$
6	$\dfrac{1}{s^{n+1}}$	$\dfrac{t^n}{n!}$	$\lim\limits_{a\to 0}\dfrac{(-1)^n}{n!}\dfrac{\partial^n}{\partial a^n}\left(\dfrac{z}{z-e^{-aT}}\right)$
7	$\dfrac{1}{s+a}$	e^{-at}	$\dfrac{z}{z-e^{-aT}}$
8	$\dfrac{1}{(s+a)^2}$	te^{-at}	$\dfrac{Tze^{-aT}}{(z-e^{-aT})^2}$
9	$\dfrac{a}{s(s+a)}$	$1-e^{-at}$	$\dfrac{(1-e^{-aT})z}{(z-1)(z-e^{-aT})}$
10	$\dfrac{b-a}{(s+a)(s+b)}$	$e^{-at}-e^{-bt}$	$\dfrac{z}{z-e^{-aT}}-\dfrac{z}{z-e^{-bT}}$
11	$\dfrac{\omega}{s^2+\omega^2}$	$\sin\omega t$	$\dfrac{z\sin\omega T}{z^2-2z\cos\omega T+1}$
12	$\dfrac{s}{s^2+\omega^2}$	$\cos\omega t$	$\dfrac{z(z-\cos\omega T)}{z^2-2z\cos\omega T+1}$
13	$\dfrac{\omega}{(s+a)^2+\omega^2}$	$e^{-at}\sin\omega t$	$\dfrac{ze^{-aT}\sin\omega T}{z^2-2ze^{-aT}\cos\omega T+e^{-2aT}}$
14	$\dfrac{s+a}{(s+a)^2+\omega^2}$	$e^{-at}\cos\omega t$	$\dfrac{z^2-ze^{-aT}\cos\omega T}{z^2-2ze^{-aT}\cos\omega T+e^{-2aT}}$
15	$\dfrac{1}{s-(1/T)\ln a}$	$a^{t/T}$	$\dfrac{z}{z-a}$

参 考 文 献

[1] 胡寿松. 自动控制原理 [M]. 5 版. 北京：科学出版社，2007.

[2] 王划一. 自动控制原理 [M]. 北京：国防工业出版社，2001.

[3] 程鹏. 自动控制原理 [M]. 北京：高等教育出版社，2003.

[4] 王玉平. 自动控制原理 [M]. 2 版. 北京：科学出版社，2006.

[5] 吴麒. 自动控制原理(上册) [M]. 北京：清华大学出版社，1992.

[6] 谢克明. 自动控制原理 [M]. 北京：电子工业出版社，2004.

[7] 鄢景华. 自动控制理论 [M]. 哈尔滨：哈尔滨工业大学出版社，1996.

[8] 王万良. 自动控制原理 [M]. 北京：科学出版社，2001.

[9] 王建辉，顾树生. 自动控制原理 [M]. 北京：清华大学出版社，2007.

[10] 胡寿松. 自动控制原理习题集 [M]. 2 版. 北京：科学出版社，2003.

[11] 陈晓东. 自动控制原理同步辅导及习题全解 [M]. 北京：中国矿业大学出版社，2006.

[12] 刘慧英. 自动控制原理导教导学导考 [M]. 西安：西北工业大学出版社，2003.

[13] 邹伯敏. 自动控制理论 [M]. 北京：机械工业出版社，2007.

[14] 卢京潮. 自动控制原理 [M]. 西安：西北工业大学出版社，2004.

[15] 薛安克. 自动控制原理 [M]. 西安：西安电子科技大学出版社，2004.

[16] 袁冬莉. 自动控制原理解题题典 [M]. 西安：西北工业大学出版社，2003.

[17] 刘坤，齐翠响，李妍. MATLAB 自动控制原理习题精解 [M]. 北京：国防工业出版社，2004.

[18] 樊京，刘叔军，盖晓华，等. Matlab 控制系统应用与实例（Matlab 工程应用系列丛书）[M].
北京：清华大学出版社，2008.

[19] [美] PORF C R, BISHOP H R. 现代控制系统 [M]. 8 版. 谢红卫，邹逢兴，等译. 北京：
高等教育出版社，2001.

[20] [英] KUO C B, Farid Golnaraghi. 自动控制系统 [M]. 8 版. 汪小帆，李翔，译. 北京：高等
教育出版社，2004.

[21] [美] 多尔夫(Dorf, R. C.)，毕晓普(Bishop, R. H.). 现代控制工程 [M]. 4 版. 卢伯英，于
海勋，译. 北京：电子工业出版社，2007.

[22] 王晓燕. 自动控制理论实验与仿真 [M]. 广州：华南理工大学出版社，2006.

[23] 贾秋玲. 基于 MATLAB 的系统仿真分析与设计 [M]. 西安：西北工业大学出版社，2006.

[24] 孙志毅，等. 控制工程基础 [M]. 北京：机械工业出版社，2004.

[25] 谢克明，刘文定，谢刚. 自动控制理论 [M]. 北京：兵器工业出版社，1998.

[26] 郑大钟. 线性系统理论 [M]. 北京：清华大学出版社，2002.

[27] 郑大钟. 线性系统理论习题与解答 [M]. 2 版. 北京：清华大学出版社，2005.

期末试题

考研试题

课程网站

北京大学出版社本科电气信息系列实用规划教材

序号	书名	书号	编著者	定价	出版年份	教辅及获奖情况
			物联网工程			
1	物联网概论	7-301-23473-0	王 平	38	2014	电子课件/答案,有"多媒体移动交互式教材"
2	物联网概论	7-301-21439-8	王金甫	42	2012	电子课件/答案
3	现代通信网络(第2版)	7-301-27831-4	赵瑞玉 胡珺珺	45	2017	电子课件/答案
4	物联网安全	7-301-24153-0	王金甫	43	2014	电子课件/答案
5	通信网络基础	7-301-23983-4	王昊	32	2014	
6	无线通信原理	7-301-23705-2	许晓丽	42	2014	电子课件/答案
7	家居物联网技术开发与实践	7-301-22385-7	付 蔚	39	2013	电子课件/答案
8	物联网技术案例教程	7-301-22436-6	崔逊学	40	2013	电子课件
9	传感器技术及应用电路项目化教程	7-301-22110-5	钱裕禄	30	2013	电子课件/视频素材,宁波市教学成果奖
10	网络工程与管理	7-301-20763-5	谢 慧	39	2012	电子课件/答案
11	电磁场与电磁波(第2版)	7-301-20508-2	邬春明	32	2012	电子课件/答案
12	现代交换技术(第2版)	7-301-18889-7	姚 军	36	2013	电子课件/习题答案
13	传感器基础(第2版)	7-301-19174-3	赵玉刚	32	2013	视频
14	物联网基础与应用	7-301-16598-0	李蔚田	44	2012	电子课件
15	通信技术实用教程	7-301-25386-1	谢 慧	36	2015	电子课件/习题答案
16	物联网工程应用与实践	7-301-19853-7	于继明	39	2015	电子课件
17	传感与检测技术及应用	7-301-27543-6	沈亚强 蒋敏兰	43	2016	电子课件/数字资源
			单片机与嵌入式			
1	嵌入式系统开发基础——基于八位单片机的C语言程序设计	7-301-17468-5	侯殿有	49	2012	电子课件/答案/素材
2	嵌入式系统基础实践教程	7-301-22447-2	韩 磊	35	2013	电子课件
3	单片机原理与接口技术	7-301-19175-0	李 升	46	2011	电子课件/习题答案
4	单片机系统设计与实例开发(MSP430)	7-301-21672-9	顾 涛	44	2013	电子课件/答案
5	单片机原理与应用技术(第2版)	7-301-27392-0	魏立峰 王宝兴	42	2016	电子课件/数字资源
6	单片机原理及应用教程(第2版)	7-301-22437-3	范立南	43	2013	电子课件/习题答案,辽宁"十二五"教材
7	单片机原理与应用及C51程序设计	7-301-13676-8	唐 颖	30	2011	电子课件
8	单片机原理与应用及其实验指导书	7-301-21058-1	邵发森	44	2012	电子课件/答案/素材
9	MCS-51单片机原理与应用	7-301-22882-1	黄翠翠	34	2013	电子课件/程序代码
			物理、能源、微电子			
1	物理光学理论与应用(第2版)	7-301-26024-1	宋贵才	46	2015	电子课件/习题答案,"十二五"普通高等教育本科国家级规划教材
2	现代光学	7-301-23639-0	宋贵才	36	2014	电子课件/答案
3	平板显示技术基础	7-301-22111-2	王丽娟	52	2013	电子课件/答案
4	集成电路版图设计	7-301-21235-6	陆学斌	32	2012	电子课件/习题答案
5	新能源与分布式发电技术(第2版)	7-301-27495-8	朱永强	45	2016	电子课件/习题答案,北京市精品教材,北京市"十二五"教材
6	太阳能电池原理与应用	7-301-18672-5	靳瑞敏	25	2011	电子课件
7	新能源照明技术	7-301-23123-4	李姿景	33	2013	电子课件/答案
8	集成电路EDA设计——仿真与版图实例	7-301-28721-7	陆学斌	36	2017	数字资源

序号	书名	书号	编著者	定价	出版年份	教辅及获奖情况
		基 础 课				
1	电工与电子技术(上册)(第2版)	7-301-19183-5	吴舒辞	30	2011	电子课件/习题答案,湖南省"十二五"教材
2	电工与电子技术(下册)(第2版)	7-301-19229-0	徐卓农 李士军	32	2011	电子课件/习题答案,湖南省"十二五"教材
3	电路分析	7-301-12179-5	王艳红 蒋学华	38	2010	电子课件,山东省第二届优秀教材奖
4	运筹学(第2版)	7-301-18860-6	吴亚丽 张俊敏	28	2011	电子课件/习题答案
5	电路与模拟电子技术	7-301-04595-4	张绪光 刘在娥	35	2009	电子课件/习题答案
6	微机原理及接口技术	7-301-16931-5	肖洪兵	32	2010	电子课件/习题答案
7	数字电子技术	7-301-16932-2	刘金华	30	2010	电子课件/习题答案
8	微机原理及接口技术实验指导书	7-301-17614-6	李干林 李升	22	2010	课件(实验报告)
9	模拟电子技术	7-301-17700-6	张绪光 刘在娥	36	2010	电子课件/习题答案
10	电工技术	7-301-18493-6	张莉 张绪光	26	2011	电子课件/习题答案,山东省"十二五"教材
11	电路分析基础	7-301-20505-1	吴舒辞	38	2012	电子课件/习题答案
12	数字电子技术	7-301-21304-9	秦长海 张天鹏	49	2013	电子课件/答案,河南省"十二五"教材
13	模拟电子与数字逻辑	7-301-21450-3	邬春明	39	2012	电子课件
14	电路与模拟电子技术实验指导书	7-301-20351-4	唐颖	26	2012	部分课件
15	电子电路基础实验与课程设计	7-301-22474-8	武林	36	2013	部分课件
16	电文化——电气信息学科概论	7-301-22484-7	高心	30	2013	
17	实用数字电子技术	7-301-22598-1	钱裕禄	30	2013	电子课件/答案/其他素材
18	模拟电子技术学习指导及习题精选	7-301-23124-1	姚娅川	30	2013	电子课件
19	电工电子基础实验及综合设计指导	7-301-23221-7	盛桂珍	32	2013	
20	电子技术实验教程	7-301-23736-6	司朝良	33	2014	
21	电工技术	7-301-24181-3	赵莹	46	2014	电子课件/习题答案
22	电子技术实验教程	7-301-24449-4	马秋明	26	2014	
23	微控制器原理及应用	7-301-24812-6	丁筱玲	42	2014	
24	模拟电子技术基础学习指导与习题分析	7-301-25507-0	李大军 唐颖	32	2015	电子课件/习题答案
25	电工学实验教程(第2版)	7-301-25343-4	王绪光 张绪光	27	2015	
26	微机原理及接口技术	7-301-26063-0	李干林	42	2015	电子课件/习题答案
27	简明电路分析	7-301-26062-3	姜涛	48	2015	电子课件/习题答案
28	微机原理及接口技术(第2版)	7-301-26512-3	越志诚 段中兴	49	2016	二维码数字资源
29	电子技术综合应用	7-301-27900-7	沈亚强 林祝亮	37	2017	二维码数字资源
30	电子技术专业教学法	7-301-28329-5	沈亚强 朱伟玲	36	2017	二维码数字资源
31	电子科学与技术专业课程开发与教学项目设计	7-301-28544-2	沈亚强 万旭	38	2017	二维码数字资源
		电子、通信				
1	DSP技术及应用	7-301-10759-1	吴冬梅 张玉杰	26	2011	电子课件,中国大学出版社图书奖首届优秀教材奖一等奖
2	电子工艺实习	7-301-10699-0	周春阳	19	2010	电子课件
3	电子工艺学教程	7-301-10744-7	张立毅 王华奎	32	2010	电子课件,中国大学出版社图书奖首届优秀教材奖一等奖
4	信号与系统	7-301-10761-4	华容 隋晓红	33	2011	电子课件
5	信息与通信工程专业英语(第2版)	7-301-19318-1	韩定定 李明明	32	2012	电子课件/参考译文,中国电子教育学会2012年全国电子信息类优秀教材
6	高频电子线路(第2版)	7-301-16520-1	宋树祥 周冬梅	35	2009	电子课件/习题答案

序号	书名	书号	编著者	定价	出版年份	教辅及获奖情况
7	MATLAB 基础及其应用教程	7-301-11442-1	周开利　邓春晖	24	2011	电子课件
8	通信原理	7-301-12178-8	隋晓红　钟晓玲	32	2007	电子课件
9	数字图像处理	7-301-12176-4	曹茂永	23	2007	电子课件，"十二五"普通高等教育本科国家级规划教材
10	移动通信	7-301-11502-2	郭俊强　李　成	22	2010	电子课件
11	生物医学数据分析及其 MATLAB 实现	7-301-14472-5	尚志刚　张建华	25	2009	电子课件/习题答案/素材
12	信号处理 MATLAB 实验教程	7-301-15168-6	李　杰　张　猛	20	2009	实验素材
13	通信网的信令系统	7-301-15786-2	张云麟	24	2009	电子课件
14	数字信号处理	7-301-16076-3	王震宇　张培珍	32	2010	电子课件/答案/素材
15	光纤通信	7-301-12379-9	卢志茂　冯进玫	28	2010	电子课件/习题答案
16	离散信息论基础	7-301-17382-4	范九伦　谢　勰	25	2010	电子课件/习题答案
17	光纤通信	7-301-17683-2	李丽君　徐文云	26	2010	电子课件/习题答案
18	数字信号处理	7-301-17986-4	王玉德	32	2010	电子课件/答案/素材
19	电子线路 CAD	7-301-18285-7	周荣富　曾　技	41	2011	电子课件
20	MATLAB 基础及应用	7-301-16739-7	李国朝	39	2011	电子课件/答案/素材
21	信息论与编码	7-301-18352-6	隋晓红　王艳营	24	2011	电子课件/习题答案
22	现代电子系统设计教程	7-301-18496-7	宋晓梅	36	2011	电子课件/习题答案
23	移动通信	7-301-19320-4	刘维超　时　颖	39	2011	电子课件/习题答案
24	电子信息类专业 MATLAB 实验教程	7-301-19452-2	李明明	42	2011	电子课件/习题答案
25	信号与系统	7-301-20340-8	李云红	29	2012	电子课件
26	数字图像处理	7-301-20339-2	李云红	36	2012	电子课件
27	编码调制技术	7-301-20506-8	黄　平	26	2012	电子课件
28	Mathcad 在信号与系统中的应用	7-301-20918-9	郭仁春	30	2012	
29	MATLAB 基础与应用教程	7-301-21247-9	王月明	32	2013	电子课件/答案
30	电子信息与通信工程专业英语	7-301-21688-0	孙桂芝	36	2012	电子课件
31	微波技术基础及其应用	7-301-21849-5	李泽民	49	2013	电子课件/习题答案/补充材料等
32	图像处理算法及应用	7-301-21607-1	李文书	48	2012	电子课件
33	网络系统分析与设计	7-301-20644-7	严承华	39	2012	电子课件
34	DSP 技术及应用	7-301-22109-9	董　胜	39	2013	电子课件/答案
35	通信原理实验与课程设计	7-301-22528-8	邬春明	34	2015	电子课件
36	信号与系统	7-301-22582-0	许丽佳	38	2013	电子课件/答案
37	信号与线性系统	7-301-22776-3	朱明旱	33	2013	电子课件/答案
38	信号分析与处理	7-301-22919-4	李会容	39	2013	电子课件/答案
39	MATLAB 基础及实验教程	7-301-23022-0	杨成慧	36	2013	电子课件/答案
40	DSP 技术与应用基础(第 2 版)	7-301-24777-8	俞一彪	45	2015	实验素材/答案
41	EDA 技术及数字系统的应用	7-301-23877-6	包　明	55	2015	
42	算法设计、分析与应用教程	7-301-24352-7	李文书	49	2014	
43	Android 开发工程师案例教程	7-301-24469-2	倪红军	48	2014	
44	ERP 原理及应用	7-301-23735-9	朱宝慧	43	2014	电子课件/答案
45	综合电子系统设计与实践	7-301-25509-4	武　林　陈　希	32	2015	
46	高频电子技术	7-301-25508-7	赵玉刚	29	2015	电子课件
47	信息与通信专业英语	7-301-25506-3	刘小佳	29	2015	电子课件
48	信号与系统	7-301-25984-9	张建奇	45	2015	电子课件
49	数字图像处理及应用	7-301-26112-5	张培珍	36	2015	电子课件/习题答案
50	Photoshop CC 案例教程(第 3 版)	7-301-27421-7	李建芳	49	2016	电子课件/素材

序号	书名	书号	编著者	定价	出版年份	教辅及获奖情况
51	激光技术与光纤通信实验	7-301-26609-0	周建华 兰 岚	28	2015	数字资源
52	Java 高级开发技术大学教程	7-301-27353-1	陈沛强	48	2016	电子课件/数字资源
53	VHDL 数字系统设计与应用	7-301-27267-1	黄 卉 李 冰	42	2016	数字资源
54	光电技术应用	7-301-28597-8	沈亚强 沈建国	30	2017	数字资源
自动化、电气						
1	自动控制原理	7-301-22386-4	佟 威	30	2013	电子课件/答案
2	自动控制原理	7-301-22936-1	邢春芳	39	2013	电子课件/答案
3	自动控制原理	7-301-22448-9	谭功全	44	2013	电子课件/答案
4	自动控制原理	7-301-22112-9	许丽佳	30	2015	电子课件/答案
5	自动控制原理(第 2 版)	7-301-28728-6	丁 红	45	2017	电子课件/数字资源
6	现代控制理论基础	7-301-10512-2	侯媛彬等	20	2010	电子课件/素材, 国家级"十一五"规划教材
7	计算机控制系统(第 2 版)	7-301-23271-2	徐文尚	48	2013	电子课件/答案
8	电力系统继电保护(第 2 版)	7-301-21366-7	马永翔	42	2013	电子课件/习题答案
9	电气控制技术(第 2 版)	7-301-24933-8	韩顺杰 吕树清	28	2014	电子课件
10	自动化专业英语(第 2 版)	7-301-25091-4	李国厚 王春阳	46	2014	电子课件/参考译文
11	电力电子技术及应用	7-301-13577-8	张润和	38	2008	电子课件
12	高电压技术(第 2 版)	7-301-27206-0	马永翔	43	2016	电子课件/习题答案
13	电力系统分析	7-301-14460-2	曹 娜	35	2009	
14	综合布线系统基础教程	7-301-14994-2	吴达金	24	2009	电子课件
15	PLC 原理及应用	7-301-17797-6	缪志农 郭新年	26	2010	电子课件
16	集散控制系统	7-301-18131-7	周荣富 陶文英	36	2011	电子课件/习题答案
17	控制电机与特种电机及其控制系统	7-301-18260-4	孙冠群 于少娟	42	2011	电子课件/习题答案
18	电气信息类专业英语	7-301-19447-8	缪志农	40	2011	电子课件/习题答案
19	综合布线系统管理教程	7-301-16598-0	吴达金	39	2012	电子课件
20	供配电技术	7-301-16367-2	王玉华	49	2012	电子课件/习题答案
21	PLC 技术与应用(西门子版)	7-301-22529-5	丁金婷	32	2013	电子课件
22	电机、拖动与控制	7-301-22872-2	万芳瑛	34	2013	电子课件/答案
23	电气信息工程专业英语	7-301-22920-0	余兴波	26	2013	电子课件/译文
24	集散控制系统(第 2 版)	7-301-23081-7	刘翠玲	36	2013	电子课件, 2014 年中国电子教育学会"全国电子信息类优秀教材"一等奖
25	工控组态软件及应用	7-301-23754-0	何坚强	49	2014	电子课件/答案
26	发电厂变电所电气部分(第 2 版)	7-301-23674-1	马永翔	48	2014	电子课件/答案
27	自动控制原理实验教程	7-301-25471-4	丁 红 贾玉瑛	29	2015	
28	自动控制原理(第 2 版)	7-301-25510-0	袁德成	35	2015	电子课件/辽宁省"十二五"教材
29	电机与电力电子技术	7-301-25736-4	孙冠群	45	2015	电子课件/答案
30	虚拟仪器技术及其应用	7-301-27133-9	廖远江	45	2016	
31	智能仪表技术	7-301-28790-3	杨成慧	45	2017	二维码资源

如您需要更多教学资源如电子课件、电子样章、习题答案等，请登录北京大学出版社第六事业部官网 www.pup6.cn 搜索下载。

如您需要浏览更多专业教材，请扫下面的二维码，关注北京大学出版社第六事业部官方微信(微信号：pup6book)，随时查询专业教材、浏览教材目录、内容简介等信息，并可在线申请纸质样书用于教学。

感谢您使用我们的教材，欢迎您随时与我们联系，我们将及时做好全方位的服务。联系方式：010-62750667，pup6_czq@163.com，pup_6@163.com，欢迎来电来信。客户服务 QQ 号：1292552107，欢迎随时咨询。